高等职业教育畜牧兽医类专业教材　　中国轻工业"十四五"规划立项教材

兽医临床诊疗技术

徐孝宙　周　闯　主编

中国轻工业出版社

图书在版编目（CIP）数据

兽医临床诊疗技术 / 徐孝宙，周闯主编. -- 北京：
中国轻工业出版社，2025. 2 . -- ISBN 978-7-5184-5239-
2

Ⅰ. S854

中国国家版本馆 CIP 数据核字第 2025Z0Q122 号

责任编辑：田超男

策划编辑：贾 磊   责任终审：张乃柬   封面设计：锋尚设计
版式设计：砚祥志远 责任校对：刘小透 晋 洁 责任监印：张 可

出版发行：中国轻工业出版社（北京鲁谷东街 5 号，邮编：100040）
印   刷：三河市国英印务有限公司
经   销：各地新华书店
版   次：2025 年 2 月第 1 版第 1 次印刷
开   本：787×1092 1/16 印张：21.75
字   数：510 千字
书   号：ISBN 978-7-5184-5239-2 定价：52.00 元
邮购电话：010-85119873
发行电话：010-85119832 010-85119912
网   址：http://www.chlip.com.cn
Email: club@chlip.com.cn
版权所有 侵权必究
如发现图书残缺请与我社邮购联系调换
241825J2X101ZBW

编写人员

主　编

徐孝宙（江苏农林职业技术学院）
周　闯（江苏农林职业技术学院）

副主编

宋先荣（湖北生物科技职业学院）
贾　惠（江苏农林职业技术学院）
张　华（江苏农林职业技术学院）
葛兰云（黑龙江农业工程职业学院）
潘细妹（广西农业职业技术大学）
武　毅（南京农业大学）
李思琪（重庆三峡职业学院）
王　涛（徐州生物工程职业技术学院）
王　杰（盐城农业科技职业学院）

参　编

韦丽莉（廊坊职业技术学院）
黄海澄（广西农业职业技术大学）
马　锐（晋中职业技术学院）
蒋含伟（青海农牧科技职业学院）
龚　旺（赣州职业技术学院）
邓守全（锡林郭勒职业学院）
王本忠（芜湖职业技术学院）
付贵花（重庆三峡职业学院）
马成华（拉萨市第一中等职业技术学校）
贾　燕（徐州生物工程职业技术学院）
聂青青（赣州职业技术学院）
赵秀美（江苏农林职业技术学院）
徐达明（江苏农林职业技术学院）
张晨飞（徐州生物工程职业技术学院）
韩　阳（深圳迈瑞动物医疗科技股份有限公司）
严　镇（深圳迈瑞动物医疗科技股份有限公司）
刘　伟（深圳迈瑞动物医疗科技股份有限公司）
李鹏飞（深圳迈瑞动物医疗科技股份有限公司）

温忠文（深圳迈瑞动物医疗科技股份有限公司）

审　稿

刘国芳（江苏农林职业技术学院）
高珍珍（江苏农林职业技术学院）
孙　朋（徐州生物工程职业技术学院）

前　言

　　随着畜牧业的蓬勃发展，动物疾病的科学防控和规范诊疗对畜牧业健康持续发展尤为重要。为保障公共卫生安全，规范动物诊疗行为，《中华人民共和国生物安全法》《动物诊疗机构管理办法》等法律规章颁布并实施。

　　兽医临床诊疗技术是动物医学、畜牧兽医、动物防疫与检疫专业的一门专业核心课程。课程内容是以各种动物为对象，从临床角度研究检查疾病的方法和分析症状，认识疾病的基本理论，并采取各种有效手段对疾病进行治疗。本课程是专业基础课程向专业课程过渡的桥梁，也是临床课程的入门，对学生专业入门与职业发展都非常重要。

　　随着畜牧业的发展与变化以及宠物行业的快速发展，畜牧兽医相关专业专科层次毕业生就业主要面向宠物医院或诊所、集约化养殖企业等。以现代畜牧兽医职业岗位能力和市场人才需求为导向，编写一本全面、系统的兽医临床诊疗技术教材，对于培养畜牧兽医相关专业高素质技能型人才，保障动物健康和推动畜牧业的发展，具有非常重要的意义。为满足高职高专院校专业课程体系建设需要，江苏农林职业技术学院与深圳迈瑞动物医疗科技股份有限公司深入开展校企合作，共同开发了本教材。在本教材中，我们精选课程内容，强化实践教学环节，根据就业岗位的专业知识与技能要求，设计了兽医临床检查技术、血液实验室检查技术、尿液与粪便实验室检查技术、影像学检查技术、临床治疗技术5个模块，共16个项目。

　　本教材具有以下三个特点：第一，将思想政治教育与专业教育相结合，培养学生正确的世界观、人生观和价值观，引导学生正确认识动物福利和伦理问题，科学、规范地诊疗动物疾病，提高其职业素养和社会责任感，实现"立德树人"的教育目标；第二，将影像学检查技术设计为一个独立的模块，加大了实验室诊断部分的比重，介绍新的诊疗技术和方法，以满足现代兽医诊疗需求，提高学生的综合素质和创新能力；第三，配套建设了图片、短视频、微课等数字化资源，使以往教学中抽象、难理解的内容更加形象化，满足教学改革需求。

　　教材具体编写分工如下：江苏农林职业技术学院徐孝宙编写模块一项目一，模块一项目四部分内容，模块五项目一、项目二、项目三，模块五项目四和项目五部分内容；江苏农林职业技术学院周闯编写模块二项目二、项目三，模块三项目二，模块四项目二部分内容；江苏农林职业技术学院贾惠编写拓展知识；江苏农林职业技术学院张华编写模块三项目一和模块四项目一部分内容；南京农业大学武毅、徐州生物工程职业技术学院王涛和锡林郭勒职业学院邓守全编写模块五项目五部分内容；广西农业职业技术大学潘细妹、芜湖职业技术学院王本忠和拉萨市第一中等职业技术学校马成华编写模块一项目二；黑龙江农业工程职业学院葛兰云、江苏农林职业技术学院赵秀美、徐州生物工程职业技术学院贾燕和张晨飞编写模块一项目四部分内容；广西农业职业技术大学黄海澄，重庆三峡职业学院李思琪、付贵花和廊坊职业技术学院韦丽莉编写模块一项目三；盐城农业科技职业学院王杰、江苏农林职业技术学院徐达明和青海农牧科技职业学院蒋含伟编写模块五项目四部分内容；深圳迈瑞动物医疗科技股份有限公司韩阳、刘伟、温忠文和赣州职业技术学院龚旺编写模块四项目二部分内容；深圳迈瑞动物医疗科技股份有限公司严镇和晋中职业技术学院马锐编写模块四项目一部分内容；湖北生物科技职业学院宋先荣、深圳迈瑞动物医疗科技股份有限公司李鹏飞和赣州职业技术学院聂青青编写模块二项目一。全书由徐孝宙和周闯统稿；江苏农林职业技术学院刘国芳、高珍珍和徐州生物工程职业技术学院孙朋审稿。

由于编者水平有限，书中难免存在不足之处，恳请广大读者提出宝贵意见和建议，以便进一步修订与完善。

目　录

模块一　兽医临床检查技术

项目四　系统检查技术　45

模块二　血液实验室检查技术

项目一　血液常规检查技术　93

模块三 尿液与粪便实验室检查技术

模块四 影像学检查技术

模块五 临床治疗技术

兽医临床检查技术

项目一 动物保定技术

思政目标

1. 培养爱护动物、珍视生命的意识，避免操作中造成不必要的伤害。
2. 主动关心动物的生存状态，树立人与动物和谐共生的观念。
3. 培养吃苦耐劳的精神，提高沟通协作的能力。
4. 学习动物福利、动物保护、人畜安全相关法律法规知识，强化法律意识。

知识目标

1. 了解不同种动物的习性与行为特点。
2. 掌握接近动物的方法。
3. 掌握猪的常用保定方法。
4. 掌握牛、羊的常用保定方法。
5. 掌握犬、猫的常用保定方法。
6. 掌握实验小鼠的常用保定方法。
7. 掌握动物接近的注意事项。
8. 掌握动物保定的注意事项。

技能目标

1. 能够正确使用保定绳、保定架、保定台、口笼、颈钳、牛鼻钳等保定用具。
2. 能安全地接近猪、牛、羊等畜禽。
3. 能安全地接近犬、猫等宠物。
4. 能根据家畜特点合理保定猪、牛、羊等畜禽。
5. 能根据宠物发情情况合理保定犬、猫等宠物。
6. 能根据操作需要合理保定小鼠等实验动物。

必备知识

一、家畜的接近与保定技术

（一）家畜的接近方法

接近病畜前，要了解病畜的性情，有无攻击伤人可能；然后以温和的称声，向病畜打招呼，再从其侧方慢慢接近。接近后，可用手抚摸病畜让其安静，如抚摸马与牛的额部、肩部，猪的下腹部等。对大家畜诊疗时要将一手放于病畜的适当部位，如：肩部、髋结节，一旦动物出现攻击的可能，即可作为支点向对侧推动并迅速离开。接近病畜时既要沉着冷静，又要小心谨慎。

（二）猪的保定

1. 站立保定法

向前牵拉猪只时猪多呈用力后退姿势，根据猪的这一特点采用站立保定法。保定可用猪站立保定专用绳套，一般为韧性较好的金属材料，前端有一个可伸缩的环套。保定时将环套套入猪上颌犬齿后牵拉勒紧上颌。没有专用保定绳套，也可以用一根粗细适中的保定绳来保定，在保定绳的一端做一活套，使绳套自猪的鼻端滑下，套入上颌犬齿后面并勒紧，然后由保定人员斜向上方拉紧保定绳或拴于木桩上（图1-1）。此法适用于较大猪只的保定，应用于前腔静脉采血、临床一般检查、灌药与注射等。

图1-1 猪的站立保定法

2. 提取保定法

抓住猪一耳或两耳，迅速提举起猪只；或两手握住后肢飞节并将其提起，头部朝下，夹住其背部；或用绳分别拴住两后肢飞节，倒吊在横梁上。猪只提取保定时通常会挣扎片刻。此方法适用于体重较小的猪只，即单手或双手能提起，并能抵抗猪只挣扎，不让猪只挣脱（图1-2）。体重稍大猪只可保持其两前肢或两后肢着地，但需用两腿固定其腰背部。此法应用于经口灌药、注射等，也可应用于子宫脱及阴道脱的整复与固定、阴囊或腹股沟疝气修补手术等。

3. 网架保定法

取两根木棒，用麻绳在两棒之间编织成网状，网架一般长100～150cm、宽60～75cm，网孔大小适宜猪只四肢陷入。保定时将网架放在地上，把猪抬至或赶至网架上，随即抬起保定网架，将木棒两端放于离地一定高度的台面上，使猪四肢落入网孔并且不能接触到地面，待猪无力挣扎而获得有效保定。也可制成固定的网架，保定时将猪抬至网架上（图1-3）。此法适用于一般检查、耳静脉注射等。

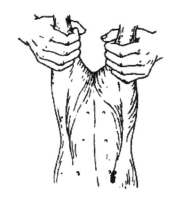

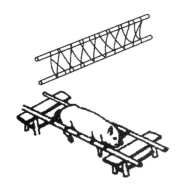

图1-2 猪的提取保定法   图1-3 猪的网架保定法

4. 侧卧保定法

一手抓住猪的一耳，另一手抓住同侧膝前皱褶，提举使四肢离地后侧卧倒地。较大猪可由两个人同时提耳和后肢使其侧卧倒地，用脚掌或膝跪压猪肩和腰部固定猪只。此法常用于仔猪阉割手术。小母猪阉割时采用右前躯侧卧后躯仰卧保定法，猪背朝向术者，术者右脚掌踩猪颈背部，左脚踩猪左后肢，术者坐于小木凳上或呈骑马蹲裆式实施卵巢、子宫摘除手术。小公猪阉割时采用左侧卧保定法，猪背朝向术者，术者左脚掌踩猪颈背部，右脚踩猪尾根部，术者左手向前推压猪右后肢显露睾丸，坐于小木凳上或呈蹲式实施睾丸摘除手术。侧卧保定法还可用于腹腔手术及静脉、腹腔注射等。

（三）牛的保定

1. 徒手或鼻钳保定

用牛鼻钳钳压牛鼻中隔，或徒手用拇指和中指捏住鼻中隔，向后上方提举保持。对穿有鼻环的牛，向上牵拉鼻环绳即可（图1-4）。

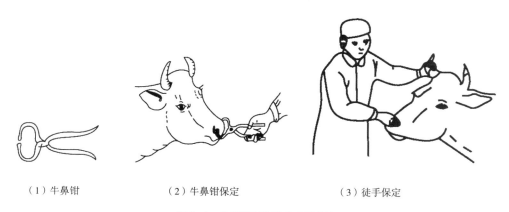

（1）牛鼻钳   （2）牛鼻钳保定   （3）徒手保定

图1-4 牛鼻钳和牛的徒手保定法

2. 捆角保定法

用一根数米长的麻绳，打一个双套活结拴在双侧牛角根部，再用此绳将牛头固定于柱栏或树上（图1-5）。

（1）麻绳打结方向　　　　（2）麻绳打结效果　　　　（3）捆角保定

图1-5　牛的捆角保定法

3. 两后肢保定法

为防止后肢踢人，可用小指粗、长度适当的绳折成双叠，围绕两后肢跗关节上方一周后，将双绳两游离端穿过另一端折叠套，拉紧系好。也可在两后肢跗关节上部作"8"字形缠绕固定。用手将尾向上方翘起，可以有效防止牛后肢踢人（图1-6）。

4. 提尾保定法

抓住牛尾垂直向上慢慢提起，再向前牵引至充分暴露牛尾腹侧。此法可用于尾静脉采血、后躯检查、体温测量等（图1-7）。此法操作简单且可有效转移牛的注意力。但牛尾不如马尾坚固，过分用力向前牵拉，会造成牛尾椎骨折。

图1-6　牛的两后肢保定法

（1）保定后尾静脉采血　　　　　　（2）保定后直肠内测量体温

图1-7　牛的提尾保定法

5. 提肢保定法

在一前肢前臂部装一绳环，然后用一小木棍插入环内，绞绕绳环，达到保定目的。也可将一前肢提起，用绳把掌部和前臂部缠绕起来（图1-8）。

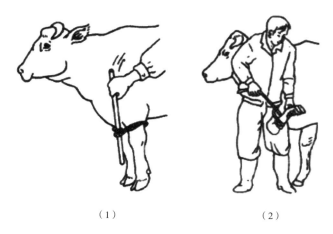

（1）　　　　　　　　　　（2）

图1-8　牛的提肢保定法

6. 柱栏保定法

牛可用二柱栏、四柱栏、五柱栏、六柱栏保定。如果没有柱栏，可在牛舍内利用木杆、铁管等进行简易保定（图1-9）。

7. 倒卧保定法

（1）背腰缠绕倒牛保定法　用长15m左右的圆绳，在一端做一个较大的绳套拴在牛角根部，另一端由颈背侧引向后方，经过肩胛后方及髋结节前方时，分别绕背胸及腰腹部各做一环套，再引绳向后。两环套的绳交叉点均在倒卧对侧。由一人固定牛头并向倒卧侧按压，一人向后牵拉倒绳，牛因绳套压近，胸腹肌紧缩，后肢屈曲而自行倒卧。此法不需要先行固定四肢，必要时倒下后再作四肢固定（图1-10）。

图1-9　牛的五柱栏保定法

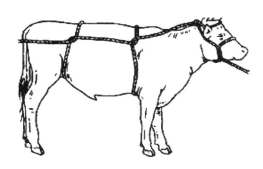

图1-10　背腰缠绕倒牛保定法

（2）拉提前肢倒牛保定法　取10m左右的圆绳折成两段，折转处做一套结套于左前肢系部，将短绳一端经胸下至右侧并绕过背部再返回左侧，由一人拉绳；另将长绳引至左髋结节前方并经腰部返回缠一周，打半结，再引向后方，由另一人牵引。引牛向前走，在其抬举左前肢的瞬间，两人同时用力拉紧绳索，牛即先跪下而后倒卧。一人迅速固定牛头，另一人迅速将缠在腰部的绳套向后拉，并使其滑到两后肢的跗部后拉紧，最后将两后肢与左前肢捆扎在一起（图1-11）。

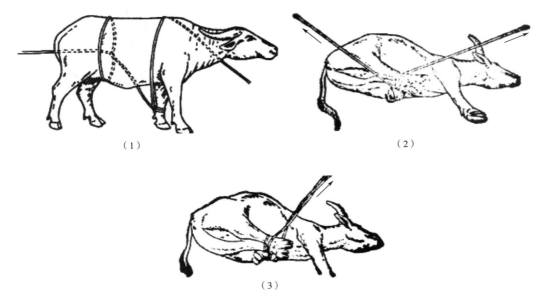

（1）

（2）

（3）

图1-11 拉提前肢倒牛保定法

（四）羊的保定

1. 骑跨夹持保定

保定者用手握住双耳或双角，骑在羊背上，用两腿夹住其躯干部即可站立保定（图1-12）。

2. 倒卧保定

保定者俯身从对侧一手抓住两前肢系部或一前肢臂部，另一手抓住腹部膝襞处，扳倒羊体，然后用绳绑住四肢即可。

二、小动物的接近与保定技术

图1-12 羊的骑跨夹持保定法

（一）小动物的接近方法

犬、猫对其主人有较强的依恋性。在接近犬、猫时，最好有主人在场。首先向其发出接近信号（如呼唤犬、猫的名字或发出温和的呼声，以引起犬、猫的注意），然后从其前方徐徐绕至前侧方动物的视线范围内，一面观察其反应，一面接近。

（二）犬的保定

1. 徒手保定法

犬站立在地面上，术者用一只手臂环抱犬的头部，术者头面部紧贴犬的肩、胸部，另一只手臂环抱犬的腰部［图1-13（1）］；或将犬抱起，术者用一只手臂将犬的头颈部紧贴术者身体，另一只手臂将犬的腰背部紧贴术者身体［图1-13（2）］。

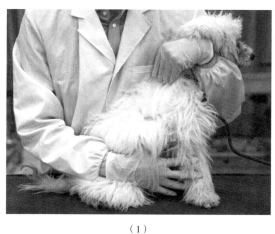

（1） （2）

图1-13 犬的徒手保定法

2. 绷带扎口保定法

用一条长1m左右的绷带，在中间绕两次打一活结套圈，将圈套至犬鼻背中间和下颌中部并拉紧，然后将绷带游离端绕过耳后收紧打活结即可［图1-14（1）、图1-14（2）］，适用于长嘴犬；或在绷带1/3处打活结圈，套在嘴后颜面，于下颌间隙收紧，其两游离端向后拉至耳后枕部打一个结，并将其中一长的游离绷带经额部引至鼻背侧穿过绷带圈，再反转至耳后与另一游离端收紧打结，适用于短嘴犬［图1-14（3）］。

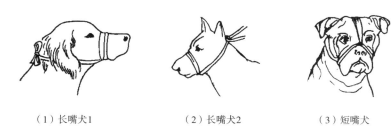

（1）长嘴犬1 （2）长嘴犬2 （3）短嘴犬

图1-14 犬的绷带扎口保定法

3. 项圈保定法

根据犬的大小选择适合的项圈套于犬的颈部固定；或用软硬适中的塑料薄板或硬纸板做成圆形的颈圈，外缘以不超过鼻端5~6cm为宜（图1-15）。

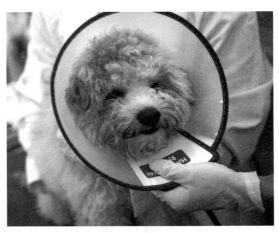

图 1-15　犬的项圈保定法

4. 口笼保定法

犬用口笼多为皮革或塑料制成，使用时将大小适中的口笼套住犬的口鼻部并在耳后将带系牢（图 1-16）。

（1）皮革口笼　　　　　　　　　　　　（2）塑料口笼

图 1-16　犬的口笼保定法

5. 侧卧保定法

先以绷带扎口保定法将犬嘴扎紧，抚摸并抓住前肢腕部和后肢足部，沿术者膝下滑倒于地（或手术台），靠近手术者一侧，抓住犬后腿向外伸直，并用前臂和手压住犬的颈部和骨盆（图 1-17）。

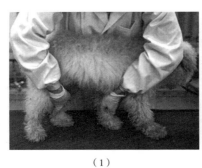 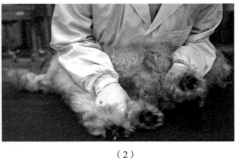

（1）　　　　　　　　　　　　　　　　　（2）

图 1-17　犬的侧卧保定法

（三）猫的保定

1. 徒手保定法

一手抓住猫的头顶和颈后的皮肤（俗称"顶挂皮"），另一手将其两后肢拉直或游离；或一手抓住猫的下颌和颈部固定猫头部，另一手从后肢抓住并向上托使后肢离地（图1-18）。

图1-18　猫的手抓顶挂皮保定法

另一种方法是术者一手抓住其头部并握紧上下颌，另一只手握住四肢，将猫横卧保定在诊疗台上（图1-19）。

2. 项圈保定法

根据猫的大小选择适合的项圈套于猫的颈部固定。项圈保定后可根据需要采用侧卧保定等（图1-20）。

3. 圆筒保定法

用金属或竹片制成一与猫体大小相适的竹筒或金属筒，将猫放入对开的保定筒中间，合上保定筒，头保定于一端筒口外，术者固定其两后肢在另一端筒口外即可（图1-21）。

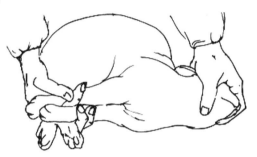

图1-19　猫的横卧保定法

（1）

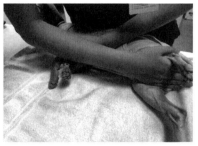

（2）

图1-20　猫的项圈保定法

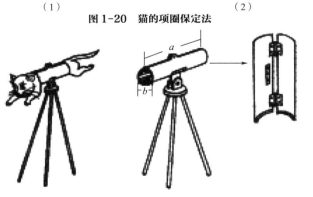

图1-21　猫的圆筒保定法

4. 猫袋保定法

猫袋常用人造革或帆布缝制而成。选用一与猫体大小相适的猫袋，将猫装进去，然后收紧袋口。也可将一后肢露在袋子外，收紧袋口的同时用手拉住其后肢。也可以选用毛毯、渔网等包裹猫体，迫使其无法活动（图1-22）。

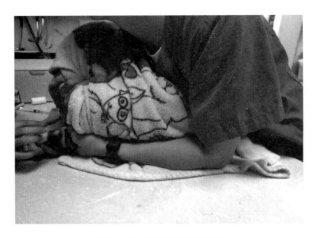

图1-22　猫的猫袋保定法

5. 猫胸卧保定法

站立在猫的侧边或后面，用前臂夹住猫体两侧，并稍向下压，用两手固定猫的头部，限制猫活动范围；或先给猫戴上项圈，然后将猫俯卧在诊疗台上（图1-23）。

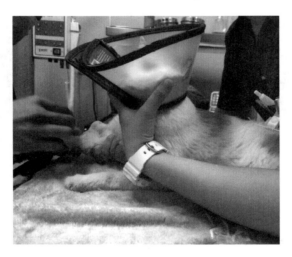

图1-23　猫的猫胸卧保定法

（四）实验小鼠的保定

实验动物小鼠（简称小鼠）广泛应用于科学研究、教学、检测等实验，常需开展胃导管灌药、注射给药和采集血液样本等实验基本操作。从鼠笼内抓取小鼠通常捏住小鼠尾巴并迅速提起。把小鼠放置在鼠笼上，一手向后轻拉小鼠，另一手捏住小鼠头颈背部皮肤将小鼠固定在手掌内（图1-24）。根据实验操作需要也可以用小鼠固定器来保定小鼠。

（1）

（2）

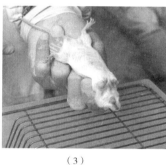

（3）

图1-24　小鼠的徒手保定法

（五）保定注意事项

（1）保定要确保人畜安全，保定前要先向主人或畜主了解动物的习性，是否有攻击人畜现象，有无特别敏感部位不能让人接触等。

（2）保定会对动物造成应激甚至损伤，应灵活应用保定方法。

项目思考

1. 猪常用的保定方法有哪些？
2. 牛常用的保定方法有哪些？
3. 犬常用的保定方法有哪些？
4. 猫常用的保定方法有哪些？
5. 动物保定的注意事项是什么？

项目二　临床基本检查方法

1. 培养细心、耐心的优良品质。
2. 培养认真负责、科学严谨的工作态度。
3. 培养同情心和社会责任感，增强学生为动物健康服务的意识。
4. 培养热爱专业、爱岗敬业的精神。

知识目标

1. 掌握问诊、视诊、触诊、叩诊、听诊、嗅诊的方法及注意事项。
2. 理解问诊、视诊、触诊、叩诊、听诊、嗅诊的检查内容。
3. 通过模拟或临床实践训练问诊、视诊、触诊、叩诊、听诊、嗅诊，认知相关症状或信息。

技能目标

1. 能按照操作规程熟练进行一般临床检查，并获取有价值的诊断信息。
2. 能有条理地、规范地进行检查。
3. 语言要通俗易懂，态度要和蔼，以获得良好配合。

必备知识

一、视诊

视诊是用肉眼直接观察病畜的整体概况或其某些部位状态的一种检查方法，视诊的一般程序是先检视畜群，判断其总的营养、发育状态并发现患病的个体；而对个体病畜则先观察其整体状态，继而注意其各个部位的变化。

（一）方法

1. 畜群视诊

畜群视诊应先巡视栏舍，观察栏舍中畜群的整体营养程度、体格发育状态、饮食状态、活动状态等，注意观察有无状态异常的个体。当发现个别畜禽表现出异常时，如精神沉郁、饮食欲减退、被毛粗乱无光、卧地不起、咳嗽、腹泻等，则需深入栏舍进行个体视诊。

2. 个体视诊

个体视诊一般应先距病畜一定距离（约2m），以观察其全貌，然后由前到后、由左到右地边走边看，围绕病畜行走一周，以做细致的检查；先观察其静止姿态的变化，再行牵遛，以发现其运动过程及步态的改变。

（二）主要内容

1. 整体状态

整体状态视诊包括体格的大小、发育的程度、营养的状况、体质的强弱、躯体的结构、胸腹及肢体的匀称性等。

2. 精神及体态、姿势与运动、行为

精神及体态、姿势与运动、行为视诊包括精神的沉郁或兴奋，静止时的姿势改变或运动中步态的变化，是否有腹痛不安、运步强拘或强迫运动等病理性行动等。

3. 表皮与被毛

表皮与被毛视诊包括被毛状态，皮肤和黏膜的颜色、特性，体表的创伤、溃疡、疹疱、肿物等外科病变的位置、大小、形状及特点。

4. 与外界直通的体腔

与外界直通的体腔视诊包括如口腔、鼻腔、阴道等黏膜的颜色改变及完整性的破坏，并确定其分泌物、排泄物的数量、性状及其混合物。

5. 生理与病理活动

生理与病理活动视诊包括呼吸动作及有无喘息、咳嗽，采食、咀嚼、吞咽、反刍等消化活动及有无流涎、呕吐，排粪、排尿的姿态及粪便、尿液的数量、性状与混合物。

（三）注意事项

（1）视诊时，选择在自然光照、明亮且宽敞的环境下进行，以免光线过暗不易观察到病变部位或观察结果出现误差。

（2）视诊时，可不采取保定，让动物处于自然姿势下，以免惊扰动物。

（四）检查意义

视诊是畜禽场兽医工作人员进畜舍巡视畜群时的主要工作内容，通过视诊可在畜群中尽早发现病畜。视诊不仅简单易行、可靠，而且通过肉眼直接观察病畜的整体概况或其某些部位的状态，经常可搜集到很重要的症状、资料。视诊时观察力的敏锐性及判断的准确性，必须在不断地临诊实践中加以锻炼与提高。

二、触诊

触诊是利用触觉及实体感觉的一种检查法，在问诊和视诊的基础上，重点触摸可疑的部位和器官。检查者通常用手（手指、手掌或手背，有时可用拳）去实施，检查体表状况、心跳、肌肉紧张性、骨关节肿胀变形等。触诊方法按触诊部位可分为浅表触诊法（外部触诊法）和深部触诊法（内部触诊法）。

（一）触诊的应用范围

浅表触诊法用于检查体表温度、湿度、肿胀性质；检查心跳、脉搏的频率、强度；检查肌肉、肌腱、骨骼、关节变化；检查体表淋巴结的大小、硬度、敏感性、活动性等。深部触诊法多用于检查腹腔和盆腔内器官的位置、大小、敏感性及异常肿块等。

（二）方法

1. 浅表触诊法

浅表触诊法用于检查体表，方法是用手轻压或触摸被检部位，以确定从体表可以感觉到的变化。

2. 深部触诊法

浅表触诊法根据检查的目的不同可采用以下四种方法进行检查。

（1）按压触诊法　检查者将手掌平放于被检部位（检查小动物时，可用另一手放于对侧做衬托），轻轻按压，以感觉其内容物的性状与敏感性。常用于检查胸、腹壁的敏感性及中、小动物的腹腔器官与内容物性状。

（2）冲击触诊法　检查者用拳或手掌在被检部位连续进行2~3次用力地冲击，以感觉腹腔深部器官的性状与腹膜腔的状态。在腹侧壁冲击触诊感觉有回击波或振荡音，提示腹腔积液、较大肠管中存有多量液状内容物；对反刍动物于右侧肋弓区进行冲击（或闪动）触诊，可感觉瓣胃或真胃的内容物性状。

（3）切入触诊法　检查者用一个或几个并拢的手指，沿一定部位切入（压入），以感觉内部器官的性状。此方法适用于检查肝、脾的边缘等。

（4）直肠内触诊　具体内容见消化系统检查的直肠检查。

（三）触感

（1）坚实感　触及正常的实质器官或肌肉等的感觉。
（2）硬固感　触及骨骼等的感觉。
（3）波动感　触及成熟的脓肿、腹腔积液等的感觉。
（4）捻发样　触及皮下气肿的感觉。
（5）捏粉样　触及水肿的感觉。

（四）注意事项

（1）触诊时，应对动物进行适当保定；做深部的器官触诊或配合胶管探测、直肠指检内外按压触诊时，须给予镇静剂或安全保定之后方可进行。

（2）触诊到动物敏感部位时，可先触健区后触病变、先轻触后重触，以确保触诊能顺利进行。

三、问诊

问诊就是以询问的方式，听取动物所有者或饲养、管理人员关于病畜发病情况和经过的介绍。问诊的主要内容包括现病历，既往史，平时的饲养、管理及使役或利用情况。

（一）问诊主要内容

1. 现病历

现病历即关于现在发病的情况与经过。其中应重点了解以下五项内容。

（1）发病的时间与地点　如饲喂前或饲喂后、使役中或休息时、舍饲时或放牧中、清晨或夜间、产前或产后等，不同的情况和条件，可提示不同的可能性疾病，并可借以估计可能的致病原因。如食道堵塞时，呕吐多发生于进食后不久。

（2）疾病的表现　主诉人所见到的有关疾病现象，如腹痛不安、咳嗽、喘息、便秘、腹泻或尿血，乳房及乳汁变化，反刍减少或不反刍等。这些内容常是提示假定的症状诊断的线索。必要时可提出某些类似的征候、现象，以求主诉人的解答。

（3）病的经过　目前与开始发病时疾病程度的比较，是减轻还是加重；症状的变化，又出现了什么新的病状或原有的什么现象消失；是否经过治疗，使用了什么方法与药物，效果如何等。这不仅可推断病势的进展情况，而且依治疗经过的效果验证，可作为诊断疾病的参考。

（4）主诉人所估计到的致病原因　如饲喂不当、使役过累、受凉、被踢等，常是推断病因的重要依据。

（5）畜群的发病情况　畜群中同种动物是否有类似疾病的发生，邻舍及附近场最近是否有疾病流行等情况，可做是否为传染性疾病的判断条件。

2. 既往史

既往史即过去病畜或畜群病史。其中的主要内容是病畜与畜群过去患病的情况，是否发生过类似疾病，其经过与结果如何，过去的检疫结果或是否被划定为疫区（如猪的猪瘟、传染性水疱病，牛、羊的结核病、布鲁氏菌病等），本地区或邻近场的常在疫情及地区性常发病，预防接种的项目及实施的时间、方法、效果等。这些资料对现病与过去疾病的关系以及对传染性疾病和地方性疾病的分析都有很重要的实际意义。

3. 饲养与管理

饲养与管理即对病畜与畜群的平时饲养、管理、使役与生产性能的了解，不仅可从中查找饲养、管理的失宜与发病的关系，而且在制订合理的防治措施上也是十分必要的，因此更应详细地进行询问。

（1）饲料日粮的种类、数量与质量，饲养制度与方法　饲料品质不良与日粮配合不当，经常是营养不良、消化紊乱、代谢失调的根本原因；饲料与饲养制度的突然改变，常是引起马、骡腹痛病，牛的前胃疾病，猪的便秘或下痢的原因；饲料发霉，放置不当而混入毒物，加工或调制方法的失误而形成有毒物质等，可成为饲料中毒的条件。如在放牧条件下时，则应问及牧地与牧草的组成情况。

（2）畜舍的卫生和环境条件 如光照、通风、保暖与降温、废物排除设备、畜床与垫草、畜栏设置等及运动场、牧场的地理情况。

（3）动物的使役情况及生产性能，管理人员及其组织制度 必要时应对畜群组成及繁育方法等情况进行了解。对患病犬、猫除了解的品种、性别、年龄及特征外，还应着重了解犬、猫的来源及饲养期限，若是刚从外地购回，应考虑是否带来传染病、地方病或由于环境因素突变所致。

（二）注意事项

问诊的内容是十分广泛的，这当然要根据病畜的具体情况而适当地加以必要的选择和增、减。而问诊的顺序，也应依实际情况而灵活掌握，可先问诊后检查，也可边检查边询问。可边问诊边记录或问诊结束后记录。特别重要的是问诊态度，要十分诚恳和亲切，如此才能得到主诉人的密切合作，取得充分而可靠的资料。对问诊材料的评估，应抱客观的态度，既不应绝对地肯定，又不能简单地否定，应将问诊的材料和临床检查的结果加以联系，进行全面的综合分析，从而提出诊断线索。虽然问诊可以补充客观的临床检查的不足，但是除在门诊的特定条件下以外，都应尽可能地深入临床一线，掌握第一手资料。

四、叩诊

叩诊是对动物体表的某一部位进行叩击，引起其振动并发出音响，根据产生音响的特征判断被检查的器官、组织的物理状态的一种方法。声音现象是叩诊的理论基础。动物的各个器官、组织有不同程度的弹性，叩诊时可产生不同性质的音响。

（一）叩诊的应用范围

（1）可以检查浅在的体腔（如头窦、胸腔与腹腔等）及体表的肿物，以判定内容物性状（气体、液体或固体）与含气量的多少。

（2）根据叩击体壁可间接地引起其内部器官振动的原理，检查含气器官（肺脏、肠胃）的含气量及病变的物理状态。

（3）根据动物机体某些含气器官与实质器官交错排列的解剖学基础，可依叩诊产生某种固有音响的区域轮廓，推断某一器官（含气的或实质的）的位置、大小、形状及其与周围器官、组织的相互关系。

从上述情况看来，叩诊的应用范围很广，几乎所有的胸、腹腔器官，包括肺、心、肝、脾、胃、肠，都可作叩诊检查的对象。对于胸腔器官，特别是作为含气器官的肺脏，其正常生理状态十分恒定，所以叩诊对肺脏和胸腔病变的诊断，更有特别重要的意义。

（二）叩诊的方法

叩诊的方法总的可分为直接叩诊法与间接叩诊法。

1. 直接叩诊法

直接叩诊法即用一个或数个并拢且呈屈曲的手指，向动物体表的一定部位轻轻叩击。由于动物体表的软部组织（皮肤、肌肉、皮下脂肪等）振动不良，不能很好地向深部传导，并且所产生的音量小又不易辨别，所以应用不多，该法仅可用于检查肠臌气时的鼓响音及弹性和当反刍动物瘤胃臌气时判定其含气量及紧张度，或诊查鼻窦、喉囊时使用。

2. 间接叩诊法

间接叩诊法的特点是在被叩击的体表部位上，先放一振动能力较强的附加物，而后向这一附加物体进行叩击。附加的物体称为叩诊板。叩诊板具有两个基本的作用，一是使叩诊的声音响亮、清晰，易于听取和辨认；二是可很好地向深部传导，适合于所欲达到的目的。该法应用较为广泛。间接叩诊的具体方法主要有指指叩诊法及槌板叩诊法。

（1）指指叩诊法　即用手指作为叩诊板与叩诊槌相互叩击进行的叩诊。通常以左手的中指（或食指）代替叩诊板，使之紧密地（但不要过于用力压迫）放在动物体表的检查部位上（注意此时除做叩诊板用的手指以外的其余手指均要与体壁离开）；再以右手的中指（或食指），在第二指关节处屈曲，用该指端向做叩诊板用的手指的第二指节上垂直地轻轻叩击，其手势如图1-25所示。

指指叩诊法虽有简单、方便、不用器械的优点，但因其振动与传导的范围有限，只适用于中小动物的诊查。

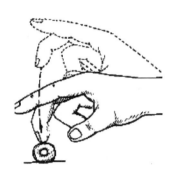

图1-25　指指叩诊法

（2）槌板叩诊法　是借助器械即叩诊板、叩诊槌进行的叩诊。叩诊槌一般是金属制作的，在槌的顶端嵌有软硬适度的橡胶头；叩诊板可由金属、骨质、角质或塑料制作，形状不一，有把柄或两端上曲。通常的操作方法是以左手持叩诊板，将其紧密地放于欲检查的部位上；以右手持叩诊槌，用腕关节做轴而上下摆动，使之垂直地向叩诊板上连续叩击2~3次，以分辨其产生的音响。

（三）注意事项

（1）叩诊板（或做叩诊板用的手指）须紧贴动物体表，其间不得留有空隙。对被毛过长的动物，宜将被毛分开，以使叩诊板与体表皮肤很好地接触；对极度消瘦的病畜，当检查胸部时，叩诊板应沿着肋间放置，以免横放在两条肋骨上面与胸壁之间产生空隙。

（2）除做叩诊板用的手指外，检查者不应接触动物的体壁，以免妨碍振动。

（3）应使叩诊槌或用作槌的手指，垂直地向叩诊板上叩击。

（4）叩打应短促、断续、快速而富有弹性；叩诊槌或用作槌的手指应"叩后即离"。

（5）在每一叩诊部位连续进行2~3次时间间隔均等的同样叩击。

（6）叩诊应以腕关节做轴，轻松地振动与叩击。叩诊时用力的强度不仅可影响声音的强度和性质，同时也决定振动向周围与深部的传播范围，指指叩诊法的正确与错误姿势见图1-26。

（7）比较解剖上相同的对称部位的变化，宜用比较叩诊法。

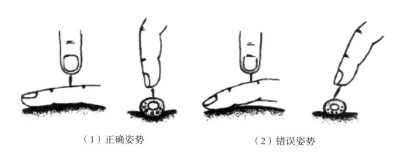

（1）正确姿势　　　　　　　　（2）错误姿势

图1-26　指指叩诊法的正确与错误姿势

（8）叩诊检查宜在室内进行。

（四）叩诊音

叩诊动物体时，由于被叩组织及其周围的条件和弹性不同，所以产生的音响也不同。叩诊动物体表的不同部位可产生五种不同的音响，即清音、过清音、鼓音、浊音和半浊音。浊音、清音、鼓音是三种基本的叩诊音，过清音是清音和鼓音之间的过渡音，半浊音是清音和浊音之间的过渡音。

1. 浊音

浊音是叩诊丰满肌肉部位（如臀部）及不含气的实质器官（如肝脏）与体壁直接接触的部位时所产生的声音。

2. 清音

清音是叩诊健康动物正常肺区所产生的声音。

3. 鼓音

鼓音是叩诊健康马体盲肠基部（右䏶部）时所产生的声音，或叩诊健康牛瘤胃上部1/3 所产生的声音。

4. 半浊音

半浊音是叩诊健康动物肺区边缘所产生的声音。

5. 过清音

过清音是叩诊额窦、上颌窦所产生的声音。

五、听诊

听诊也是利用听觉去辨识音响的一种检查方法，是听取机体在生理或病理过程中所自然发出的音响。听诊的应用范围很广，从中兽医学的闻诊内容来看，听取病畜的呻吟、喘息、咳嗽、喷嚏、嗳气、咀嚼的声音及高朗的肠鸣音等均应属于听诊的范围。

（一）方法

听诊的方法可分为直接听诊法与间接听诊法。

1. 直接听诊法

直接听诊法不用器械，用检查者耳朵直接听取被检动物脏器生理或病理音。操作方法：一般先于动物体表放一听诊布做垫，然后将耳直接贴于动物体表的相应部位进行听诊。具有方法简单、声音真实的优点。

2. 间接听诊法

间接听诊法即器械听诊法，应用听诊器听取被检动物脏器生理或病理音。操作方法：将听诊器的接耳端放入检查者耳内，将听诊器接体端（听头）紧贴在动物体表的检查部位。于听诊器的接体端加共鸣装置（如橡皮膜、动物膜或其他的薄膜片）而使声音增强者，称微音听诊器。微音听诊器有增强声音的优点，但在兽医临诊上应注意其微音装置与动物体表被毛接触，会产生很明显杂音，从而可干扰声音的听取与判断。

（二）主要内容

听诊主要用于检查心脏血管系统的心音、呼吸系统的呼吸音以及消化系统的胃肠蠕动音。

1. 心脏血管系统

心脏血管系统听诊是听取心脏及大血管的声音，特别是心音。判定心音的频率、强度、性质、节律以及是否有附加的心杂音；心包的摩擦音及击水音也是应注意检查的内容。

2. 呼吸系统

呼吸系统听诊是听取呼吸音，如喉、气管以及肺泡呼吸音、附加的杂音（如啰音）与胸膜的病理性声音（如摩擦音、振荡音）。

3. 消化系统

消化系统听诊是听取胃肠的蠕动音，判定其频率、强度及性质；听取腹腔的振荡音（当腹水、瘤胃或真胃积液时）借以判断动物的病理变化。

（1）反刍动物胃肠听诊

①瘤胃听诊

检查方法：在左肷部听诊，以判定瘤胃蠕动音的次数、强度及性质等。

病理变化：蠕动微弱、次数减少，见于瘤胃积食、前胃弛缓及其他疾病引起的前胃功能障碍；蠕动频繁、蠕动音增强，见于瘤胃臌气的初期。

②网胃听诊：网胃较少进行听诊检查，主要是用视诊、触诊（包括用强力压迫）、叩诊方法判定其敏感性，从而揭示有无创伤性网胃炎的可疑。必要时，还可使用金属异物探测仪，以便检查网胃内有无金属异物。

③瓣胃听诊

检查方法：于右侧第 7~9 肋间，沿肩端水平线上下 2~3cm 范围内进行听诊，以听取瓣胃蠕动音。

病理变化：病畜的瓣胃蠕动音常表现为减弱甚至消失，见于瓣胃阻塞或热性病。

④真胃听诊

检查方法：牛在右侧第 9~11 肋间可听到真胃蠕动音。

病理变化：病畜常表现为真胃蠕动音增强，见于真胃炎；少数可见蠕动音稀少、微弱，见于真胃阻塞。

⑤肠管听诊

检查方法：于右腹侧部可听取肠蠕动音。

病理变化：肠音频繁似流水状，见于各型肠炎及腹泻初期；肠音微弱，可见于热性病及消化道功能障碍。

（2）单胃动物胃肠听诊

①检查方法：用听诊器在剑状软骨与脐中间腹壁听取胃蠕动音；在腹腔右侧及左侧的下部检查肠蠕动音。

②病理变化：肠蠕动音增强，见于胃肠炎；肠音减弱甚至消失见于严重便秘。

（三）注意事项

（1）应选择在安静的环境进行。

（2）听诊器的接耳端要适宜地插入检查者的外耳道（不松也不过紧），接体端（听头）要紧密地放在动物体表的检查部位，但也不应过于用力压迫。

（3）被毛的摩擦是最常见的干扰因素，要尽可能地避免，必要时可将其濡湿。

（4）防止一切可能发生的杂音，如听诊器胶管与手臂、衣服等的摩擦杂音等。

（5）检查者要将注意力集中在听取的声音上，并且同时要注意观察动物的动作，如听呼吸音时应同时观察其呼吸活动。

六、嗅诊

嗅诊主要应用于嗅闻病畜的呼出气体、口腔的臭味以及病畜所分泌和排泄的带有特殊臭味的分泌物、排泄物（粪、尿）以及其他病理产物，在特定疾病诊断上有着重要的临床诊断意义。如呼出气体及鼻液的特殊腐败臭味，可提示呼吸道及肺脏的坏疽性病变；尿液及呼出气体呈烂苹果味，可提示牛、羊酮尿症；阴道分泌物的化脓、腐败臭味，可提示子宫蓄脓症或胎衣滞留；犬排出烂番茄样稀便且呈腥臭味，可提示细小病毒病等。

项目思考

1. 临床基本检查方法有哪些？
2. 问诊的主要内容是什么？
3. 问诊有哪些注意事项？
4. 触诊时触感有哪几种？
5. 深部触诊的方法有哪几种？
6. 听诊有哪些注意事项？
7. 嗅诊应用于哪些特定的疾病？

项目三　临床一般检查技术

思政目标

1. 培养细心、耐心的优良品质。
2. 培养科学规范诊疗的职业意识。
3. 培养认真负责、科学严谨的工作态度。
4. 培养爱护动物、珍视生命的职业道德。

知识目标

1. 了解临床一般检查的意义。
2. 掌握临床一般检查的内容。
3. 掌握群体动物、个体动物整体状态观察的方法。
4. 掌握整体状态观察中的异常表现及临床意义。
5. 掌握皮肤与被毛检查的方法。
6. 掌握皮肤与被毛检查常见异常表现及临床意义。
7. 掌握可视黏膜检查的方法。
8. 掌握可视黏膜检查常见异常表现及临床意义。
9. 掌握动物浅表淋巴结检查的方法。
10. 掌握动物浅表淋巴结检查常见异常表现及临床意义。

技能目标

1. 能够检查猪、牛、羊、犬等动物的眼结膜。
2. 能够测量猪、牛、羊、犬等动物的直肠内体温。
3. 能够检查猪、牛、羊、犬等动物的脉搏。
4. 能够判断猪、牛、羊、犬等动物的浅表淋巴结状态。

（必备知识）

一、整体状态的观察

整体状态检查指对动物外貌形态和行为综合表现的检查。接触患病动物，进行检查的第一步，通常判定其体格发育、营养状况、姿势与体态、运动与行为的变化和异常表现。

（一）体格发育

体格发育是指动物骨骼与肌肉的外形及其发育程度。机体的发育受遗传、内分泌、营养代谢、饲养管理等多种因素的影响。一般以视诊观察的结果，可区分体格的大、中、小或发育良好与发育不良。为了确切地判定体格发育状况，也可应用测量器械测定其体高、体长、体重、胸围及管围的数值。骨关节的粗细、骨骼的发育及比例，也可应用测量器械测定。

体格发育良好的动物，其体躯高大，结构匀称，肌肉结实。强壮的体格，不仅生产性能良好，而且对疾病的抵抗力强。检查体格时应考虑品种的差异。

发育不良的动物多表现躯体矮小，结构不匀称，关节粗大，胸廓狭窄，肢体扭曲变形，瘦弱无力。特别是幼龄阶段，常呈发育迟缓甚至发育停滞，即表现为个体发育明显比同种同龄的正常动物矮小。体格发育不良的原因主要包括以下几方面。

（1）近亲繁殖，过早配种　以猪、山区黄牛及野生动物常见。

（2）营养不良　先天性营养不良、幼畜母乳不足、矿物质及维生素代谢障碍而引起的骨质疾病（如佝偻病）。

（3）传染病后遗症及慢性传染病　如猪瘟、气喘病、副伤寒、猪肺疫等疾病的耐过者常成为僵猪。幼畜结核病也可造成发育不良。

（4）寄生虫感染　多见于寄生蛔虫、姜片吸虫、肺线虫、肝片吸虫等。

（5）长期的消化紊乱　影响营养物质的消化吸收而呈现发育受阻。

躯体结构的改变，还可表现为各部比例的不匀称，如牛的左胁胀满，是瘤胃膨胀的特征；马的右胁隆起可提示肠臌气；左右胸廓不对称，宜考虑单侧气胸或胸膜与肺的严重疾病；动物头部、颜面歪斜（单侧耳、眼睑、鼻、唇下垂），是面神经麻痹的特征。

（二）营养状况

动物营养状况与多种因素有关，通常反映了机体消化、吸收和代谢的状况。营养状况根据动物被毛的状态和光泽，肌肉的丰满程度，骨骼的外露，特别是皮下脂肪的蓄积量而判定。

临床上将动物营养状况分为营养良好、营养不良和营养过剩。

1. 营养良好

营养良好表现为肌肉丰满，皮下脂肪充盈，被毛光滑平顺，皮肤富有弹性，躯体圆满而骨骼棱角不突出。这表明体内能量消耗与营养物质的吸收完全平衡。

2. 营养不良

营养不良表现为消瘦，被毛蓬乱无光泽，皮肤缺乏弹性，机体各部位轮廓明显，骨骼外露，肋骨可数，腹部蜷缩，多伴乏力。按病程可以将消瘦分为急性消瘦和慢性消瘦两种。如动物于短期内急剧消瘦，主要应考虑有急性或高热性疾病的可能，如急性胃肠炎；如动物逐渐消瘦，则多提示为慢性消耗性疾病，如结核病、寄生虫病等。

高度的营养不良、长期极度消瘦称为恶病质，是判断预后不良的一个重要指征。

3. 营养过剩

营养过剩表现为皮下脂肪蓄积量过多，躯体呈圆桶状。营养过剩一般在使役动物少见，如种用动物过肥则可影响其繁殖能力，常应注意是否由于运动不足而引起。

（三）姿势与体态

姿势与体态是动物在相对静止或运动时的空间位置及状态表现。健康状态下，各种动物都有其特定的生理姿势，且随着生理需要而改变。站立时昂首挺胸，双目有神；运动时动作协调，自然流畅。病理状态下所表现的反常姿势与体态常由中枢神经系统疾病、外周神经的麻痹及骨骼、肌肉或内脏器官的疼痛性疾病等引起。

1. 异常站立姿势

（1）典型的木马样姿态，呈头颈平伸、肢体僵硬、四肢关节不能屈曲、尾根挺起、鼻孔开张、瞬膜露出、牙关紧闭等形象，是全身骨骼肌强直的结果，常见于破伤风（图1-27）。

图1-27 木马样姿态

（2）动物四肢发生病痛，站立时也呈不自然的姿势。单肢疼痛，则患肢呈免负体重或提举姿态。两前肢疼痛，则两后肢极力前伸；两后肢疼痛，则两前肢极力后送，以减轻病肢的负重。多肢的蹄部剧痛（如蹄叶炎），则常将四肢集于腹下而站立。肢体骨骼、关节或肌肉的疼痛性疾病（如风湿症），四肢常频频交替负重而站立困难。

（3）躯体失去平衡站立不稳，则呈躯体歪斜、四肢叉开或依墙靠壁而立的特有姿势，常见于中枢神经系统疾病，当病程侵害小脑时尤为明显。

当马、骡咽喉局部或其周围组织高度肿胀、发炎并伴有重度呼吸困难时，常呈前肢叉开、头颈平伸的强迫站立姿态。牛在站立时如经常保持前躯高位、后躯低位的姿势，常提示网胃及心包的创伤性病变。当中枢有偏位的局灶性或占位性病变时，可呈头颈歪斜的姿态，如牛脑包虫病、仔猪伪狂犬病。

2. 异常卧位姿势

健康马、骡仅于夜间休息时取卧下姿势，偶尔于昼间卧地休息，但姿势很自然，常将四肢屈集于腹下，呈背腹立卧姿势，且当驱赶、吆喝时即行自然起立。牛多于饱食后卧下休息并反刍，猪喜于食后躺卧。

（1）动物四肢骨骼、关节、肌肉的严重疼痛，多呈强迫卧位姿势。此时，经驱赶或由人抬助可勉强起立，但站立后可见因肢体疼痛而站立困难或伴有全身肌肉的震颤。

（2）机体高度消瘦、衰竭时，多长期躺卧。此时，多伴有营养不良，并有长期病史，一般不难识别。

（3）强迫的躺卧姿势，常见于脑、脑膜的重度疾病或某些中毒疾病的后期，也可见于某些营养代谢紊乱性疾病，此时多伴有昏迷。如在乳牛，呈曲颈侧卧的同时伴有嗜睡或半昏迷状，常为生产瘫痪（乳热症）。

（四）运动与行为

健康动物的动作灵活而协调，步态轻快、敏捷、迅速。在中枢神经系统功能紊乱、某些代谢病及腹痛病时，常常出现一些特异的不正常运动与行为，如共济失调、强迫运动等。

1. 共济失调

共济失调指由于在运动中四肢配合不协调，动物呈醉酒状，行走欲跌、走路摇摆或肢体高抬、用力着地，步态似涉水样。可见于脑脊髓的炎症或寄生虫病（如脑脊髓丝虫病），某些中毒以及营养缺乏与代谢紊乱性疾病（如羊的铜缺乏症等），多为疾病侵害小脑的标志。此外，当急性脑贫血（如大失血、急性心力衰竭或血管功能不全）时，也可见一时性的共济失调现象，应根据病史、心血管系统的变化而加以区别。

2. 强迫运动

强迫运动可以表现为动物无目的徘徊的盲目运动，向前冲、往后退的暴进暴退，绕桩打转呈圆圈运动或以一肢做轴呈时针动作，提示为脑、脑膜的充血、出血、炎症或某些中毒性疾病（如马流行性脑脊髓炎、乙型脑炎、牛羊脑包虫病、猪食盐中毒、霉玉米中毒等）。此外，病猪于长期的病程经过中，如反复呈现一定方式的盲目运动，提示颅脑的占位性病变（如脑囊尾蚴病）。

3. 骚动不安

骚动不安指动物表现前肢刨地、后肢踢腹、回视腹部、碎步急行、时起时卧，起卧翻滚，或时呈犬坐姿势、屡呈排便动作等，这是腹痛症的独特现象。

4. 跛行

跛行是因肢蹄（或多肢）的疼痛性疾病而引起的运动功能障碍。运动过程中由于患肢着地负重时，因疼痛而表现有变化称为支跛；当患肢提举时有障碍者，称悬跛；兼而有之者称为混合跛。跛行多因四肢的骨骼、关节、肌肉、蹄部或外周神经的疾病而引起。但应注意，多肢的转移性跛行，常提示风湿症与骨软症的可能。牛群中出现迅速传播的多数跛行病畜时，要注意口蹄疫；羊的群发性跛行应考虑腐蹄病。

5. 瘫痪（又称运动麻痹）

四肢瘫痪见于脊椎炎、脑炎、肝性脑病、弓形体病、特发性多发性肌炎、特发性神经炎、重症肌无力等；后肢瘫痪见于椎间盘突出、犬瘟热、变形性脊椎炎、血孢子虫病；不特定瘫痪见于脑水肿、脑肿瘤及其他脑损伤。

6. 痉挛（又称抽搐或惊厥）

强直性痉挛见于破伤风、中毒、脑膜炎、癫痫、低血糖症、低钙血症；阵发性痉挛见于脑炎、犬瘟热及尿毒症；此外热射病、甲状腺功能减退也可引起抽搐。

二、被毛与皮肤检查

健康动物被毛平顺，富有光泽，不易脱落。患病后往往被毛粗乱，失去光泽。慢性疾病或长期消化障碍时，往往换毛迟缓。在疥癣、湿疹、皮肤真菌病或甲状腺功能减退时，患部被毛容易脱落。

表被状态的检查包括皮肤的温度、湿度、颜色、弹性、气味，有无肿胀、斑疹及无损伤等。检查表被状态，应注意被毛、皮肤、皮下组织的变化以及表被的外科病变及特点。

对不同种属动物应检查其特定内容：鸡的羽毛、冠、髯及耳垂；猪的鼻盘；牛的鼻镜。检查时，应注意其全身各部皮肤的病变，除头部、颈侧、胸腹侧外，还应仔细检视其会阴、乳房及蹄、趾间等部位。

（一）被毛及羽毛

健康动物的被毛整洁、有光泽，禽类的羽毛平顺而光滑。被毛蓬乱而无光泽，或羽毛逆立、无光，换毛（或换羽）迟缓，常为营养不良的标志，可见于慢性消耗性疾病（如传染性贫血、体内寄生虫病、结核病等）及长期的消化紊乱，也可见于营养不足、过劳及某些代谢紊乱性疾病。

局限性脱毛处应注意皮肤病或外寄生虫病，如头颈及躯干部有多数脱毛、落屑病变，当伴有剧烈痒感时，提示螨病（疥癣）。

马尾根部脱毛并经常向周围物体上摩擦，应考虑蛲虫病；牛的头面部呈圆形的局限性病变，应注意牛蜀行疹；猪见有大片的结痂、落屑，提示慢性猪丹毒，此外还应注意外寄生虫虱等。鸡肛门周围羽毛脱落并伴有出血是鸡群中有啄肛恶癖的鸡互相啄羽的结果。病畜尾部及后肢被毛被粪便污染，是下痢的标志。

（二）皮肤的颜色

白色皮肤部分，颜色的变化容易辨识，有色素的皮肤，可参照可视黏膜的颜色变化。鸡应注意鸡冠的颜色，猪则应检视鼻盘颜色变化。

（三）皮肤的温度、湿度及弹性

1. 皮肤温度的检查

皮肤温度可用手或手背触诊动物躯干、股内等部而判定，为确定躯体末梢部位皮温分布的均匀性，可触诊鼻端、角根、耳根及四肢的末梢部位。皮温增高是体温升高、皮肤血管扩张、血流加快的结果。全身性皮温增高可见于一切热性病；局限性皮温增高提示局部的发炎。皮温降低是体温过低的标志，可见于衰竭症及营养不良、大失血及重度贫血、严重的脑病及中毒。皮温分布不均而末梢冷厥，是重度循环障碍的结果。表现为耳鼻发凉，肢梢冷感，可见于心力衰竭及虚脱、休克。

2. 皮肤湿度的检查

皮肤湿度受汗腺分泌状态的影响。除因外界温度过高、使役、运动、惊恐、紧张，出现生理性汗液分泌增加之外，多汗常为病态。多汗可见于高热性疾病、中暑（热射病与日射病）、伴有剧烈疼痛疾病（如急性胃肠炎）及高度呼吸困难，某些中毒病也可见有多汗现象。在皮温降低、末梢冷厥的同时，伴有冷汗淋漓，常为预后不良的指征，可见于虚脱、休克或重度心力衰竭。局限性的多汗，可由于局部病变或与神经功能失调有关。

牛的鼻镜正常时湿润并附少许水珠。鼻镜干燥可见于发热病及重度消化障碍等。严重时可发生皲裂，揭示牛瘟、恶性卡他热等。猪的鼻盘正常时也表现湿润、凉感，鼻盘干燥见于发热病。

3. 皮肤的弹性检查

检查皮肤的弹性，通常可于颈侧、肩前等部位，用手将皮肤捏成皱褶并轻轻拉起，然后放开，根据其皱褶恢复的速度而判定。皮肤弹性良好的动物，拉起、放开后，皱褶很快恢复、平展；如恢复很慢，是皮肤弹性降低的标志。可见于机体的严重脱水以及慢性皮肤病（如疥癣、湿疹等）。老龄动物的皮肤弹性减退是自然现象。

（四）皮肤及皮下组织的肿胀

皮肤或皮下组织的肿胀可由多种原因引起，不同原因引起的肿胀有不同的特点。

1. 炎性肿胀

炎性肿胀可以局部或大面积出现，伴有局部的红、肿、热、痛，甚至明显的全身反应（如发热），可由创伤感染或注射刺激性药物所致。此外还见于某些感染性疾病（如炭疽、恶性水肿病、牛或猪巴氏杆菌病等）。

2. 皮下水肿

皮下水肿多发于动物眼睑、口唇、颌下、胸前、腹下、四肢、阴囊等部位，一般局部无热痛反应，触诊呈生面团样且指压后留有指压痕。局部水肿多由局部血管受压或血管通透性增大所致，如过敏性水肿；全身性水肿主要考虑营养性水肿、心源性水肿、肾源性水肿、肝源性水肿。营养性水肿常见于重度贫血、高度的衰竭（低蛋白血症）；心源性水肿则是心脏衰弱、末梢循环障碍进而发生淤血的结果；肾源性水肿多由于肾炎或肾病。

3. 皮下气肿

皮下气肿触诊稍有弹性，有气体向邻近组织外窜的感觉，伴有捻发音。外源性（窜入性）皮下气肿，多见于皮肤创伤使空气进入皮下、食道破裂、肺间质气肿、瘤胃穿刺不当所致的气肿。内源性（腐败性）皮下气肿，是由梭菌等感染引起的炎性肿胀，穿刺或切开后流出暗红色、混有气泡并带恶臭味的液体，并伴有明显全身症状，见于气肿疽、恶性水肿病等。

4. 脓肿、血肿、淋巴外渗

脓肿、血肿、淋巴外渗共同特点是呈局限性（圆形）肿胀，特定阶段触诊呈明显的波动感，必要时宜行穿刺并抽取内容物而鉴别。

5. 其他肿物

（1）疝　腹壁或脐部、阴囊部的触诊呈波动感的肿物，可能为疝。此时，进行深部触诊可探索到疝孔，且有时可将疝内容物还纳，听诊时局部或有肠蠕动音。

（2）体表的局限性的肿物　触诊呈坚实感，则可能为骨质增生、肿瘤、肿大的淋巴结等。青白毛的马匹，于尾根部、会阴部及肛门周围等处的肿物，应注意黑色素瘤。牛下颌附近的坚实性肿物，可提示放线菌病。浅表淋巴结肿胀而引起的局限性肿胀，有相应的淋巴结固有位置，识别并不困难。

（五）皮肤疱疹

皮肤疱疹多由传染病、寄生虫病、皮肤病、过敏反应等引起。临床上皮肤疱疹的出现有一定的规律和形态特征。

1. 斑疹

斑疹不隆起于表面，为皮肤弥散性充血或出血的结果。指压褪色的斑疹，称为红斑。呈方形或菱形的红斑是猪丹毒的特征。指压褪色，呈密集粟粒状的红斑，称玫瑰疹，主要见于饲料感光过敏。指压不褪色，呈小点状的斑疹，称为红疹，可见于猪瘟。指压不褪色，呈紫色的斑疹，称为瘀斑，可见于猪瘟、弓形虫病以及凝血障碍性疾病。

2. 荨麻疹

荨麻疹为暂时性水肿性扁平隆起，发生突然，有时融合成大片，是表皮和真皮内毛细血管及淋巴管扩张、充血和渗出所引起。主要见于昆虫蜇咬、接触有毒植物和霉菌孢子、应用某些药物等。

3. 丘疹

丘疹为凸出皮肤表面的局限性隆起，针尖大至扁豆大，质地较硬，是由炎性细胞浸润或水肿形成，呈红色或粉红色。顶部含浆液的称为浆液性丘疹，不含浆液的称为实质性丘疹。丘疹可由斑疹演变而来，也可演变为水疱，主要见于痘病、传染性口炎、螨病等。

4. 结节

结节为真皮或皮下组织的局限性隆起，颜色和质地不一，是一种较丘疹大而位置深的皮损。常见于毛囊炎、昆虫叮咬、牛皮蝇蛆病、牛结节性皮肤病（牛疙瘩皮肤病）等。

5. 水疱

水疱突出于皮肤，内含清亮液体，为炎症引起皮肤充血、浆液渗出侵入表皮所形成，见于口蹄疫、痘病、猪水疱病、传染性水疱口炎等。

6. 脓疱

脓疱为皮肤上小的隆起，充满脓汁，可由丘疹或水疱演变而来，也可能是细菌感染的结果。见于痘病、牛瘟、犬瘟热、蠕形螨病等。牛、羊的痘疮（牛痘、羊痘）好发于被毛稀疏部位及乳房皮肤上，呈圆形豆粒状。

三、可视黏膜检查

凡是肉眼能看到或借助简单器械可观察到的黏膜，均称可视黏膜，如眼结合膜、鼻腔、口腔、阴道、直肠等部位的黏膜，临床上一般以眼结合膜检查为主。健康动物的眼结合膜湿润，有光泽，呈淡红色或粉红色，随动物种类不同稍有差别，猪偏红，水牛呈鲜红色。

（一）眼结合膜的检查方法

眼结合膜检查，须将眼睑拨开，一般常用两手拇指打开上下眼睑。检查时保定要可靠，以防咬伤。检查眼结合膜时，应进行两眼的对照比较。在判定眼结合膜颜色时，以在自然光线下进行为宜，但要避免光线直接照射，并注意两眼的比较检查。

（二）可视黏膜的病理变化

检查可视黏膜时，除应注意其温度、湿度、有无出血、完整性外，更要仔细观察颜色变化。可视黏膜的颜色变化，不仅可反映其局部的病变，并可推断全身的循环状态及血液某些成分的改变，在诊断和预后的判定上均有一定的意义。可视黏膜颜色的改变，可表现为潮红、苍白、发绀、黄染、出血斑点。

1. 潮红

黏膜表现为鲜红色、暗红色，严重时呈深红色，是毛细血管充血的结果。弥漫性潮红常见于各种热性病及某些器官、系统的广泛性炎症过程；小血管充盈特别明显而呈树枝状，则称树枝状充血，多为血液循环或心功能障碍的结果。单眼的潮红，可能是局部的眼结合膜炎症所致；双侧均潮红，除可见干眼病外，多标志全身血液循环障碍。

2. 苍白

黏膜颜色变淡，呈不同程度的白色，是各型贫血的特征。诊断思路见模块二项目一拓展知识。

3. 发绀

黏膜呈蓝紫色，是血液中还原血红蛋白增多或形成大量变性血红蛋白的结果。诊断思路见本项目拓展知识。

4. 黄染

黄染即黄疸，黏膜发黄，是胆色素代谢障碍的结果，于巩膜处常较为明显而易于发现。诊断思路见模块二项目二拓展知识。

5. 出血斑点

黏膜上有点状或斑点状出血，是黏膜血管通透性升高所致，可见于败血性疾病（如猪瘟、非洲猪瘟等）及出血性素质病（如血斑病）。

四、浅在淋巴结及淋巴管的检查

浅在淋巴结及淋巴管的检查，在确定感染或诊断某些传染病上有很大的意义。

（一）浅在淋巴结的检查

检查淋巴结时，必须注意其大小、结构、形状、表面状态、硬度、温度、敏感性及活动性等。临床上检查的浅表淋巴结主要有下颌淋巴结、肩前淋巴结、膝上（膝襞、股前）淋巴结（犬无该淋巴结）、腹股沟浅淋巴结、乳房上淋巴结等。淋巴结的检查可用视诊，更常用触诊的方法，必要时可配合应用穿刺检查法。淋巴结的病理变化主要可表现为急性或慢性肿胀，有时可呈现化脓。

1. 急性肿胀

淋巴结的急性肿胀，通常呈明显肿大，表面光滑，活动性有限，且伴有明显的热、痛反应，见于淋巴结周围组织器官的急性感染和某些传染病。下颌淋巴结急性肿大，可见于咽喉炎、腮腺炎、炭疽、马腺疫等。肩前淋巴结和膝上淋巴结急性肿大，可见于泰勒虫病；乳房上淋巴结急性肿大，见于急性乳房炎；腹股沟浅淋巴结急性肿大，可见于猪瘟、猪丹毒、圆环病毒感染发生时。

2. 慢性肿胀

淋巴结的慢性肿胀，一般呈轻度肿胀，质地硬结，表面不平，无热无痛，且多与周围组织粘连，不能活动，见于淋巴结周围组织器官的慢性感染及炎症。马鼻疽、牛结核病时，通常下颌淋巴结慢性肿大明显，也波及其他淋巴结，如当乳牛发生乳房结核时乳房淋巴结呈慢性肿胀，当马患鼻疽性睾丸炎时鼠蹊淋巴结肿胀。

3. 化脓性肿胀

在急性炎症过程中，淋巴结可见化脓，特点为淋巴结高度肿胀，皮肤紧张，同时有明显的热痛反应和波动感，穿刺可流出脓性内容物，常见于马腺疫、链球菌病、副结核病等。

（二）浅在淋巴管的检查

正常时，动物体浅在的淋巴管不能明视，难以触摸到。仅当发生某些病变时，才可见淋巴管肿胀、变粗甚至呈绳索状。

马的浅在淋巴管肿胀，主要提示鼻疽、流行性淋巴管炎。此时多引起面部、颈侧、胸壁或四肢的淋巴管肿胀，在淋巴管肿胀的同时常沿其形成多数结节而呈串珠状肿，有时结节破溃而形成特征性的溃疡。

五、体温、呼吸数和脉搏检查

（一）体温测定

1. 测定方法

动物体温的测定通常以直肠温度为准，禽类可在翼下或泄殖腔测定。常用的温度计是水银温度计。给马属动物测温时，检查者通常位于动物的左侧后方，给牛测温时检查者可站在正后方，给猪测温时检查者站在其左侧或右侧。测体温时，先将动物适当保定，再将体温计水银柱甩至35℃以下，用酒精棉球擦拭消毒，并涂以润滑剂。然后徐徐插入肛门至直肠内，并将尾毛夹夹于尾根部的被毛上，小动物可用手持体温计测量。经

3~5min 后取出，用酒精棉球拭净粪便或黏液后读数。用后消毒并甩下水银柱备用。常见动物体温正常范围如表 1-1 所示。

表 1-1　　　　　　　　　　　　常见动物体温正常范围

动物	体温正常范围/℃	动物	体温正常范围/℃
黄牛	37.5~39.0	犬	37.5~39.0
乳牛	37.5~39.5	猫	38.5~39.5
水牛	36.0~38.5	鸡	40.5~42.0
猪	38.5~39.5	鸭	41.0~43.0
马	37.5~38.5	鹅	40.0~41.5
山羊	38.0~40.0	鸽子	41.0~43.0
绵羊	38.0~40.5	兔	38.5~39.5

2. 病理变化

（1）**体温升高**　即体温超出正常标准。发热的诊断思路见本项目拓展知识。

（2）**体温降低**　即体温低于常温，主要见于某些中枢神经系统的疾病（如马流行性脑脊髓炎）、中毒、重度营养不良、严重的衰竭症、仔猪低血糖症、顽固性下痢、各种原因引起的大失血及陷入濒死期等情况。

（3）**热型变化**　将每日测温结果绘制成热曲线，根据热曲线特点，一般可分为稽留热、弛张热和间歇热等。

稽留热的特点是体温升高到一定高度，可持续数天，而且每天的温差变动范围较小，不超过 1℃。见于纤维素性肺炎、猪瘟、炭疽等。

弛张热的特点是体温升高后，每天的温差变动范围较大，常超过 1℃ 以上，但体温并不降至正常。见于败血症、化脓性疾病、支气管肺炎等。

间歇热的特点是高热持续一定时间后，体温下降到正常温度，而后又重新升高，如此有规律地交替出现。见于马传染性贫血、慢性结核及马梨形虫病等。

（二）呼吸数测定

呼吸数一般可根据胸腹部的起伏动作测定，也可以根据鼻翼的开张动作进行计数，还可通过听诊呼吸音来计数。在寒冷的季节甚至可以观察呼出气流来测定。家禽的呼吸数，可通过观察肛门下部的羽毛起伏动作来测数。常见动物呼吸数正常范围如表 1-2 所示。

表 1-2　　　　　　　　　　　　常见动物呼吸数正常范围

动物	呼吸数正常范围/（次/min）	动物	呼吸数正常范围/（次/min）
乳牛	10~30	犬	10~30
水牛	10~50	猫	10~30
猪	18~30	兔	50~60
羊	12~30	鸡	15~30
马	8~16	鸽子	20~35

呼吸数增多，见于发热性疾病、各种呼吸器官的疾病（如肺炎、支气管炎）、严重的心脏疾病以及贫血、失血性疾病等；呼吸数减少，有时见于引起颅内压升高的疾病（如脑炎、脑肿瘤、脑水肿）、上呼吸道狭窄、某些中毒与代谢紊乱等。

（三）脉搏测定

脉搏检查可以了解心脏活动及血液循环状态，并可作为判断疾病预后的一项参考。牛通常检查尾动脉，马属动物检查颌外动脉，猪、羊、犬和猫可在后肢股内侧的股动脉处检查。常见动物脉搏正常范围如表1-3所示。

表1-3 　　　　　　　　　常见动物脉搏正常范围

动物	脉搏正常范围/（次/min）	动物	脉搏正常范围/（次/min）
乳牛	60~70	猪	60~80
黄牛	50~80	犬	70~120
水牛	30~50	猫	110~130
羊	70~80	兔	120~140
马	35~45	鸡	120~200

脉搏增多见于热性病、严重贫血、心脏疾病及疼痛等；脉搏减少可见于引起颅内压增高的脑病（如流行性脑脊髓炎、慢性脑室积水、脑肿瘤）、心脏传导障碍（严重心律不齐）及严重心衰等，脉搏明显减少提示预后不良。

一般说来，体温、呼吸数、脉搏的变化，在许多疾病大体是一致的，即体温升高时，脉搏及呼吸数也相应地增加，而当体温下降时，脉搏和呼吸数也相应地减少。若三者平行上升，表示病情加重，三者逐渐平行下降，表示病情趋向好转。若高热骤退，而脉搏及呼吸数反而上升，则反映心脏功能或中枢神经系统的调节功能衰竭，为预后不良之症。

拓展知识

一、发热的鉴别诊断

发热（fever）是指恒温动物在致热源的作用下，体温调节中枢的调定点上移而引起的调节性体温升高，或体温调节中枢功能紊乱，使产热与散热不平衡，导致体温升高并伴有有机体各系统器官功能和代谢的改变。

（一）病因

引起发热的原因很多，临床上大致分为感染性发热和非感染性发热两大类。

1. 感染性发热

感染性发热是主要由各种病原体（如细菌、病毒、真菌、寄生虫等）的代谢产物或其毒素作用引起的发热。

（1）细菌 革兰氏阴性菌（如大肠杆菌、伤寒杆菌、淋球菌、脑膜炎球菌、志贺菌）的致热性，除全菌体和胞壁中所含的肽聚糖外，最突出的是胞壁中所含的内毒素，其活性成分是脂多糖，是具代表性的细菌致热原。革兰氏阳性菌（包括肺炎球菌、白喉杆菌、葡萄球菌、溶血性链球菌和枯草杆菌等）除了全菌体具有致热作用外，其代谢产物也是重要的致热物质，如葡萄球菌释放的肠毒素，A型溶血性链球菌产生的红疹毒素，白喉杆菌释放的白喉毒素等，均为强发热激活物，可激活内源性致热原细胞引起发热。

（2）病毒 常见的病毒有流感病毒、猪瘟病毒、麻疹病毒、犬瘟热病毒、犬副流感病毒、猫泛白细胞减少症病毒、猫疱疹病毒1型等，其中流感最主要的症状就是发热。病毒是以其全病毒体和其所含的血细胞凝集素致热。流感病毒还含有一种毒素样物质，也可以引起发热。

（3）真菌 许多真菌感染引起的疾病也伴有发热，如白色念珠菌感染所致鹅口疮、肺炎、脑膜炎，组织胞浆菌、球孢子菌和副球孢子菌引起的深部感染，新型隐球菌所致的慢性脑膜炎等。无致病性的酵母菌也可引起发热。真菌的致热因素是全菌体及菌体内所含荚膜多糖和蛋白质。

（4）螺旋体 常见的有钩端螺旋体、回归热螺旋体和梅毒螺旋体。钩端螺旋体引起钩体病，主要表现是发热。钩体内含有溶血素和细胞毒因子等。人的回归热螺旋体感染致回归热，表现为周期性高热、全身疼痛和肝脾肿大。此螺旋体的代谢裂解产物入血后引起高热。人的梅毒螺旋体感染后可伴有较低的发热，可能是螺旋体内所含的外毒素所致。

（5）其他微生物 原虫病一般都伴有发热。猪等动物的附红细胞体病（病原为立克次氏体）、弓形虫病、猫急性血巴尔通体病、犬莱姆病均表现为高热。衣原体病也是常见的热性病。

2. 非感染性发热

引起发热表现的非感染性因素包括组织损伤、恶性肿瘤、变态反应与过敏性疾病等。如严重创伤、大手术、无菌性坏死、烧伤、放射线损伤、化学性炎症等组织损伤；白血病、淋巴肉瘤、恶性网状细胞瘤等；药物热、输血与输液反应、血清病、注射异体蛋白等；甲状腺功能亢进、痛风、血卟啉病等内分泌紊乱及代谢性疾病；中暑、脑外伤、脑震荡、颅骨骨折、脑出血、颅内压升高等中枢神经性疾病。外界气温过高或湿度过大时，可使机体体温调节中枢发生障碍，或由于广泛性皮炎和广泛性瘢痕组织增生影响散热而形成发热。低钙性痉挛（犬产后低钙血症）、癫痫及剧烈运动等产热过多可引起发热，某些化学药物（如 α-二硝基酚、吗啡等）也可引起发热。

非传染性致炎刺激物如尿酸盐结晶，硅酸盐结晶等，在体内除可引起炎症外，还可激活产内源性致热原细胞，使其产生和释放内源性致热原。另外，各种物理、化学或机械性刺激所造成的组织坏死均可引起无菌性炎症，组织蛋白的分解产物在炎灶局部或被吸收入血，均可激活产内源性致热原细胞，使其产生和释放内源性致热原，引起发热。

恶性肿瘤细胞生长迅速，常发生坏死，并可引起无菌性炎症；坏死肿瘤细胞的某些蛋白成分可引起免疫反应，产生的抗原抗体复合物，或致敏淋巴细胞产生的淋巴因子，均可导致内源性致热原的产生和释放，引起发热。

（二）临床表现

发热时，动物精神沉郁，甚至呈昏睡状态；食欲不振，肠音减弱，粪干小，消化紊乱；呼吸和心跳频率增加（体温每升高 1℃，心率增加 4～8 次/min）；皮温增高，四肢末梢发凉，多汗，畏寒（主要见于发热初期）；尿量减少，尿色发暗，有的出现蛋白尿，甚至出现肾上皮细胞和管型，腺体分泌减少；有的病例白细胞增多，核左移。由于动物体温升高，造成食欲减退或废绝，摄入能量大大减少，加上体液丢失，耗能增加（体温每升高 1℃，其基础代谢水平增加 12.6%），导致机体代谢障碍，引起神经、心血管、呼吸、消化、泌尿等系统的功能紊乱，出现出血，皮疹，肝脏、脾脏肿大，浅表淋巴结肿大，关节肿痛，结膜充血等临床症状。

（三）伴随症状

（1）腹泻　见于各种胃肠道感染性疾病及肝脏疾病等。
（2）呼吸系统症状　见于各种呼吸道感染性疾病等。
（3）皮肤和黏膜病变　见于一些传染病及蜂窝织炎、药物疹等。
（4）神经症状　见于日射病、热射病、传染性脑脊髓炎、李氏杆菌病等。
（5）黄疸、贫血和血尿　见于犬巴贝斯虫病、附红细胞体病、钩端螺旋体病等。
（6）流产　见于布鲁氏菌病、衣原体病等。
（7）淋巴结肿大　见于传染病、血液原虫病、感染等。
（8）昏迷　见于日射病、热射病、中毒性菌痢等。

（四）鉴别诊断思路

发热是很多疾病的共同症状，也是机体对病原发生的适应性反应。临床上需重视发热的鉴别诊断。

1. 首先排除生理性因素引起的体温升高

生理性因素引起的体温升高的特点是暂时性体温升高，不伴有热候。因此，发现体温升高的动物，在排除各种生理性因素所致外，可诊断为病理性体温升高。

2. 分析是群发性发热还是散发性发热

散发性发热常见于组织损伤、免疫反应性疾病和一般的炎症性疾病，没有传染性。群发性发热一般见于全身性感染、环境温度过高和注射疫苗以后。如果能排除动物群体在外界高温或烈日暴晒以及免疫接种的病史，则可认为是由某种病原微生物引起的全身性感染，首先应考虑传染病或血液寄生虫病。

3. 考虑发热程度和持续时间

发热程度可以提示疾病的性质、范围和严重性，从而缩小考虑范围。如微热提示病情轻微和局限性炎症；而高热见于某些重剧的急性传染病，也见于环境高温或是某种药物反应（如肾上腺素用量过大，体温可达 43℃ 以上）。根据发热程度可推断疾病是急性还是慢性，如急性热多为急性传染病，而慢性热常表示慢性疾病。

4. 注意热型

热型是某些疾病发热规律的表现形式。如出现间歇热首先应考虑血液原虫病，出现稽留热应考虑急性烈性传染病和大叶性肺炎，出现稽留双相热应考虑犬瘟热。

5. 注意发热时的伴随症状

发热时的主要伴随症状，常提示比较明确的诊断方向。如犬在出现发热的同时，主要表现呼吸道症状，常提示呼吸道疾病等；若主要表现消化道症状，常提示消化系统疾病等。

6. 观察退热效应

退热效应是指动物体温降至常温及其降温后的反应状态，对临床诊断、判断疗效及预后都有重要意义。热的渐退表现为在数天之内逐渐地、缓慢地下降至常温，患病动物的全身状态也随之逐渐改善而至康复；热的骤退以短期内高热迅速降至常温甚至常温以下为特点，如果热骤退的同时，脉搏反而增数且患病动物全身状态不见改善甚至恶化，多提示预后不良。

（1）自发退热　这是一种在疾病经过中的定型退热效应，如大叶性肺炎在稽留 7～9d 高热后，体温骤降或渐降至常温，不再升高。

（2）间歇热的无热期　严格讲，这种退热效应也是一种自发退热，但在体温自发退至常温后一段时间会再度发热。

（3）药物退热　使用解热镇痛药等退热药后，可以出现数小时的退热效应，但在药效过后可再度发热。

（4）特异性退热　在全身性感染、血液原虫病时使用某些抗生素及抗原虫药后，病原体被抑制或杀死，炎症被控制并消散，则体温自然下降，不再升高。

二、发绀的鉴别诊断

发绀（cyanosis）是指皮肤和黏膜呈蓝紫色的现象，主要是血液中还原血红蛋白增多，或在血液中形成异常血红蛋白衍生物，如高铁血红蛋白、硫化血红蛋白和其他变性血红蛋白等，使皮肤、黏膜呈青紫色。发绀仅发生于血液中血红蛋白浓度正常或接近正常，但血红蛋白氧合作用不完全时。一般认为，当循环的毛细血管血液中还原血红蛋白含量超过 50g/L 或者血中高铁血红蛋白含量达到 30g/L 时即可出现发绀症状。轻度发绀的发现在很大程度上有赖于检查者观察的能力和经验、检查时的环境条件及皮肤的原有色素和厚度等。良好的自然光线是早期发现发绀的必备条件，皮肤有显著色素沉着、黄疸或浮肿可能掩盖发绀的存在。在白色被毛色素较少和毛细血管丰富部位的发绀，如动物的口唇、鼻尖、结膜等处较为明显，易于观察。

（一）病因

引起发绀的原因不同，临床表现也不同，发绀按病因及发病机制可以分为以下几种。

1. 血液中还原血红蛋白增多

（1）中枢性发绀　中枢性发绀是由于心、肺疾病导致血氧饱和度（SaO_2）降低引起。发绀的特点是全身性的，除四肢外，也见于黏膜与躯干的皮肤，但皮肤温暖。中枢性发绀又可分为肺性发绀和心混合性发绀。

①肺性发绀：见于各种严重呼吸系统疾病，如呼吸道（喉、气管、支气管）阻塞、肺部疾病（肺炎、阻塞性肺气肿、弥漫性肺间质纤维化、肺淤血、肺水肿）、胸膜疾病

（大量胸腔积液、气胸、严重胸膜肥厚）等，其机制主要是呼吸功能障碍，影响了 O_2 的吸入和 CO_2 的排出，肺氧合作用不足，致使循环血液中还原血红蛋白含量增多而出现发绀。

②心混合性发绀：见于动物发绀型先天性心脏病，如法洛（Fallot）四联症（一种联合的先天性心血管畸形）、艾森门格（Eisenmenger）综合征（心室中隔缺损）等，其发绀机制是由于心与大血管之间存在异常通道，部分静脉血未通过肺进行氧合作用，而经异常通道分流混入体循环动脉血中，如果分流量超过心输出量的 1/3，即可引起发绀。

（2）周围性发绀　又称为外周性发绀，主要是由于周围循环血流障碍，血液流动过于缓慢，血液经过毛细血管的时间延长，单位时间内流过毛细血管的血量减少，所以弥散到组织、细胞的氧量减少，导致组织缺氧。因此其特点是常见于肢体末梢与下垂部位，如肢端、耳尖和鼻尖，这些部位的皮肤温度低、发凉，若按摩或加温耳尖和肢端，使其温暖，发绀即可消失。这有助于与中枢性发绀相区别，后者即使按摩或加温，青紫也不消失。此种类型发绀又可分为淤血性周围性发绀和缺血性周围性发绀。

①淤血性周围性发绀：如右心衰竭、局部静脉病变（血栓性静脉炎）等，其发生机制是因为体循环淤血、周围血流缓慢，氧在组织中被过多摄取。

②缺血性周围性发绀：常见于动物重症休克，由于周围血管痉挛收缩，心输出量减少，循环血容量不足，血流缓慢，周围组织血流灌注不足、缺氧，致皮肤黏膜呈现蓝紫色。

（3）混合性发绀　中枢性发绀与周围性发绀并存，可见于动物心力衰竭（左心衰竭、右心衰竭和全心衰竭），因肺淤血或支气管及肺病变，致使肺内氧合作用不足以及周围血流缓慢，毛细血管内血液脱氧过多所致。

2. 血液中存在异常血红蛋白衍生物

（1）变性血红蛋白含量增加　主要是某些药物或化学物质中毒时，正常的氧合血红蛋白转化为高铁血红蛋白，失去携带氧的能力，导致外周血液中氧分压不足，出现发绀，常见于亚硝酸盐、磺胺类药物中毒等。发绀特点是急骤出现、暂时性、病情严重，经过氧疗青紫不减，抽出的静脉血呈深棕色，暴露于空气中也不能转变为鲜红色，若静脉注射亚甲蓝溶液、硫代硫酸钠或大量维生素 C，均可使发绀消退。

（2）硫化血红蛋白血症　硫化血红蛋白并不存在于正常红细胞中。当患病动物同时有便秘或服用硫化物（主要为含硫氨基酸），或服用能引起高铁血红蛋白血症的药物或化学物质时，即可在肠内形成大量硫化氢。其发绀特点是持续时间长，可达几个月或更长时间，因硫化血红蛋白一经形成，不论在体内或体外均不能恢复为血红蛋白，而红细胞寿命仍正常；患病动物血液呈蓝褐色。

（3）遗传性高铁血红蛋白血症　又称先天性辅酶Ⅰ高铁血红蛋白还原酶缺乏症，由红细胞内还原型二磷酸吡啶核苷高铁血红蛋白还原酶活性极度降低或缺乏，使高铁血红蛋白还原成亚铁血红蛋白的过程受阻引起。目前仅在犬发现，呈家族性发生。

（二）临床表现

可视黏膜和皮肤呈蓝紫色或青紫色是发绀的主要临床表现。然而，动物的皮肤上被覆浓厚的被毛，绝大多数还有大量色素沉着，皮肤检查发绀仅适用于被毛稀少且皮肤呈白色的犬、猫等。可视黏膜，尤其眼结膜是观察发绀症状的最佳部位。

发绀症状与血中血红蛋白含量有密切的关系。当血红蛋白含量正常时，若动脉血氧饱和度小于85%，则可视黏膜已呈现发绀表现；红细胞增多症的动物，动脉血氧饱和度虽大于85%，仍会出现发绀症状；相反，重度贫血的动物（血红蛋白含量小于60g/L），即使动脉血氧饱和度明显降低，发绀表现仍不明显。

（三）伴随症状

（1）体温升高或降低　急性感染性疾病时体温升高，休克时体温降低。
（2）呼吸困难　主要考虑肺脏或心脏疾病、气胸、急性呼吸道阻塞。
（3）衰竭或意识障碍　常见于某些药物或化学物质引起的急性中毒、急性心力衰竭。
（4）心音变化　见于心包炎、心力衰竭、休克及严重感染性疾病。
（5）肺叩诊区扩大　见于肺气肿。
（6）肺听诊区听诊音异常　见于各型肺炎、休克、急性肺部感染、肺气肿和肺充血。

（四）鉴别诊断思路

（1）发绀是机体缺氧的典型表现，应根据临床检查进行全面分析，了解发绀出现的快慢，确定发绀的原因。
（2）注意区分由异常血红蛋白引起的发绀和血液中还原血红蛋白增多所致的发绀。前者常有使用药物或接触化学物质的病史，发绀明显，通常无明显的呼吸困难；后者无接触史，常伴有高度呼吸困难。也可进行高铁血红蛋白、硫化血红蛋白的实验室检验。

三、黄疸的鉴别诊断

黄疸（jaundice）是由于血清胆红素含量升高导致皮肤、黏膜黄染的一种临床症状。若血清胆红素超过15mg/L，但临床上未表现黄疸，称为隐性黄疸；若血清胆红素超过20mg/L时，可视黏膜、皮肤均呈黄色，为临床型黄疸。血清中胆红素含量增高的多少不一，巩膜、皮肤、黏膜黄染程度也不同，可表现淡黄、土黄、深黄，其中以巩膜呈现的最清楚，最易被发现。

（一）病因

根据病因，黄疸可分为溶血性黄疸、肝细胞性黄疸和胆汁淤积性黄疸三种类型。

1. 溶血性黄疸

凡能引起溶血的疾病都可发生溶血性黄疸。因红细胞被大量破坏，形成游离胆红素过多，超过了肝细胞对它的代谢能力，使胆红素在血液中蓄积而形成黄疸。此时，由于红细胞被大量破坏而同时造成机体贫血，所以在可视黏膜黄染的同时常伴有苍白现象。结合膜的重度苍白伴有黄染，是溶血性疾病的特征。

（1）传染性因素　如溶血性链球菌病、钩端螺旋体病、产气荚膜杆菌和革兰氏阴性杆菌所致的败血症等。

（2）寄生虫因素　血液原虫病，如犬巴贝斯虫病、附红细胞体病等。

（3）化学因素　某些化学物质、药物、饲粮中的有毒物质进入体内，对红细胞产生直接破坏作用。

（4）免疫性因素　新生仔犬溶血症、输血反应等。

（5）其他　如犬洋葱中毒、葡萄糖-6-磷酸脱氢酶缺乏等。

2. 肝细胞性黄疸

由于肝细胞广泛性损伤，对胆红素的摄取、结合和排泄过程发生障碍，造成血红游离胆红素增加所致。

（1）感染性肝炎　见于病毒感染，如犬传染性肝炎、猫传染性腹膜炎；细菌感染，如钩端螺旋体、溶血性链球菌；真菌感染，如组织胞囊菌；寄生虫侵袭，如血孢子虫、肝片吸虫。

（2）中毒性肝炎　见于重金属（如镉、砷、铜、铁、磷、硒）中毒；黄曲霉毒素中毒；药物（如类固醇）、抗感染药（四环素、磺胺、红霉素）、镇静药（巴比妥、吸入麻醉剂）等用量过大或中毒；自体中毒（妊娠毒血症、肠道炎症等）。

（3）肿瘤　原发性肝脏肿瘤（如肝细胞癌）、淋巴网状内皮细胞瘤、骨髓及外骨髓增殖瘤、转移瘤等。

（4）肝脏变性　肝硬化、肝脂肪沉积症、肝淀粉样变性、肝血色素沉积（铁沉积）等。

（5）不明原因的炎症　犬急性或慢性肝炎、猫胆管肝炎等。

此类黄疸的发生，主要是胆红素的转化发生障碍。这类黄疸做血清胆红素定性试验时，结合胆红素和非结合胆红素都呈阳性反应。

3. 胆汁淤积性黄疸

根据发生部位不同，可分为肝外性胆汁淤积性黄疸和肝内性胆汁淤积性黄疸。

（1）肝外性胆汁淤积性黄疸　主要由于胆道结石、胰腺炎及肿瘤、胆管狭窄和一些寄生虫（如肝片吸虫病、胆道蛔虫）等阻塞所引起。此外，当小肠黏膜发炎、肿胀时，由于胆管开口被阻，可有轻度的黏膜黄染现象。

（2）肝内性胆汁淤积性黄疸　主要见于肝内阻塞性胆汁淤积，如肝内泥沙样结石、华支睾吸虫病等；肝内胆汁淤积，如病毒性肝炎、氯丙嗪、利福平或异烟肼等药物变态反应、原发性胆汁性肝硬化等。

由于胆管阻塞引起胆汁的淤滞，对这类黄疸做血清胆红素定性试验时，结合胆红素呈阳性反应。若阻塞性黄疸病程延长时，因继发肝细胞损伤，也会出现血清胆红素试验结合、非结合胆红素均呈阳性反应。

（二）临床表现

黄疸的主要表现是皮肤、黏膜黄染，其程度与疾病的性质有关。另外，病因不同，还会表现相应的症状。

1. 溶血性黄疸

急性溶血时，由于红细胞大量破坏，常出现重度溶血反应，表现为寒战、高热、肌肉酸痛、呕吐等，并常有血红蛋白尿，尿呈酱油色。严重病例可并发急性肾功能不全。

慢性型呈轻度或波动性黄疸，常见脾脏肿大，大多有不同程度的贫血。

2. 肝细胞性黄疸

血清结合胆红素与非结合胆红素均增加，血清胆红素定性试验呈双相或结合迅速反应。尿中胆红素定性试验呈阳性。由于肝脏处理尿胆原的能力降低，因而尿胆原随尿排出，尿中尿胆原增多。精神沉郁、体弱乏力、食欲不振、消化功能减退、神经症状、光敏感性皮炎、肝区触痛等肝功能不全症状和肝功能检验出现指标异常。

3. 胆汁淤积性黄疸

腹痛、发热、体重减轻，有时有腹水；由于胆汁缺乏，肠蠕动减弱，肠道细菌繁殖、腐败、发酵过程加强，往往引起便秘和肠臌气，粪便颜色变浅甚至呈灰白色且带有恶臭味；尿液颜色变深；由于胆盐与胆红素潴留于血液中，出现胆血症，常引起皮肤瘙痒与心动过缓。

（三）伴随症状

（1）体温升高　见于急性胆囊炎、败血症、血液原虫病、钩端螺旋体病、痢疾、肝脓肿、病毒性肝炎以及其他原因所致的急性溶血等。

（2）贫血　溶血性黄疸同时表现为皮肤、黏膜苍白，心力衰竭，无力。严重的溶血可出现血红蛋白尿。

（3）肝肿大　肝脏轻度至中度肿大，质较软且表面光滑者，见于肝炎、急性胆道感染、胆管阻塞等；肝肿大不明显，质硬、边缘不整齐、表面有小结节者，见于肝硬化，有时也见于肝脓肿；明显肿大，质硬、表面不平、有多数结节或大块隆起者，常提示为肝癌。

（4）腹痛　持续性右上腹痛可见于肝癌、肝脓肿、病毒性肝炎；阵发性绞痛大多为胆道结石梗阻或胆道蛔虫病；轻度疼痛可见于病毒性肝炎或中毒性肝炎。

（5）胆囊肿大　主要见于肝外阻塞性黄疸。

（6）脾脏肿大　可见于病毒性肝炎、肝硬化、慢性溶血性疾病等。

（7）消化道出血　可见于肝硬化、重症肝炎、急性胆道炎症等。

（8）腹水　可见于重症肝炎、肝硬化、肝癌等。

此外，肝细胞性黄疸易继发自体中毒，胆汁淤积性黄疸易继发肝、肾损伤。

（四）鉴别诊断思路

临床上确认黄疸并不困难。在确定黄疸的基础上根据各类黄疸的临床特征、结合血液生化、尿液检查等辅助检查，确定黄疸的病因和性质。

1. 溶血性黄疸

可视黏膜苍白并黄染是溶血性黄疸的重要特征。对起病快，可视黏膜苍白黄染，且排血红蛋白尿的黄疸，应考虑是急性溶血性黄疸。若体温升高，应怀疑引起急剧溶血的传染病和血液寄生虫。若体温低下或正常，可怀疑溶血性毒物、同族免疫抗原抗体反应或某些化学因素所致。对病程长、可视黏膜逐渐苍白的黄染，且不表现血红蛋白尿症，应怀疑慢性溶血性疾病，如自体免疫性溶血性贫血、慢性血液原虫病、巴尔通体病、附红细胞体病等。

2. 肝细胞性黄疸

若表现肝细胞性黄疸的临床特征和实验室检查结果，应诊断为肝细胞性黄疸。对体温升高的，应怀疑感染性和寄生虫性肝病引起的黄疸；对体温正常或低下的，应考虑中毒性肝病引起的黄疸。

3. 胆汁淤积性黄疸

若表现胆汁淤积性黄疸的临床特征和实验室检查结果，应诊断为胆汁淤积性黄疸。再结合病史调查、原发病的体征进行进一步鉴别。腹部超声检查胆道系统（胆囊增大、胆道扩张、结石等）、胆道造影和剖腹探查对确定胆汁淤积性黄疸，以及区别肝内性和肝外性黄疸，具有重要作用。

项目思考

1. 何为发热？
2. 发热的诊断思路是什么？
3. 不同种动物正常体温范围是多少？
4. 常见的异常姿势与步态有哪些？它们分别是哪些疾病的主要表现？
5. 可视黏膜颜色变化有哪几种？它们分别指示什么病理状况？
6. 可视黏膜表现为发绀的诊断思路是什么？
7. 体表淋巴结有哪几个？分别在体表什么位置？

项目四　系统检查技术

思政目标

　1. 培养细心、耐心的优良品质。

　2. 培养科学规范诊疗的职业意识。

　3. 培养爱护动物、珍视生命的职业道德。

　4. 加强对局部与整体关系的理解，进一步认识个人与社会之间的关系。

知识目标

　1. 掌握畜禽、宠物等动物各系统检查的主要内容。

　2. 掌握畜禽、宠物等动物各系统检查的方法。

　3. 掌握各系统检查常见异常表现及其临床意义。

技能目标

　1. 能听诊心音、呼吸音和胃肠蠕动音等。

　2. 能辨别心音、呼吸音和胃肠蠕动音的常见异常表现。

　3. 能划定心、肺、瘤胃等的叩诊区域。

　4. 能辨别清音、浊音、过清音、半浊音和鼓音。

　5. 能辨别心、肺和胃肠叩诊音的常见异常表现。

　6. 能辨别饮欲和食欲、吞咽、反刍等的常见异常表现。

　7. 能进行直肠检查。

　8. 能辨别呼吸类型、呼吸节律等的常见异常表现。

　9. 能辨别各种病理性呼吸音。

　10. 能辨别排尿状态的常见异常表现。

　11. 能辨别意识障碍的常见异常表现。

　12. 能辨别运动功能的常见异常表现。

必备知识

一、心血管系统检查

（一）心脏检查

各种动物的心脏都位于胸腔下 1/3 处、第 3~6 肋骨间，偏于胸腔正中线的左侧，长轴倾向右心尖斜向左后下方，大部分与左侧胸壁直接接触。由于家畜种类不同，其位置也不尽相同。反刍动物和猪，心脏 3/5 位于胸腔左侧，心基在胸高 1/2 处水平线上，心尖于左侧抵于第 3~5 肋间，紧贴胸壁，距胸骨约 6cm。

1. 触诊

心搏动是心室收缩冲击左侧心区的胸壁而引起的震动。心脏触诊主要是检查心搏动强度、频率及其敏感性。正常情况下，心搏动的强弱取决于心脏的收缩力量、胸壁厚度及胸壁与心脏之间介质的状态。健畜由于营养不同，胸壁厚度不同，其搏动强度也不同。如过肥的动物因胸壁厚而心搏动较弱；营养不良而消瘦的动物，因胸壁较薄而心搏动较强。病理性心搏动常见有以下几种情况。

（1）心搏动增强　心肌收缩力强，震动面积大。见于热性病初期、剧疼性疾病、轻度贫血、心肥大（如心肌炎、心内膜炎、心包炎的初期）。心搏动过度增强而引起的体壁震动称为心悸。阵发性心悸常见于敏感而易兴奋的家畜。强而明显的心悸称为心悸亢进，应注意与膈痉挛区别。心悸亢进时病畜腹胁部跳动与心搏动一致，而且心搏动明显增强；膈肌痉挛时，腹胁部跳动与呼吸一致，并伴有呼吸活动紊乱，同时心搏动不增强。

（2）心搏动减弱　即心肌收缩无力，震动微弱，严重者甚至弱不感手。见于心脏衰弱、病理性胸壁肥厚（纤维素性胸膜炎、胸壁结核）、胸腔积液（渗出性胸膜炎、渗出性心包炎、胸腔积水、心包积水）及肺气肿。

（3）心搏动移位　心脏受到邻近器官、渗出、肿瘤等压迫，以及发生急性胃扩张、瘤胃臌气等疾病时，心可以出现心搏动移位现象。

（4）心区压痛　触诊心区有疼痛反应，即表现为触诊敏感、呻吟等。见于心包炎、创伤性心包炎及胸膜炎等。

（5）心区震动　触诊心区感到有轻微震颤，见于心包炎初期及心脏瓣膜病。

2. 叩诊

心脏叩诊主要是判定心脏大小、疼痛等变化。此项检查在马最常用，其他动物少用。尤其是反刍动物因其心脏几乎完全被肺掩盖，查不出心脏的大小，但在牛发生创伤性心包炎时，叩诊心区疼痛，呈浊音或鼓音，有一定诊断意义。叩诊时大动物取站立姿势，使其左前肢向前伸半步充分暴露心区。小动物可放在桌上进行叩诊。

（1）叩诊浊音区改变　心脏浊音区的改变，主要由心脏容积增大与缩小、肺掩盖心脏面积的大小及胸膜与心包状态所决定。心脏浊音区扩大见于心容积增大，如心肥大、心包炎、心扩张；绝对浊音区扩大，见于肺脏覆盖心脏的面积缩小，如肺萎缩、肺实变等。心脏浊音区缩小，标志着肺脏容积扩大，见于肺泡气肿等。

（2）叩诊鼓音　见于心包内蓄积气体。如牛创伤性心包炎、渗出液在心包内腐败分解产生气体时呈鼓音，肺泡气肿时也出现鼓音。

（3）叩诊疼痛　叩诊时，动物回头、呻吟、躲闪、抗拒而表现疼痛，见于心区疼痛性疾病，如心包炎、胸膜炎等。

3. 听诊

心脏听诊是检查心脏最重要的方法之一。任何疾病诊疗过程中，都应进行心脏的听诊以判定疾病的预后。听诊时被检动物取站立姿势，使其左前肢向前伸出半步，以充分显露心区，将听诊器集音头放于心区部位进行间接听诊。听诊应在安静的室内进行。心脏听诊检查的内容包括心音的性质、频率、节律、强度及有无心脏杂音等。

心音是心室收缩与舒张活动所产生的音响。心功能正常时，在心脏部听诊，可听到有节律的类似"嗵–哒、嗵–哒"的两个交替出现的音响。前者为第一心音，后者为第二心音。第一心音的特点是音调低，持续时间长，尾音也长，但到第二心音发生时间间隔较短。其产生是由心肌收缩音、两房室瓣同时闭锁音及心室驱出的血液冲击动脉管壁的声音混合而成。因发生于心缩期，称为缩期心音。其出现与心搏动及脉搏一致。第二心音的特点是音调高，响亮而短，尾音消失快，到下一次第一心音时间间隔长。其产生是心室舒张时，两动脉瓣同时关闭，两房室瓣同时舒张及心肌舒张音混合而成。因发生于心舒期，称舒期心音。其出现与心搏动及脉搏不一致。健康动物正常心音特点因动物种类不同而有一定差异。黄牛、乳牛、山羊的心音较为清晰，尤其第一心音明显，但持续时间较短，山羊的第二心音较弱。犬的心音清亮，且第一心音与第二心音的音调、强度、间隔及持续时间均大致相同。水牛及骆驼的心音则不如黄牛清晰。马的第一心音音调较低，持续时间较长且音尾拖长，第二心音短促、清脆且音尾突然停止。猪的心音较钝浊，且两个心音的间隔大致相等。

在正常情况下，两心音不难区别，但在心跳增快时，两心音的间隔几乎相等则不易区别。这时可一边听心音，一边触诊心搏动，与心搏动同时出现的心音是第一心音，与心搏动不一致的心音是第二心音。在心脏任何一点，都可以听到两个心音，但由于心音沿血液方向传导，因此只有在一定部位听诊才听得最清楚。临床上把心音听得最清楚的部位，称为心音最强（佳）听取点。当需要辨认各瓣膜口音的变化时，可按表1-4在心音最强（佳）听取点听取心音。

表1-4　　　　　　　　　　　　　　　　　常见动物心音最佳听取点

动物类别	第一心音		第二心音	
	二尖瓣口	三尖瓣口	主动脉口	肺动脉口
牛、羊	左侧第4肋间，主动脉口的稍下方	右侧第3肋间，胸廓下1/3的中央水平线上	左侧第4肋间，肩端线下1~2指处	左侧第3肋间，胸廓下1/3的中央水平线上
犬	左侧第5肋间，胸壁下1/3中央	右侧第4肋间，肋骨与肋软骨结合部一横指上方	左侧第4肋间，肩端线下1~2指处	左侧第3肋间，接近胸骨处或肋骨与肋软骨结合处
猪	左侧第5肋间，胸廓下1/3的中央水平线上	右侧第4肋间，肋骨与肋软骨结合部稍下方	左侧第4肋间，肩端线下1~2指处	左侧第3肋间，接近胸骨处

续表

动物类别	第一心音		第二心音	
	二尖瓣口	三尖瓣口	主动脉口	肺动脉口
马	左侧第 5 肋间，胸廓下 1/3 的中央水平线上	右侧第 4 肋间，胸廓下 1/3 的中央水平线上	左侧第 4 肋间，肩端线下 1~2 指处	左侧第 3 肋间，胸廓下 1/3 的中央水平线上

病理性心音主要有心音增强和减弱，心音分裂或重复，心律不齐和心脏杂音。

（1）心音增强和减弱　判定心音增强或减弱，应在心尖部和心基部比较听诊，两处心音都增强或都减弱时，才能认为是增强或减弱。心音强弱取决于心音本身的强度（心肌的收缩力量、瓣膜状态及血液量）及其向外传递介质状态（胸壁厚度、胸膜腔及心包腔的状态）。第一心音的强弱，主要取决于心室的收缩力量；第二心音的强弱，则主要取决于动脉根部血压。

两个心音均增强是由心肌收缩力增强，血液在心脏收缩和舒张时冲击瓣膜的力量同时增强所致。可见于热性病的初期，心功能亢进以及兴奋或伴有剧痛性的疾病，轻度贫血或失血及肺萎缩等。两个心音均减弱，可见于心功能障碍的后期、濒死期、严重的贫血及渗出性胸膜炎、心包炎等。第一心音增强是由心肌收缩力增强与瓣膜紧张度增高所引起。临床上表现多是第一心音相对增强，第二心音相对减弱，甚至难以听取。主要见于贫血、热性病及心脏衰弱的初期。当大失血、剧烈腹泻、休克及虚脱时，由于循环血量少，动脉根部血压低，第二心音往往消失。第二心音增强多为相对的增强，是由动脉根部血压升高引起，或于心舒张时半月瓣迅速而紧张地关闭有关。主动脉口第二心音增强，见于心肥大、肾炎。肺动脉口第二增音增强，见于肺充血、肺炎等。第一心音相对的减弱如前所述。单纯的第一心音减弱，临床上几乎未见到，但在心扩张及心肌炎后期也可见到。第二心音减弱甚至消失在临床上最常见，主要是由每次压出的血量减少，或当心舒张时血液回击动脉瓣的力量微弱所致，是动脉根部血压显著降低的标志。见于贫血、心脏衰弱。第二心音消失，见于大失血、高度的心力衰竭、休克及虚脱，多预后不良。两心音同时减弱是心肌收缩无力的表现，常见于心脏衰弱的后期、心肌炎、心肌变性、重症贫血、渗出性胸膜炎、渗出性心包炎及重症肺气肿等。

（2）心音分裂或重复　第一心音或第二心音分为两个音色相同的音响称为心音分裂或重复，主要是由心脏功能障碍或神经支配异常，两心室不同时收缩和舒张所引起。第一心音分裂或重复是左右心室收缩有先有后，或有长有短，左右房室瓣膜不同时闭锁的结果。见于一侧心室衰弱或肥大及一侧房室束传导受阻。第二心音分裂或重复是两心室驱血期有长有短，主动脉瓣与肺动脉瓣不同时闭锁的结果。见于主动脉或肺动脉血压升高的疾病及二尖瓣口狭窄等。肾炎时因主动脉压升高也出现第二心音分裂或重复。

（3）心律不齐　心音节律是指每次心音的间隔时间相等，强弱一致。正常心脏收缩频率和节律遭到破坏，表现为每次心音的间隔不等，并且强度不一，称为心律不齐。心律不齐多为心肌的兴奋性改变或其传导功能障碍的结果，并与植物神经的兴奋性有关。轻度的、短期的、一时性的心律不齐，一般无重要诊断意义。重症的、顽固性的心律不齐，多由于心肌损伤引起，常见于心肌炎、心肌变性、心肌硬化等。

（4）心脏杂音　当听诊心脏时，除能听到第一、第二心音外，夹杂的其他音响称为心脏杂音。按其发生部位不同，分为心内杂音和心外杂音。

心内杂音临床上多是心内膜及其相应的瓣膜口发生形态改变或血液性质发生变化引起，常伴随第一或第二心音之后或与其同时产生的异常音响。按其发生时期，分为缩期杂音和舒期杂音。缩期杂音发生于心收缩期，伴随第一心音之后或同时出现；舒期杂音发生于心舒张期，伴随第二心音之后或同时出现。按其瓣膜或瓣膜口有无形态改变可分为器质性心内杂音和非器质性心内杂音。器质性心内杂音是慢性心内膜炎的特征。慢性心内膜炎常引起某一瓣膜或瓣膜口周围组织增生、肥厚及粘连，瓣膜缺损或腱索的短缩，这些形态学的病变统称为慢性心脏瓣膜病。瓣膜病的类型虽很多，但概括地可分为瓣膜闭锁不全及瓣膜口狭窄。瓣膜闭锁不全是心室收缩或舒张过程中，由于瓣膜不能完全将其相应的瓣膜口关闭而留空隙，致使血液经病理性的空隙而逆流形成漩涡，振动瓣膜产生杂音。此杂音可出现于心室收缩期或舒张期。如左、右房室瓣闭锁不全，杂音出现于心缩期，称缩期杂音；主动脉与肺动脉的半月状瓣闭锁不全，则杂音出现于心舒期，称舒期杂音。

心外杂音是心包或靠近心区的胸膜发生病变引起。按杂音性质分为心包拍水音和心包摩擦音。心包拍水音是心包发生腐败性炎症时，由于心包内积聚多量液体与气体，或当心脏活动时所产生的一种类似震动半满玻璃瓶水的声音或似河水击打河岸的声音。见于渗出性心包炎和心包积水。心包摩擦音是心包发炎的特征。由于心包发炎，纤维蛋白沉着于心包，使心包两叶变得粗糙，当心脏活动时，粗糙的心包两叶互相摩擦产生杂音。心外杂音的特点是杂音似来自耳下，仅限于局部听到，使用加压听诊器其音增强，杂音与心跳一致，杂音比较固定，且可长时间存在。

（二）脉管的检查

动脉的检查通常用触诊的方法，主要检查动脉的脉搏，判定其频率、节律、性质。牛检查尾动脉；绵羊、山羊及猪检查股内侧动脉。一般用右手食指及中指压于血管上，左右滑动，即可感知一富有弹性的管状物在手下滑动，此时可根据脉搏大小（振幅的大小）、强弱和软硬（脉管的紧张度）分别施以轻压、中压或重压，计算其数，并体会其性质（脉大小、脉管紧张度）、血液充盈度（血管内容血量）、脉搏形态和节律。按动物不同，其检查方法也不同。牛脉搏检查时，检查者站于牛的正后方，左手将尾略上举，用右手食、中指轻压于尾腹面正中的尾动脉上即可。羊脉搏检查，检查者蹲于羊的侧后方，一手握后肢，一手插入股内侧，以手指压于股动脉上即可。正常动物的脉搏强弱一致，间隔相等，十分规律，称节律脉。若脉搏强度不一致，间隔不等，称无节律脉（或脉搏不齐），是疾病的表现。

病理性脉搏有以下数种。

（1）浮脉　轻取则得，重按则无，如木浮水，多属表证。如外感风寒。

（2）沉脉　轻举不取，重按则得，如石沉水，多属里证。如便秘、慢性肺气肿。

（3）迟脉　脉搏稀少，主寒证。临床上少见，但在颅内压增高的疾病（脑水肿、脑肿瘤）、心肌萎缩及洋地黄中毒时可见。

（4）数脉　脉搏过多，主热证。临床上最常见，多与体温增高并发。一般体温升高1℃，脉搏可相应地增多4~8次。若体温下降而脉搏反而增多的为预后不良。如超过100

次（牛130次）以上，则预后慎重。常见热性病、呼吸器官炎症、心脏病、贫血性疾病和剧疼性疾病等。

（5）虚脉　举、寻、按三取皆无力，主虚证。见于大失血、脱水等病症。

（6）实脉　举、寻、按三取皆有力，主实证。见于热性病初期、心肥大、运动和使役之后。

（7）洪脉　脉搏洪大而充实，来盛去衰，如波涛汹涌，主实热证。见于发热性疾病、心肥大或心功能亢进。

（8）细脉　脉搏软弱而无力，细小如线，主虚证。见于久病体弱、气血两虚时，如衰竭症。

（9）滑脉　往来流利，如盘走珠，应指而圆滑，主痰湿、宿食、实热等证，注意孕畜表现滑脉，不属病态。

（10）涩脉　往来艰涩，欲来而未即来，欲去而未即去，如轻刀刮竹，主精伤、血少、气滞、血淤等证。

（11）跳脉　动脉急膨大，急缩小，指压有骤来急去之感，是主动脉瓣闭锁不全的特征。

（12）徐脉　动脉徐徐上升，又缓缓下降，指压有徐来慢去之感，是主动脉口狭窄的特征。

上述各种脉搏，实践中常是综合体现的。如洪脉与跳脉、细脉与徐脉等。临床上应特别注意脉搏的大小、强弱，即大而强的脉搏，说明收缩力强，血量充盈，脉管较弛缓，是心功能良好的表现；小而弱的脉搏表示心收缩力弱，血量不足，脉管紧张，是心力衰弱的表现。

二、呼吸系统检查

（一）呼吸运动的检查

1. 呼吸频率

各种动物呼吸频率的正常值见前述"临床一般检查技术"。病理情况下，常见呼吸次数增多（如各种呼吸器官疾病、热性病、贫血和某些中毒病）和呼吸次数减少（如各种脑炎、脑肿瘤、脑积水和疾病的濒死期）。

2. 呼吸类型

健康动物的呼吸类型均属胸腹式呼吸（犬为胸式呼吸），即在呼吸时胸壁和腹壁的起伏动作协调一致，强度大致相同，又称混合式呼吸。病理情况下，表现为胸式呼吸和腹式呼吸。胸式呼吸呼吸活动中胸壁的起伏动作特别明显，而腹壁运动微弱。见于腹腔器官疾病，如急性腹膜炎、瘤胃臌气、重度肠臌气和腹壁外伤等。腹式呼吸呼吸活动中腹壁的起伏动作特别明显，而胸壁活动微弱。见于胸腔器官疾病，如肺气肿、胸膜炎、胸腔积液、肋骨骨折等。

3. 呼吸节律

健康动物吸气与呼气所持续的时间有一定的比例，每次呼吸的强度一致，间隔时间相等，称为节律性呼吸。呼吸节律异常有以下三种情况。

（1）潮式呼吸　其特征是呼吸逐渐加强、加深、加快，当达到高峰后，又逐渐变弱、变浅、变慢，最后呼吸暂停（数秒至数十秒），然后又以同样的方式反复出现。临床上主要见于各种脑病、心力衰竭、某些中毒性疾病和呼吸中枢兴奋性减退等。

（2）库氏呼吸　呼吸不中断，但变成深而慢的大呼吸，并且每分钟呼吸次数减少。这种呼吸是呼吸中枢衰竭的晚期表现，表示病情危重，预后不良。临床上主要见于疾病濒死期、脑脊髓炎、脑水肿、大失血及某些中毒病等。

（3）毕氏呼吸　其特征是呼气和吸气分成若干个短促的动作，即数次连续的、深度大致相同的深呼吸和呼吸暂停交替出现。这种呼吸是呼吸中枢兴奋性极度降低的表现，表示病情危重。临床上主要见于胸膜炎、慢性肺气肿、脑炎、中毒及濒死期动物。

4. 呼吸困难

呼吸时表现为费力，同时呼吸频率、呼吸类型、呼吸节律发生改变的称为呼吸困难。高度呼吸困难称为气喘。犬中毒表现为混合性呼吸困难，见视频1-1。诊断思路见本项目拓展知识。

（二）呼出气和鼻液的检查

1. 呼出气的检查

嗅诊呼出气有无特殊气味。如呼出气有难闻的腐败气味，见于上呼吸道或肺脏的化脓性或腐败性炎症、肺坏疽、霉菌性肺炎等；呼出气有酮臭气味，见于反刍动物酮血病。

视频1-1
犬中毒表现为
混合性呼吸困难

2. 鼻液的检查

健康家畜一般无鼻液，气候寒冷季节有些动物可有微量浆液性鼻液，牛常用舌舔去和咳出，若有大量鼻液流出，则为病理特征。

（1）鼻液数量　主要取决于疾病发展时期、程度及病变性质和范围。少量鼻液在急性呼吸道炎症的初期和慢性呼吸道疾病可见，如上呼吸道炎症、急性支气管炎及肺炎的初期等。多量鼻液主要见于急性呼吸道疾病的中、后期，如急性鼻炎、急性咽喉炎、急性支气管炎、急性支气管肺炎、肺坏疽等。一侧性鼻液见于一侧性鼻炎、一侧性副鼻窦炎、一侧性喉囊炎。

（2）鼻液性状　由于炎症的种类和病变的性质不同而异。一般在呼吸道炎性疾病经过中，开始多为浆液性，逐渐变为黏液性和脓性，最后渗出物停止而愈。浆液性鼻液无色透明，稀薄如水。鼻液中含有少量白细胞、上皮细胞和黏液。见于急性呼吸道炎症的初期、流行性感冒等。黏液性鼻液黏稠，呈灰白色。鼻液中含有多量黏液、脱落的上皮细胞和白细胞，呈引缕状。见于呼吸道黏膜急性炎症的中期。脓性鼻液黏稠浑浊，呈黄色或黄绿色。鼻液中含有多量中性粒细胞和黏液。常见于呼吸道黏膜急性炎症的后期及副鼻窦炎、肺脓肿破裂等。腐败性鼻液污秽不洁，呈褐色或暗褐色。鼻液中含有腐败坏死组织，有恶臭和尸臭味，是腐败性细菌作用于组织的结果。见于肺坏疽和腐败性支气管炎等。血性鼻液内混有血丝或血块，颜色鲜红，见于鼻腔出血；颜色粉红或鲜红，并且混有气泡，见于肺出血、肺坏疽、败血症。铁锈色鼻液见于大叶性肺炎及传染性胸膜肺炎。

（3）混杂物　鼻液混有大量的唾液、饲料残渣，见于咽炎及食道阻塞；鼻液中混有大小一致的泡沫，见于肺水肿。

（4）鼻液弹力纤维的检查　检查弹力纤维时，取 2~3mL 鼻液放于试管中，加入等量的 10%氢氧化钠（或氢氧化钾）溶液，在酒精灯上边振荡边加热煮沸，使其中的黏液、脓汁及有形成分溶解，然后离心沉淀，取少许沉淀物滴于载玻片上，加盖玻片镜检。弹力纤维呈透明的折光性较强的细丝状弯曲物，如羊毛状，且有双层轮廓，两端尖或呈分叉状，常集聚成乱丝状。弹力纤维的出现，表示肺组织溶解、破溃或有空洞存在，见于异物性肺炎、肺坏疽、肺脓肿和肺结核等。

（三）咳嗽的检查

咳嗽是动物的一种保护性反射动作，借以将呼吸道异物或分泌物排出体外。咳嗽也是一种病理表现，当呼吸道有炎症时，炎性渗出物或外来刺激引起咳嗽。检查咳嗽的方法可听取病畜的自然咳嗽，必要时常采用人工诱咳法。诊断思路见本项目拓展知识。

（四）上呼吸道的检查

1. 鼻腔的检查

检查小动物鼻时，可使用开鼻器，将鼻孔扩开进行检查。牛、马等大动物鼻可徒手检查。主要注意其颜色、分泌物，有无肿胀、水泡、溃疡、结节和损伤等。正常情况下，鼻黏膜为淡红色，表面湿润富有光泽，略有颗粒，牛鼻孔附近黏膜上常有色素。

鼻黏膜潮红，见于鼻卡他、流行性感冒；鼻黏膜肿胀，见于急性鼻炎；鼻黏膜点状出血，见于焦虫病、血斑病和败血症；鼻黏膜水疱，见于口蹄疫、猪传染性水疱病和水疱性口炎；鼻黏膜结节，即鼻黏膜出现粟粒大小、黄白色周围有红晕的结节，多分布于鼻中隔黏膜，见于鼻疽结节；鼻黏膜溃疡，浅在性溃疡见于鼻炎、腺疫、血斑病，深在性溃疡即边缘隆起如喷火口状，底部呈猪脂状，灰白色或黄白色，常分布于鼻中隔黏膜，见于鼻疽溃疡；鼻黏膜瘢痕，呈星芒状或冰花样，见于鼻疽瘢痕。

2. 喉和气管的检查

喉和气管的检查常用视诊、触诊、叩诊和听诊，必要时可用 X 射线透视和手术切开探查。检查者站在动物头颈侧方，以两手向后部轻压同时向下滑动检查气管，以感知局部温度，并注意有无肿胀。家禽可开口直接对喉腔及其黏膜进行视诊。

喉部肿胀并有热感，牛见于咽炭疽、牛肺疫、化脓性腮腺炎、创伤性心包炎；猪见于巴氏杆菌病、链球菌病；家禽见于传染性喉气管炎。触诊喉部有热有痛有咳嗽，见于急性喉炎、气管炎。

健康家畜喉和气管部听诊，可听到一种类似"赫"的声音，称为喉呼吸音。在气管出现的称为气管呼吸音。在胸廓支气管区出现的称为支气管呼吸音。这三种呼吸音的音性相同。如果喉和气管发生炎症或因肿瘤等发生狭窄时，则呼吸音增强，如口哨音、拉锯音，有时在数步远也可听到，见于喉水肿、咽喉炎、气管炎等。当喉和气管有分泌物时，可出现啰音，如分泌物黏稠可听到干啰音，分泌物稀薄时，可听到湿啰音。

3. 副鼻窦的检查

副鼻窦的检查一般多用视诊、触诊和叩诊进行，必要时可用圆锯术、穿刺术和 X 射线检查。副鼻窦主要是指额窦、颌窦和喉囊，其发病多为一侧性。若这些部位肿胀，有热有痛，鼻液断续由一侧流出，特别是鼻液呈凝乳状，叩诊呈浊音，则是发炎。见于副鼻窦炎、喉囊炎等。

（五）胸肺部的检查

胸肺部的检查是呼吸系统检查的重点。一般用视诊、触诊、叩诊和听诊检查，其中以叩诊和听诊最重要、最常用。必要时可应用 X 射线检查、实验室检查和其他特殊检查。

1. 胸肺部的视诊

健康家畜的胸廓两侧对称同形，肋骨适当弯曲而不显凹陷。两侧胸廓膨大，见于胸膜炎、肺气肿；两侧胸廓显著狭窄，见于骨软症及佝偻病。

2. 胸肺部的触诊

胸肺部的触诊主要检查其温度、疼痛、震颤和有无变形等。胸壁体表温度增高，见于胸膜炎初期和胸壁损伤性炎症；胸壁疼痛，见于胸膜炎、肋间肌肉风湿症和肋骨骨折；胸壁震颤，见于胸膜炎初期及末期和泛发性支气管炎；在肋骨和肋软骨结合部能够触摸到肿胀变性的结节，见于骨软症和佝偻病。

3. 胸肺部的叩诊

叩诊的目的主要在于发现叩诊音的改变，并明确叩诊区域的变化，当发现病理性叩诊音时，应与对侧相应部位的叩诊音比较判断。同时注意动物对叩诊的敏感反应。大动物宜用槌板叩诊法，中小动物可用指指叩诊法。在两侧肺区均应由前到后（沿水平线）或自上而下（沿肋每个间隙）每隔 3~4cm 做一叩诊点，每个叩诊点叩击 2~3 次，依次进行普遍的叩诊检查。

健康动物的肺区叩诊呈清音，以肺的中 1/3 最为清楚，上 1/3 与下 1/3 声音逐渐变弱，而肺的边缘则近似半浊音。由于肺的前部被发达的肌肉和骨骼所掩盖，使得叩诊无法检查。因此健康动物的肺叩诊区只相当于肺体表投影区的 2/3。肺叩诊区因动物种类不同而有很大差异。

（1）牛、羊肺叩诊区 牛、羊肺叩诊区基本相同，近似三角形。其背界为髋结节水平线，前界自肩胛骨后角沿肘肌向下划"S"状曲线，止于第 4 肋间，后下界自背界的第 12 肋骨上端开始，向前向下经髋结节水平线与第 11 肋间相交点，经肩关节水平线与第 8 肋间相交点，终止于第 4 肋间。

瘦牛的肩前第 1~3 肋间的凹陷区域内，尚有一狭窄的叩诊区（牛肺脏右侧最前方多一副叶），称为肩前叩诊区，上部宽 6~8cm，下部宽 2~3cm（图 1-28）。叩诊时，宜将前肢向后牵引，使肩前叩诊区充分显露，但其叩诊音往往不如胸部叩诊区的叩诊音清楚。而绵羊和山羊无肩前叩诊区。

（2）猪肺叩诊区 上界距背中线 4~5 指宽，后界由第 11 肋骨开始，向下、向前经坐骨结节水平线与第 9 肋间的交点，肩关节水平线与第 7 肋间的交点而止于第 4 肋间的弧线。肥猪的肺叩诊区不明显，且其上界下移，前界后移，叩诊音也不如其他动物明显。

（3）犬肺叩诊区 前界自肩胛骨后角沿其后缘所引垂线，下止于第 6 肋间下部，上界自肩胛骨后角所画水平线，距背中线 2~5 指宽，后界自第 12 肋骨与上界交点开始，

1—髋结节水平线；2—肩端线；5、7、9—分别指第5、第7、第9肋；
A—肩后叩诊区；B—肩前叩诊区。

图 1-28　牛胸肺叩诊区

向下、向前经髋结节水平线与第 11 肋间的交点，坐骨结节水平线与第 9 肋间的交点，肩关节水平线与第 7 肋间的交点而达第 4 肋间下部与前界相交（图 1-29）。

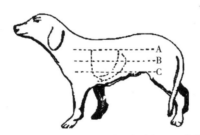

A—髋结节水平线；B—坐骨结节水平线；C—肩关节水平线。

图 1-29　犬肺叩诊区

　　叩诊时，肺叩诊区扩大，见于肺气肿、气胸；肺叩诊区缩小，多为腹腔器官膨大、腹腔积液、心包积液压迫肺组织引起。后下界前移，见于急性胃扩张、急性瘤胃膨气、肠膨气、腹腔积液等；后下界后移，见于心包积液。叩诊时，散在性浊音区，提示小叶性肺炎；成片性浊音区，提示大叶性肺炎；水平浊音，主要见于渗出性胸膜炎或胸腔积水；过清音，见于小叶性肺炎实变区的边缘，大叶性肺炎的充血期与吸收期，也可见于肺疾患时的代偿区；鼓音主要见于肺泡气肿和气胸。叩诊时，动物表现回视、躲闪、反抗等不安现象，常见于胸膜炎。

　　4. 胸肺部的听诊

　　胸肺部听诊多用听诊器进行间接听诊，肺听诊区和叩诊区基本一致。首先从肺叩诊区的中 1/3 开始，由前向后逐渐听取，其次是上 1/3，最后听诊下 1/3，每一听诊点的距离为 3~4cm，每一听诊点应连续听诊 3~4 次呼吸周期，对动物的两侧肺区，应普遍地进行听诊。如发现异常呼吸音，应在附近及对侧相应部位进行比较，以确定其性质。呼吸微弱，呼吸音响不清时，可使病畜作短暂的运动或短时间闭塞鼻孔后，引起深呼吸，再进行听诊。另外听诊应在室内安静条件下进行，避免受到外界因素的影响。

　　健康动物可听到微弱的肺泡呼吸音，为柔和的、吹风样的"夫、夫"音，是由空气通过毛细支气管及肺泡入口处狭窄部而产生的狭窄音与空气在肺泡内的旋涡流动时所产生的音响构成。其特征是吸气时明显，尤以吸气末期显著，呼气时由于肺泡转为弛缓，故肺泡呼吸音短而弱，仅在呼气初期可以听到。肺泡呼吸音在肺区中 1/3 最为明显。在各种动物中，牛、羊的肺泡音较明显，水牛最弱。幼年动物比成年动物肺泡音强。

　　支气管呼吸音是喉呼吸音和气管呼吸音的延续，但较气管呼吸音弱，比肺泡呼吸音强，类似将舌尖抵住上腭呼气所发出的"赫、赫"音。特征为吸气时弱而短，呼气时强而长，声音粗糙而高。马的肺区通常听不到支气管呼吸音，其他动物仅在肩后第 3~4 肋间，靠近肩关节水平线附近区域能听到，但常与肺泡呼吸音形成支气管肺泡呼吸音（混合性呼吸音），其声音特征为吸气时主要是肺泡呼吸音，声音较为柔和，而呼气时则主要为支气管呼吸音，声音较粗粝，近似于"夫-赫"的声音。犬在整个肺区都能听到明显的支气管呼吸音。

　　胸肺部听诊常见的病理性呼吸音有以下几种。

　　（1）肺泡呼吸音增强　肺泡呼吸音普遍性增强是呼吸中枢兴奋，呼吸运动和肺换气加强的结果，常见于热性病；肺泡呼吸音局限性增强，是病变侵害一侧或部分肺组织，使其呼吸功能减退或消失，而健侧肺或无病变的部分呈代偿性呼吸功能亢进的结果，常见于支气管肺炎和大叶性肺炎；肺泡呼吸音粗粝，是由于毛细支气管黏膜充血肿胀，使肺泡入口处狭窄、肺泡呼吸音异常增强，常见于支气管炎、肺炎等。

　　（2）肺泡呼吸音减弱或消失　肺泡弹力降低引起的，见于肺气肿；支气管、肺泡被异物或炎性渗出物阻塞引起的，见于细支气管炎、肺炎；胸壁肥厚，呼吸音传导受阻引起的，见于胸腔积液、胸膜炎、胸壁水肿和纤维素性胸膜炎；胸壁疼痛，使呼吸运动障碍引起的，见于胸膜炎、肋骨骨折；支气管和肺泡被完全阻塞，气体交换障碍，见于大叶性肺炎、传染性胸膜肺炎。

　　（3）病理性支气管呼吸音　在正常范围外的其他部位听诊出现支气管呼吸音，都是病理现象。这是肺实变的结果，由肺组织的密度增加，传音良好所致。临床上见于各型肺炎、传染性胸膜肺炎、广泛性胸膜肺炎、广泛性肺结核、牛肺疫及猪肺疫等。

　　（4）病理性混合性呼吸音　当较深部的肺组织发生炎性病灶，而周围被正常肺组织遮盖，或浸润实变区和正常肺组织掺杂存在时，肺泡音和支气管呼吸音混合出现，称为病理性混合性呼吸音。见于小叶性肺炎、大叶性肺炎的初期和散在性肺结核。在胸腔积液的上方有时可听到混合性呼吸音。

　　（5）啰音　啰音是伴随呼吸而出现的附加音响，是一种重要的病理性呼吸音。按其渗出物性质分为干啰音和湿啰音。

　　①干啰音（口哨音）：干啰音是支气管炎的典型症状，是由支气管黏膜发炎、肿胀、管腔狭窄并附有少量黏稠分泌物所引起。干啰音在吸气和呼气时均能听到，但吸气时最清楚。干啰音容易变动，可因咳嗽、深呼吸而有明显减少、增多和移位，或以时而出现、时而消失为特征。其音性似蜂鸣、笛音、哨音。广泛性干啰音见于弥漫性支气管炎、支气管肺炎、慢性肺气肿及犊牛和羊的肺线虫病；局限性干啰音见于慢性支气管炎、肺结核、间质性肺炎等。

　　②湿啰音（水泡音）：湿啰音是支气管炎的表现。按其发生部位不同分为大、中、

小湿啰音三种。湿啰音的产生是呼吸道和肺泡内存在稀薄分泌物，由于呼吸气流冲动，引起液体移位或形成水泡的破裂声，或气流冲动形成泡浪，或气流与液体混合而成泡沫状移动而产生。湿啰音在呼气和吸气时均可听到，但在吸气末期明显，似含漱音。由于稀薄分泌物可随纤毛上皮运动、呼吸道气流冲动和咳嗽活动而移位或被排除，故咳嗽后可暂时消失，但经短时间之后又重新出现。见于支气管炎及支气管肺炎等。

（6）捻发音　当支气管黏膜肿胀和积有黏稠的分泌物时，细支气管壁黏着在一起，吸气时气流通过使其急剧分开所产生的一种爆裂音，类似捻发丝的声音。一般出现于吸气末期，或在吸气顶点最明显，大小一致，稳定而长期存在，不因咳嗽而消失。捻发音的出现，提示肺实变，主要见于细支气管炎、大叶性肺炎的充血期及融解期、肺充血和肺水肿的初期。

（7）胸膜摩擦音　正常胸膜壁层和脏层之间湿润而有光泽，呼吸运动时不产生声音。当胸膜发炎时，胸膜表面变为粗糙，且有纤维素附着，呼吸时两层胸膜摩擦而产生胸膜摩擦音，类似两粗糙物的摩擦音。胸膜摩擦音是纤维素性胸膜炎的特征性症状，主要见于牛肺疫、犬瘟热等。

（8）拍水音　类似拍击半满的热水袋或振荡半瓶水发出的声音，为胸腔积液时，病畜突然改变体位或心搏动冲击液体所产生的声音，主要见于渗出性胸膜炎和胸腔积液等。

三、消化系统检查

消化系统包括口腔、咽、食道、胃、肠及肝脏、脾脏、胰脏等。消化系统疾病在内科疾病中最多见，尤其是幼畜及老龄家畜发病率最高。许多传染病、寄生虫病及中毒性疾病常并发消化系统疾病。因此，仅靠物理学方法检查，往往很难确诊，如胃肠寄生虫病与普通胃肠疾病不易鉴别，急性胃肠炎与急性肝炎不易鉴别，慢性胃肠炎与慢性肝炎不易鉴别。必要时应根据需要进行血、尿、粪便实验室检查和 X 射线、B 超、腹腔镜等特殊检查。

（一）饮食状况的检查

1. 饮欲和食欲

（1）食欲减退　动物表现不愿采食、采食量减少或喜欢采食一种饲料，是许多疾病的共有症状，主要见于消化器官本身疾病、一切热性病、疼痛性疾病等。

（2）食欲废绝　动物表现拒食饲料，是病情严重的表现，主要见于重剧的消化道疾病、急性热性病和某些烈性传染病等。

（3）食欲不定　动物表现食欲时好时坏，变化不定，主要见于慢性消化不良，如胃溃疡、胃肠卡他。

（4）食欲亢进　动物表现采食量显著增加，主要见于糖尿病、寄生虫病、早期妊娠和重病的恢复期。

（5）异嗜癖　动物表现食欲紊乱，采食异物（如泥土、煤渣、垫草、粪尿、污水及被毛等），是矿物质、维生素代谢紊乱及神经功能异常的临床表现，主要见于佝偻病、骨软症、微量元素和维生素缺乏症、动物寄生虫病、慢性消耗性疾病等。

（6）饮欲减退　动物表现不愿意饮水或饮水量减少，主要见于消化道疾病初期以及伴有昏迷症状的脑病等。

（7）饮欲废绝　动物表现拒绝饮水，是病情危重的表现，主要见于重症的传染病和重症的内科病。

（8）饮欲增加　动物表现口渴多饮。在病理情况下主要见于一切热性病、剧烈腹泻、剧烈呕吐、大量出汗、慢性肾炎、渗出性胸膜炎和腹膜炎以及猪食盐中毒和牛真胃阻塞等。

2. 采食、咀嚼和吞咽

（1）采食异常　各种动物在正常状态下，其采食方式各有特点。采食异常主要表现为采食不灵活，或不能用唇、舌采食。主要见于各种口炎、舌和牙齿的疾病。

（2）咀嚼障碍　动物表现咀嚼缓慢无力，或因疼痛而中断，有时将口中食物吐出。一般依据程度不同分为咀嚼缓慢、咀嚼困难、咀嚼疼痛。主要见于口膜炎、舌及牙齿疾病、骨软症、慢性氟中毒、面神经麻痹、下颌骨折等。虚嚼指口腔内没有食物但动物仍然表现咀嚼动作。主要见于传染性脑脊髓炎、破伤风和某些中毒病；牛见于胃肠卡他、前胃弛缓、创伤性网胃炎和真胃疾病；也可见于猪瘟和羊的多头蚴病。

（3）吞咽困难　动物表现为吞咽时伸颈摇头，屡次试咽而中止，并伴有咳嗽、流涎、饲料和饮水经鼻孔返流等。主要见于咽部与食道疾病，如咽炎、咽麻痹、咽痉挛和食道阻塞等。

3. 反刍、嗳气和呕吐

（1）反刍　是反刍动物特有的生理功能。反刍是指反刍动物采食后周期性地将瘤胃内的食物返回口腔，重新细致地咀嚼再咽下的复杂过程。反刍通常在安静、伏卧或轻役时进行。正常情况下，动物在饲喂后 0.5~1h 开始反刍，每昼夜反刍 4~8 次，每次反刍持续时间 30~50min，每次返回口腔的食团再咀嚼 40~60 次（水牛为 40~45 次）。

病理情况下表现反刍弛缓、反刍停止、反刍疼痛。反刍弛缓表现为反刍开始出现的时间晚，每次反刍的持续时间短，每昼夜反刍的次数、每个食团的再咀嚼次数减少，是前胃功能障碍的表现，主要见于各种前胃疾病。反刍停止表现为完全不反刍，是前胃功能高度障碍的表现，主要见于重症的前胃疾病和前胃疾病的后期以及重症的传染病、代谢病、热性病、中毒病。反刍疼痛表现为反刍咀嚼时反刍动物呻吟不安，是创伤性网胃炎的特征。

（2）嗳气　是反刍动物正常的消化活动。嗳气是指反刍动物通过瘤胃收缩和腹肌压迫，将瘤胃内食物发酵产生的气体经过食道、口腔和鼻腔排出体外的过程。一般每小时牛的嗳气活动为 20~30 次、羊为 9~11 次。可以通过视诊和听诊的方法检查动物的嗳气活动。当嗳气时，于左侧颈部沿食道沟外侧可看到由颈基部向上的气体移动波，同时可听到嗳气时的特有音响。

病理性嗳气包括嗳气增多、嗳气减少、嗳气停止。嗳气增多是瘤胃食物发酵过程增强的结果，主要见于瘤胃膨气初期或使用药物碳酸氢钠之后。嗳气减少是瘤胃功能降低及胃内容物干涸的结果，主要见于各种前胃疾病和热性病，嗳气减少常可引起瘤胃臌气。嗳气停止是瘤胃功能严重降低的结果，主要见于重症的瘤胃积食、瘤胃臌气和食道的完全阻塞，嗳气停止如果不能及时采取急救措施，动物很快窒息死亡。

（3）呕吐　是一种病理性反射活动，是由于延脑呕吐中枢反射地或直接地受到刺激，胃内容物不由自主地经口腔或鼻腔排出体外的过程。各种动物由于生理特点和呕吐中枢的感应能力不同，发生呕吐情况各异。犬、猫最易呕吐，其次为猪，反刍动物不易发生呕吐。诊断思路见本项目拓展知识。

（二）口腔、咽和食道检查

1. 口腔检查
（1）各种动物开口方法
①牛：检查者位于牛头侧方，一手握住牛鼻并强捏鼻中隔的同时向上提起，另一手从口角处伸入并握住舌体向侧方拉出，即可使口腔打开（图1-30）。
②猪：由助手保定猪；检查者持猪用开口器，将其平伸入口内，达口角后，将把柄用力下压，即可打开口腔进行检查或处置（图1-31）。
③犬、猫：犬的开口法由助手保定犬，检查者右手拇指置于上唇左侧，其余四指置于上唇右侧，在握紧上唇的同时，用力将唇部皮肤向内下方挤压；用左手拇指与其余四指分别置于下唇的左、右侧，用力向内上方挤压唇部皮肤。左、右手用力将上下颌向相反方向拉开即可。猫的开口法是助手握紧前肢，检查者两手将上、下颌分开即可（图1-32）。

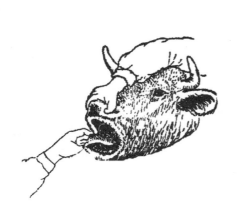

图1-30　牛徒手开口法

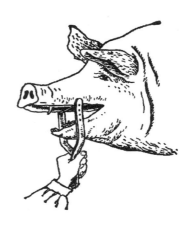

图1-31　猪开口器开口法

图1-32　猫徒手开口法

（2）口腔检查主要内容

①口唇：除老龄动物外，健康动物两唇紧闭、对合良好。病理情况下表现为唇下垂（见于面神经麻痹、重剧性疾病）、唇歪斜（见于一侧性面神经麻痹、猪萎缩性鼻炎）、唇紧张性闭锁（见于破伤风、脑膜炎）、唇肿胀（见于口腔黏膜的深层炎症和血斑病）、唇部疱疹（见于口蹄疫、猪传染性水疱病）、唇部结节溃疡和瘢痕（见于口蹄疫、黏膜病和流行性淋巴管炎）。

②流涎：动物表现口腔分泌物自口角流出，主要是吞咽困难或唾液腺受到刺激分泌增加的结果。见于各型口炎、伴发口炎的各种传染病以及咽炎和食道阻塞。牛群中多数牛出现大量牵缕性流涎，同时伴有跛行症状的应注意口蹄疫；猪口吐白沫，应注意中暑、中毒和急性心力衰竭。

③气味：动物正常在生理状态下，口腔内除在采食之后，可有某种饲料的气味外，一般无特殊臭味。当动物患消化功能障碍的某些疾病时，口腔上皮脱落及饲料残渣腐败分解而产生臭味，见于热性病、口腔炎、肠炎及肠阻塞等；当动物患有齿槽骨膜炎时，可产生腐败臭味；当乳牛患有酮血症时，可产生大蒜臭味。

④黏膜：口腔黏膜的检查包括温度、湿度、颜色和完整性。

口腔温度升高见于口炎及各种热性病；口腔温度降低见于重度贫血、虚脱及病畜濒死期。口腔湿度降低见于一切热性病及长期腹泻等；口腔湿度增加见于口炎、咽炎、狂犬病、破伤风等。口腔黏膜颜色的变化其诊断意义与其他部位的可视黏膜（如眼结膜、鼻黏膜、阴道黏膜）颜色变化的意义相同。口腔黏膜的完整性变化表现为口腔黏膜上出现疱疹、结节、溃疡，牛、羊可见于口蹄疫、恶性卡他热及维生素缺乏症，猪可见于传染性水疱病、口蹄疫、痘疮，牛发生坏死杆菌病时，口腔黏膜上常附有伪膜。

⑤舌头：舌的检查应该首先注意舌苔的变化。舌苔是舌表面附着的一层灰白、灰黄、灰绿色上皮细胞沉淀物。舌苔灰白见于热性病初期和感冒，舌苔灰黄见于胃肠炎，舌苔黄厚见于病情严重和病程长久。健康动物舌转动灵活且有光泽，其颜色与口腔黏膜相似，呈粉红色。当循环高度障碍或缺氧时，舌色深红或呈紫色；如果舌色青紫、舌软如绵则提示病情危重、预后不良；木舌（舌硬如木，体积增大）可见于牛放线菌病；舌麻痹可见于某些中枢神经系统疾病（如各型脑炎）的后期和饲料中毒（如霉玉米中毒、肉毒梭菌中毒）；舌体横断性裂伤多为机械性损伤所致。

⑥牙齿：牙齿的检查主要注意齿列是否整齐，有无松动、龋齿、过长齿、波状齿、赘生齿、磨灭情况。

动物发生氟中毒时，切齿的釉质失去正常的光泽，出现黄褐色的条纹，并形成凹痕，甚至与牙龈磨平。臼齿普遍有牙垢，并且过度磨损、破裂，可能导致髓腔的暴露。有些动物齿冠破坏，形成两侧对称的波状齿和阶状齿，下前臼齿往往异常突起，甚至刺破上腭黏膜形成口腔黏膜溃烂，咀嚼困难，不愿采食。马的牙齿磨灭不整，常见于骨质疾病（如纤维性骨营养不良），并可诱发口腔损伤、发炎等。牛的切齿动摇，多为矿物质缺乏的症状。老龄的马匹，多见臼齿过长或有斜状齿，致使咀嚼功能发生紊乱，常引起采食过程中口吐草团。

2. 咽的检查

当病畜表现吞咽障碍，尤其是伴随着吞咽动作有饲料或饮水从鼻孔流出时，应做咽部检查。检查方法主要是视诊和触诊，视诊注意头颈姿势及咽部周围是否有肿胀；触诊可用两手在咽部左右两侧触压，并向周围滑动，以感知其温度、硬度及敏感性（图1-33）。病畜头颈伸直，咽喉部肿胀，触诊有热痛反应，常见于咽炎；咽喉周围的硬肿，牛应注意结核、腮腺炎和放线菌病，猪应注意咽炭疽、链球菌病和急性肺疫；当发生咽麻痹时，黏膜感觉消失，触诊无反应而不出现吞咽动作。

3. 食道的检查

当病畜表现吞咽障碍及怀疑食道阻塞时，应作食道检查。常用视诊、触诊和探诊的检查方法。

（1）食道视诊　注意观察吞咽动作、食物沿食管通过的情况、局部有无肿胀和波动；如果食道呈局限性膨隆，主要见于食道阻塞、食道狭窄和食道憩室；如果食道呈腊肠样肿大，主要见于食道扩张。

（2）食道触诊　检查者站在病畜左侧，左手放在右侧食道沟固定颈部，右手指端沿左侧颈部食管沟自上而下滑动检

图1-33　咽外部触诊

查，注意是否有肿胀、异物、波动感及敏感反应等。当食道发炎时，触诊有疼痛反应和痉挛性收缩；当食道痉挛时，触诊食道紧张呈索状；当颈部食道阻塞时，触诊可感知阻塞物的大小、性状及性质；当胸部食道阻塞时，整个食道膨大如腊肠样，触诊呈捏粉状。

（3）食道探诊　通过胃管检查胸部食道疾病的一种方法，同时也是一种有效的治疗食道阻塞的手段。根据胃管进入的长度和动物的反应，可确定食道阻塞、狭窄、憩室和炎症发生的部位，并可提示胃扩张的可能性。根据需要可借助胃管抽取胃内容物进行实验室检查。如食道阻塞时，胃管到达阻塞部位即不能前进；食道憩室时，插入憩室内则不能前进，当反复提插胃管有时可以从憩室上方通过；食道扩张或狭窄时，插入胃管困难，但饮水未见变化；食道痉挛时，胃管前进阻力增大，如果缓慢操作有时可以通过；食道炎时，食道探诊病畜表现不安、咳嗽、虚嚼；急性胃扩张时，当胃管插入胃内后，可有大量酸性气体或黄绿色稀薄胃内容物从胃管排出。

4. 禽类嗉囊的检查

禽类的嗉囊是食管在胸部入口前方的突出部分，并稍偏于右侧，鸡的嗉囊明显，鸭和鹅没有真正的嗉囊，仅是食管的膨大部。嗉囊是积存、浸渍和软化（嗉囊黏膜分泌黏液）食入饲料的器官，并随时将食物送入胃内。检查嗉囊主要用视诊和触诊的方法，注意形状、内容物的多少、软硬度及温度等。嗉囊的病变可表现为软嗉和硬嗉。

软嗉的特征为视诊嗉囊膨大，凸出于颈下部；触诊呈气球感并有波动，如将头部倒垂同时压迫嗉囊，可从口腔中排出少量液状或黏性、黄色、含有气泡、并带酸臭味的内容物，多伴有呼吸困难，主要见于摄入发霉、变质和容易发酵的饲料，尤以雏鸡多见，也见于鸡新城疫及嗉囊卡他。当鸡发生有机磷中毒时，嗉囊可明显膨大。硬嗉又称为嗉囊秘结或嗉囊食滞，其特征是视诊嗉囊显著膨大，触诊坚硬或呈捏粉状，压迫时可排出

少量未经消化的饲料，多见于雏鸡采食多量粗纤维饲料。

（三）腹部和胃肠的检查

1. 腹部检查

腹部检查以视诊和触诊为主。健康动物腹围的大小与外形，除母畜妊娠后期生理性的及长期放牧条件下自然形成的增大外，主要取决于胃肠内容物的数量、性质，并受腹膜腔的状态和腹壁紧张度的影响。

（1）腹围膨大 反刍动物左侧腹围膨大常见于瘤胃臌气、瘤胃积食，右侧腹围膨大常见于真胃积食和瓣胃阻塞，两侧腹围膨大常见于腹腔积液；猪两侧腹围膨大见于胃食滞，脐部肿胀见于脐疝；犬腹围膨大见于胃扩张、腹水和肠便秘。

（2）腹围缩小 反刍动物腹围缩小主要见于长期饲喂不足、食欲紊乱、顽固性腹泻及慢性消耗性疾病，如贫血、结核、副结核、营养不良和寄生虫病等；猪腹围缩小见于长期饥饿、食欲减少、顽固性腹泻和慢性消耗性疾病，如慢性猪瘟、仔猪副伤寒、仔猪贫血、气喘病、热性病及肠道寄生虫病；犬腹围缩小除见于细小病毒感染肠炎、犬瘟热等腹泻病外，也见于慢性消化道疾病、寄生虫病及营养不良等。

（3）腹壁敏感 触诊时病畜表现回顾、躲闪，甚至抗拒，见于腹膜炎和胃肠炎。

（4）腹肌紧张 见于破伤风、传染性脑脊髓炎和胃肠炎。

（5）腹下水肿 触诊呈捏粉状，指压留痕，见于肝片吸虫病、心力衰竭、肾脏疾病和营养不良。

（6）疝 腹壁或脐部呈局限性膨大，听诊可听到肠音，触诊可发现疝孔。

2. 反刍动物胃肠检查

（1）瘤胃的检查

瘤胃位置：成年牛的瘤胃容积为全胃总容积的80%，占据左侧腹腔的绝大部分，与腹壁紧贴。

检查方法：用手指或叩诊器于左肷部进行叩诊，以判定其内容物性质；用右手握拳或以手掌触压左肷部，感知其内容物性状、蠕动强弱及频率；用听诊器于左肷部听诊，以判定瘤胃蠕动音的次数、强度、性质及持续时间。

正常状态：瘤胃上部叩诊呈鼓音；触诊内容物呈面团状，蠕动力量强，可随胃壁蠕动将检查者的触压手抬起；听诊瘤胃随着每次蠕动波可出现逐渐增强又逐渐减弱的沙沙音，似吹风样或远雷声，牛每2min为2~3次，羊每2min为3~6次。

病理变化：视诊左肷部膨隆，触诊有弹性，叩诊呈鼓音，是瘤胃臌气的特征；触诊内容物坚实，见于瘤胃积食；触诊内容物稀软见于前胃弛缓；听诊瘤胃蠕动频率、蠕动音增强，可见于瘤胃臌胀的初期；听诊蠕动次数稀少、蠕动音微弱，见于瘤胃积食和前胃弛缓。

（2）网胃的检查

网胃位置：网胃位于腹腔的下方剑状软骨突的后方稍偏左，体表投影与第6~7肋间相对，前缘紧贴膈肌而靠近心脏。

检查方法：主要检查是否患创伤性网胃炎和创伤性网胃心包炎。

①视诊：非穿孔型病例表现前胃弛缓症状，且久治不愈；穿孔型病例表现磨牙、

沉郁、弓背站立、左侧肘头外展、肘后肌肉震颤、颈静脉怒张呈绳索状；心包型病例喜欢呈前高后低姿势站立，严重时动物呈两前肢跨槽、两后肢下蹲的特殊姿势。

②触诊：于网胃区行强力叩诊或用拳轻击；或采用蹲位姿势，将右肘支于右膝，右手握拳并抵在剑状软骨突，然后用力抬腿以拳顶网胃区；或用一木棒横放于剑突下，由两人用力上抬，然后迅速放下。通过以上几种检查方法观察动物的临床表现，正常家畜在进行上述方法检查时，无明显反应，相反若动物表现不安、痛苦、呻吟、抗拒或企图卧地，多为创伤性网胃炎。

③运动试验：驱赶病牛上坡、下坡、急转弯等以观察动物反应。如病牛表现呻吟、不安、反抗等，是网胃区疼痛反应，即可确诊创伤性网胃炎和创伤性网胃心包炎。

（3）瓣胃的检查

瓣胃位置：瓣胃位于右侧第7~10肋间，肩关节水平线上下3cm处。

检查方法：瓣胃区听诊，正常情况下瓣胃蠕动时发出细弱的捻发音，常在瘤胃蠕动之后出现，于采食后较为明显；瓣胃区进行强力触诊或冲击式触诊，以观察牛的反应；瓣胃区穿刺检查。

病理变化：瓣胃蠕动音减弱甚至消失，见于瓣胃阻塞、各种热性病等；触诊敏感、疼痛、抗拒、不安，见于瓣胃创伤性炎症、瓣胃阻塞；瓣胃穿刺阻力大，穿刺针停滞不动（正常时作圆周运动），可确诊瓣胃阻塞。

（4）真胃的检查

真胃位置：真胃位于右侧腹部第9~11肋间的肋弓区。

检查方法：听诊和触诊；羊和犊牛可取左侧卧姿势，检查者手插入右肋弓下方进行深触诊；真胃区可听取真胃蠕动音，类似肠音，呈流水音或含漱音。

病理变化：真胃区向外突出，左右腹壁不对称，听诊蠕动音减弱或消失可见于真胃阻塞；真胃区触诊呈敏感反应，见于真胃炎或真胃溃疡；胃蠕动音和肠蠕动音亢进，见于胃肠炎；如果出现左腹肋弓区膨大，在此区听诊可听到与瘤胃蠕动音不一致的真胃蠕动音，在左侧最后3肋的上1/3处叩诊或听诊，可听到明显的钢管音，冲击式触诊可听到明显的振荡音，为真胃左方变位；如果出现右肋弓区膨大，冲击式触诊可听到液体振荡音，在右侧肷窝内听诊，同时叩打最后两个肋骨，可听到明显的钢管音，为真胃右方变位。

（5）肠管的检查

反刍动物的肠管位于腹腔右侧的后半部，所以在右侧腹壁听诊可听到短而稀疏的流水音或鸽鸣样蠕动音。常用的检查方法有听诊和触诊。

病理变化：肠音亢进见于各种类型的肠炎和胃肠炎以及某些伴有肠炎的传染病和中毒病等；肠音减弱见于肠便秘、肠阻塞、中毒病和重症肠炎；肠音消失见于肠变位、肠臌气和重症肠阻塞；肠音不整见于慢性胃肠卡他；金属音见于肠痉挛和肠臌气。

3. 猪的胃肠检查

猪胃的容积较大，其大弯可达剑状软骨后方的腹底部；小肠位于腹腔右侧及左侧的下部，结肠呈圆锥状位于腹腔左侧，盲肠大部分在右侧。

检查方法：猪取站立姿势，检查者自两侧肋弓后开始，渐向后上方滑动加压触摸；或取侧卧，用屈曲的手指进行深部触诊；或用听诊器于剑状软骨与脐中间腹壁听取胃蠕动音，腹腔左、右侧下部听取肠蠕动音。

病理变化：触诊胃区有疼痛反应，见于胃食滞，当胃食滞时行强压触诊可感知坚实的内容物或引起呕吐；肠便秘时深触诊可感知较硬的粪块；胃肠炎时肠蠕动音增强，便秘时肠蠕动音减弱，肠臌气时叩诊呈鼓音。

4. 犬、猫的胃肠检查

（1）犬、猫的胃检查

检查方法：主要用视诊、触诊、叩诊等方法进行检查。视诊时，主要注意观察腹围变化。因为犬的腹壁较薄，常用触诊方法检查。通常用双手拇指以腰部做支点，其余四指伸直置于两侧腹壁，缓慢用力感觉腹壁及胃肠的状态。也可将两手置于两侧肋弓的后方，逐渐向后上方移动，让内脏器官滑过指端，进行触诊。如将犬、猫前后躯轮流抬高，几乎可触知全部腹腔脏器。腹壁触诊可以确定胃肠充满度、胃肠炎等。叩诊时，一般将犬、猫取仰卧姿势，对胃部进行指指叩诊，空腹时从剑状软骨后直到脐部呈鼓音，采食后则呈浊音。

病理变化：胃肠炎时，胃区触诊有疼痛反应；胃扩张时，左侧肋骨弓下方膨大；肠便秘时，在骨盆腔前口可摸到香肠粗细的粪结；肠套叠时，可以摸到坚实而有弹性的肠管；肠音增强见于消化不良、胃肠炎的初期；肠音减弱见于肠便秘、肠阻塞和重剧的胃肠炎等。

（2）犬、猫的肠管检查　主要用触诊及听诊等方法进行检查。触诊时将两手置于两侧肋弓后方，逐渐向后上方移动，让肠管等内脏器官滑过各指端进行触诊；也可将两拇指置于腰部，其余指头伸直放于腹壁两侧，逐渐用力压迫，直至两手指端相互接触为止，以感知腹壁、肠管及可触摸的内脏器官的状态。用听诊器在左右两侧腹壁进行听诊。犬正常的肠音为 4~6 次/min，猫为 3~5 次/min，其声音似一种断续的"咕噜"音，其声响和音调变异较大，如小型犬的音响比大、中型犬弱。检查肛门、肛门腺及会阴部时，也可以进行直肠检查。检查者戴手套并涂以润滑剂，以手指伸入肛门检查直肠或经直肠腔检查腹腔和盆腔的器官，主要检查直肠的宽窄、骨盆大小、肛门腺、膀胱、子宫及雄性动物前列腺等器官状况。

（四）排粪动作及粪便的感官的检查

1. 排粪动作

排粪是一种复杂的神经反射动作。正常情况下，各种动物均采取固有的排粪动作和姿势。病理情况下常见以下几种表现。

（1）排便次数减少（便秘）　是肠蠕动及分泌功能降低的结果。其特点是粪便色深干小，表面常附有黏液。动物表现排粪吃力、次数减少。见于各种热性病、慢性胃肠卡他、肠阻塞、牛前胃弛缓、瘤胃积食、瓣胃阻塞。

（2）排便次数增加（下痢）　是肠蠕动及分泌功能亢进的结果。其特点是粪便呈粥状或水样；动物表现排粪频繁。见于各种类型的肠炎及伴发肠炎的各种传染病，如猪瘟、仔猪大肠杆菌病、仔猪副伤寒、猪传染性胃肠炎及某些肠道寄生虫病等。

（3）排便失禁　动物表现不自主地排出粪便，主要是肛门括约肌松弛或麻痹的结果。见于腰荐部脊髓损伤或脑病、急性胃肠炎、长期顽固的腹泻性疾病等。

（4）里急后重　动物屡呈排粪动作，但每次仅排出少量的粪便或黏液，见于直肠炎、子宫内膜炎和阴道炎。

（5）排便疼痛　动物排粪时表现疼痛、不安、惊恐、努责、呻吟，主要见于腹膜炎、直肠炎、胃肠炎和创伤性网胃炎。

2. 粪便的感官检查

各种动物的排粪量和粪便性状各异，同时受饲料的数量和质量的影响极大。临床检查时，要仔细观察粪便的气味、数量、形状、颜色及混杂物。

（1）气味　粪便有特殊腐败或酸臭味，见于肠炎、消化不良。

（2）颜色　灰白色粪便，见于仔猪大肠杆菌病、雏鸡白痢；灰色粪便，见于重症小肠炎、胆管炎、胆管阻塞和蛔虫病；褐色和黑色粪便，见于胃和十二指肠出血；红色粪便，即粪球表面附有鲜红血液，见于后部肠管出血；黄色或黄绿色粪便，见于重症下痢和肝胆疾病。

（3）混杂物　粪便混有未消化的饲料，见于消化不良、骨软症和牙齿疾病；粪便混有块状、絮状或筒状纤维素，见于纤维素性肠炎；粪便混有多量黏液，见于肠卡他；粪便混有脓汁，见于化脓性肠炎；粪便混有灰白色、呈片状的伪膜，见于伪膜性肠炎和坏死性肠炎；粪便混有寄生虫虫体，见于各种肠道寄生虫病。

（五）直肠检查

直肠检查是手伸入直肠内隔着肠壁对腹腔及骨盆腔器官进行触诊的一种方法，简称直检。直检对大家畜发情鉴定、妊娠诊断、腹痛病、母畜生殖器官疾病、泌尿器官疾病具有一定的诊断价值，同时对某些疾病具有重要的治疗作用（如隔肠破结等）。临床上直肠检查在乳牛生产中应用最为广泛，下面以牛的直肠检查为例。

1. 准备工作

（1）动物六柱栏站立保定，后肢"8"字保定以防后踢，尾部向上或一侧吊起。

（2）术者剪短并磨光指甲，戴上一次性长臂薄膜手套，涂肥皂水或石蜡油润滑。

（3）对腹围增大的病畜应先行盲肠穿刺术或瘤胃穿刺术放气，否则腹压过高，不宜检查。

（4）对腹痛剧烈的病畜应先给予镇静剂，然后检查。

（5）对心脏衰弱的病畜应先给予强心剂，然后检查。

（6）一般先用适量温肥皂水灌肠，排除积粪，松弛肠壁，便于检查。

2. 操作方法

术者一般站于病畜的左后方，以右手检查。检查时五指并拢呈圆锥形，旋转插入肛门并向前伸入直肠，如遇粪球可纳手掌心取出。如膀胱积尿，可下压膀胱，排出尿液。病畜骚动努责时应停止前进或稍后退，待其安静后再慢慢深入，直至将手伸到直肠狭窄部，即可进行检查（努则退，缩则停，缓则进）。如病畜努责过甚，可用1%普鲁卡因10~30mL进行后海穴封闭，使直肠及肛门括约肌松弛。

3. 检查顺序与内容

（1）肛门及直肠检查　检查肛门的紧张程度及其附近有无寄生虫、黏液、血液、肿瘤等，并注意直肠内容物的多少与性状、黏膜的温度及湿度等。

（2）骨盆腔内部检查　术者的手稍向前下方即可摸到膀胱、子宫等。膀胱空虚，可感知呈梨形的软物体；膀胱过度充盈，感觉似一球形囊状物，有弹性和波动感。触诊骨盆壁是否光滑，有无脏器充塞和粘连现象。如后肢呈现跛行，须检查有无盆骨骨折。

（3）腹腔内部检查　肛门→直肠→骨盆→耻骨前缘→膀胱→子宫→卵巢→瘤胃→盲肠→结肠袢→左肾→输尿管→腹主动脉→子宫中动脉→骨盆部尿道。

耻骨前缘左侧是瘤胃后背盲囊、后腹盲囊，触感呈捏粉样，当瘤胃后背盲囊抵至骨盆入口甚至进入骨盆腔内，多为瘤胃臌气或积食；当真胃扩张或瓣胃阻塞，有时于骨盆腔入口的前下方，可摸到其后缘；肠位于腹腔后半部，盲肠在骨盆口前方，其尖端的一部分达骨盆腔内，结肠袢在右肷部上方，空肠及回肠位于结肠袢及盲肠的下方；第3~6腰椎下方，可触到左肾，右肾稍前不易摸到，如肾体积增大，触之敏感，见于肾炎；母畜可触诊子宫及卵巢的形态、大小和性状；公畜可触诊其骨盆部尿道的变化。

4. 病理变化

小结肠，大结肠的盆骨曲、胃状膨大部或左上、左下大结肠，盲肠等部位发现较硬的积粪，提示各部位的肠便秘；大结肠及盲肠内充满气体，腹内压过高，提示肠臌气；如果发现异常硬实肠段，触诊敏感，并有部分肠管呈膨气者，可能为肠套叠或肠变位；如果右侧腹腔触之异常空虚，可怀疑真胃左方变位。

（六）肝脏和脾脏的检查

1. 肝脏的检查

肝脏为体内最大的腺体，位于膈的后方。肝脏在机体内担负着重大的生理功能，如解毒、分泌胆汁，合成糖原、尿素和其他一些物质，分泌激素和酶类等，是动物机体重要的实质器官。当临床上发现动物长期消化障碍，粪便不正常，黄疸，甚至有腹腔积液时，应考虑肝脏疾病。进行肝脏的临床检查，通常使用触诊和叩诊。必要时，可进行肝脏穿刺做活组织检查和肝功能检查。中、小动物还可进行超声检查。

（1）马的肝脏检查　健康马的肝脏深藏于腹腔前部，右叶向后达第15肋间（右上端位置最高，与右肾前端相接触），左叶向后达第8肋骨的胸骨端，左右两叶都不超过肺叩诊界。因此在正常时，利用叩诊不能发现肝浊音区；只有肝脏显著肿大时，才可能在肺叩诊界后缘出现肝浊音区。肝脏肿大见于急性实质性肝炎和肝硬化初期，此时用手掌平贴在右侧第12~14肋骨的中1/3处进行冲击式触诊，患病动物有疼痛反应。

（2）牛、羊的肝脏检查　健康牛的肝脏位于右季肋部，最前方达第6肋间；其长轴向后向上倾斜，达最后肋间的背侧端。正常肝脏的浊音区在第10~11肋间的上部，呈近长方形。当肝脏肿大时，肝脏浊音区扩大，在坐骨结节水平线上可达第12肋间，向下可抵达肩关节水平线下方。肝脏浊音区扩大见于急性实质性肝炎、肝硬化初期、肝脏结核、棘球蚴病、肝片吸虫病、肝癌等。肝脏高度肿大时，外部触诊可感到硬固物，并随呼吸而前后移动。

健康羊的肝脏位于右季肋部，正常肝脏的浊音区在右侧第8~12肋间。肝脏浊音区扩大见于急性实质性肝炎、肝片吸虫病等。

（3）小动物的肝脏检查　犬、猫的肝脏位于左、右季肋部。因腹壁薄，利用外部触诊可以确定肝脏的大小、厚度、硬度及疼痛性。触诊时，首先可行站立位置触诊，从左右两侧用两手的手指于肋弓下向前上方进行触压，可以触及肝脏，为了避免腹肌的收缩，应逐渐加压触诊；然后再以侧卧或背位进行触诊。当右侧卧时，由于肝脏贴靠腹壁，容易在肋下感知肝脏的右缘。犬的正常肝脏叩诊浊音区为右侧第7~12肋间、左侧第7~10肋间。被肺脏掩盖部分呈半浊音，未被肺脏掩盖部分呈浊音。但在不同生理情况下，由于动物的营养状况和胃、肠内含气的情况，肝脏浊音区可以有变动。

急性实质性肝炎、肝硬化的初期、白血病等病理情况下，触诊时可发现肝脏肿大、变厚、变硬，疼痛明显，叩诊肝脏浊音区扩大。

2. 脾脏的检查

脾脏是动物体内最大的淋巴器官，可以产生淋巴细胞和巨噬细胞，参与免疫和防卫活动；脾脏是造血、破坏红细胞、储存血液、调节血量的器官。临床上对患溶血性疾病、某些传染病（如炭疽等）和寄生虫病（如牛泰勒虫病等）的动物，应进行脾脏检查。临床上常用的检查方法是触诊和叩诊。必要时，还可进行脾脏穿刺，采取脾液进行实验室检查。

（1）马的脾脏检查　马的脾脏位于腹腔前部胃的左侧，在肺叩诊区后界与肋弓之间，可叩诊出一带状的脾脏浊音区。直肠检查是检查脾脏的最好方法，可正确判断位置、大小、表面状态、质地及敏感性等。发生脾炎、门静脉和脾静脉血栓、马传染性贫血、恶性腺疫、恶性水肿、炭疽、马巴贝斯虫病等时，由于脾脏肿大，脾脏浊音区向后方扩大，甚至可达到髋结节的垂直线。此时，直肠检查可摸到边缘增厚为钝圆的脾脏。

（2）牛的脾脏检查　牛的脾脏位于瘤胃背囊的左前方，上端位于第12~13肋骨椎骨端与第1腰椎横突的腹侧；下端与第8或第9肋骨对应，离胸骨端上方约一掌宽，因此脾脏几乎被左肺所掩盖，故正常时，叩诊不能获得其特有的浊音区。当牛患脾炎、炭疽、牛恶性卡他热、牛血孢子虫病时，脾脏肿大，可在肺后界与瘤胃之间叩诊出一狭长的浊音区；同时在叩击时，病牛常呈现疼痛反应。

（3）犬的脾脏检查　犬的脾脏位于左季肋部。在临床上主要采用外部触诊。使犬右侧卧，左手托右腹部，右手在左肋下向深部压迫，借以触知脾脏的大小、形状、硬度和疼痛反应。犬的脾脏肿大，见于白血病、脾脏淀粉样变性、急性脾炎或慢性脾炎、炭疽、吉氏巴贝斯虫病等。

四、泌尿生殖系统检查

泌尿器官与心脏、肺脏、胃肠、神经及内分泌系统有着密切的联系，当这些器官和系统发生功能障碍时，也会影响肾脏的排泄功能和尿液的理化性质。因此，掌握泌尿器官、尿液的检查和检验方法及泌尿系统患病的症状，不仅对泌尿器官本身，而且对其他各器官、系统疾病的诊断和防治都具有重要意义。

肾脏是机体最重要的泌尿器官，不仅排泄代谢最终产物种类多、数量大，而且参与体内水、电解质和酸碱平衡的调节，维持体液的渗透压。肾脏还分泌肾素促红细胞生成素、维生素D_3和前列腺素等生物活性物质。如果肾脏和尿路的功能发生障碍，代谢最终产物的排泄将不能正常进行，酸碱平衡、水和电解质的代谢就会发生障碍，内分泌功能也会失调，从而导致机体各器官的功能紊乱。单纯的泌尿生殖系统疾病在临床上少见，常由其他疾病继发。生殖是保证动物种属延续的各种生理过程的总称。哺乳动物的生殖是通过两性生殖器官的活动来实现的。

泌尿系统的检查方法主要有问诊、视诊、触诊（外部或内部触诊）、肾脏功能检查、排尿和尿液的检查。必要时还可应用膀胱镜、X射线等特殊检查方法。生殖系统检查主要是指对外生殖器官和乳房的检查。

（一）排尿动作检查

各种家畜正常排尿姿势，因种类和性别不同，其排尿姿势也不尽相同。但大都取站立姿势。母畜排尿时，停止采食及行动，后肢向后侧方展开，后躯稍下沉，尾上举。公牛、公羊在行走及采食中均可排尿，静止时排尿也不改变姿势。公猪排尿，自然站立，不改变姿势，尿液分段射出。母犬和幼犬先蹲下再排尿。公犬和公猫常将一后肢翘起排尿，有将尿排于其他物体上的习惯。异常排尿姿势有以下几种。

（1）尿淋漓　尿淋漓的特征是病畜排尿不畅，排尿困难，尿呈点滴状、线状或断续排出，见于尿闭、尿失禁及排尿疼痛的疾病。如急性膀胱炎、尿道和包皮的炎症、尿石症、牛的血尿症、犬的前列腺炎和急性腹膜炎等。有时也见于年老体弱、受到过度惊吓紧张的动物。

（2）排尿困难和疼痛　是指某些泌尿器官疾病可使动物排尿时感到非常不适，排尿用力而需经过的时间长，同时用很大的腹压，并伴有明显的腹痛症状，又称为痛尿。病畜排尿时拱腰，腹肌强烈收缩，反复用力，前肢刨地，后肢踢腹，头不断后盼或摇尾、呻吟，屡呈排尿姿势，但无尿液排出，或尿液呈点滴状或线状排出，排尿完后，仍较长时间保持排尿姿势。见于膀胱炎、膀胱结石、膀胱括约肌痉挛引起的膀胱过度充满、尿道炎、尿道阻塞、阴道炎、前列腺炎、包皮疾病等。

（3）尿失禁　是指动物未采取一定的准备动作和相应的排尿姿势，而尿液不自主地经常自行流出。通常是脊髓疾病而致交感神经调节功能丧失，膀胱内括约肌麻痹所引起。见于脊髓损伤、某些中毒性疾病、昏迷或长期躺卧的患病动物。

（二）排尿次数及尿量的检查

排尿次数和尿量的多少与肾脏的泌尿功能、尿路状态、饲料中含水量和动物的饮水量、机体从其他途径（如粪便、呼吸、皮肤）所排水分的多少有密切关系。24h内健康动物的排尿次数和尿量如表1-5所示。公犬常随嗅闻物体而产生尿意，短时间内可排尿十多次。病理的排尿次数及尿量变化有以下几种。

表 1-5　　　　　　　　　　　　24h内健康动物的排尿次数及尿量

畜种	羊	猪	牛	猫	犬	马
次数/（次/d）	2~5	3~5	5~10	3~4	3~4	5~8
尿量/（L/d）	0.5~2	2~5	6~12	0.1~0.2	0.25~1	3~10

1. 频尿与多尿

频尿是指排尿次数增多，而每次尿量不多甚至减少，或呈滴状排出，故24h内尿的总量并不多，由膀胱、尿道、阴门黏膜敏感性增高引起。多见于膀胱炎、膀胱受机械性刺激（如结石）、尿液性质改变（如发生肾炎时尿液在膀胱内异常分解等）和尿路炎症。动物发情时也常见频尿。

多尿是指24h内尿的总量增多，主要是因肾小球滤过功能增强或肾小管重吸收能力减弱所致。其表现为排尿次数增多而每次尿量并不少，或表现为排尿次数虽不明显增加，但每次尿量增多。见于慢性肾功能不全（如慢性肾小球肾炎、慢性肾盂肾炎等）、糖尿病，应用利尿剂、注射高渗液、大量饮水之后以及渗出液的吸收期等。

2. 少尿或无尿

少尿或无尿是指动物24h内排尿总量减少甚至接近没有尿液排出。临床上表现排尿次数和每次尿量均减少甚至很久不排尿。此时，尿色变浓，尿相对密度增高，有大量沉积物。按其病因可分为以下三种。

（1）肾前性少尿或无尿 多发生于严重脱水或电解质紊乱、外周血管衰竭、充血性心力衰竭、休克、肾动脉栓塞或肿瘤压迫、肾淤血等。临床特点为尿量轻度或中度减少，尿相对密度增高，一般不出现无尿。

（2）肾原性少尿或无尿 肾脏泌尿功能高度障碍的结果，多由肾小球和肾小管严重损害所引起。见于广泛性肾小球损伤、急性肾小管坏死、各种慢性肾脏疾病引起的肾功能不全等。尿相对密度大多偏低（急性肾小球性肾炎的尿相对密度增高），尿中出现不同程度的蛋白质、红细胞、白细胞、肾上皮细胞和各种管型。

（3）肾后性少尿或无尿 因从肾盂到尿道的尿路梗阻所致，见于肾盂或输尿管结石或被血块、脓块、乳糜块等阻塞，输尿管炎性水肿、瘢痕、狭窄等梗阻，机械性尿路阻塞，膀胱结石或肿瘤压迫两侧输尿管或梗阻膀胱颈，膀胱功能障碍所致的尿闭和膀胱破裂等。

3. 尿闭

尿闭是指肾脏的泌尿功能正常，但尿液长期潴留在膀胱内而不能排出，又称尿潴留。可分为完全尿闭和不完全尿闭，多由于排尿通路受阻所致，见于结石、炎性渗出物或血块等导致尿路阻塞或狭窄。此外，膀胱括约肌痉挛或膀胱麻痹时，脊髓腰荐段病变导致后躯不全瘫痪或完全瘫痪时，也可引起尿闭。

尿闭临床上也表现为排尿次数减少或长时间内不排尿，但与少尿或无尿有本质的不同。尿闭时肾脏生成尿液的功能仍存在，因尿不断输入膀胱，故膀胱不断充盈，患病动物多有排尿意识，且伴发轻度或剧烈腹痛症状，起卧小心；直肠触诊膀胱胀满，有压痛，加压时尿呈细流状或点滴状排出。尿潴留逐渐发展至膀胱内压超过膀胱内括约肌的收缩力或冲过阻塞的尿路时，尿液也可自行溢出。完全尿闭时会因膀胱过于胀大而导致其破裂，如直肠检查可触及膀胱空虚。

（三）尿液的感官检查

尿液是肾脏排出的各种有机物和无机物的水溶液，部分是胶体溶液并含有少量来自肾脏和尿路的有机成分。许多因素都可引起尿液成分和形状的变化，这些因素往往错综复杂，主要包括物质代谢障碍、血液理化性质的变化、心血管功能的障碍、神经和体液因素调节功能障碍、泌尿器官的功能性和器质性变化以及各种毒物中毒。由此可见，尿液检查不仅对泌尿器官疾病的诊断极为重要，而且对物质代谢以及与此有关的各器官的疾病、血液的理化性质和心脏血管功能状态的判断和分析也具有重要意义。

1. 尿液的颜色

家畜由于种类不同，其尿色也不一样。一般来说，马尿呈淡黄色，黄牛及乳牛尿色淡；水牛及猪尿呈水样。尿液异常颜色变化有以下几种。

（1）红尿　红尿是指尿液呈红色，虽然红色物质不同，来源不同，但在直观检查中均以红色为特征。红尿见于尿中含有血液、血红蛋白、肌红蛋白或某些药物等。

血红蛋白尿内含有游离的血红蛋白。尿呈葡萄酒红色，透明。尿沉渣镜检无红细胞或仅有少许红细胞。血红蛋白尿是溶血性疾病的特征，如新生仔畜溶血病、牛血红蛋白尿症、钩端螺旋体病、梨形虫病、弓形体病、犊牛水中毒、焦虫病及败血症等。

尿内含有肌红蛋白的称为肌红蛋白尿。尿呈红色或茶色。肌红蛋白尿病多见于马疲劳性综合征。

血尿混浊，放置后可出现红细胞沉淀，提示肾或尿路、膀胱出血；如为鲜血多属尿道损伤；如混有大量凝血块，则多为膀胱出血，也可见于肾或膀胱肿瘤。

（2）尿色变深　可见于热性病、饮水不足、脱水性疾病等尿量减少的疾病。

（3）黄尿　当尿内含有一定量胆红素或尿胆原时，尿呈黄褐色或绿色且易起泡沫，其泡沫也被染成黄色，主见于实质性肝炎及阻塞性黄疸。

（4）白尿　白尿可见于乳糜尿及饲喂钙质过多时；脓尿见于肾、膀胱和尿道的化脓性炎症及猪的肾虫病等。狗常见尿液中混有脂肪所致的白色尿。

此外，服用了呋喃类药物、核黄素、四环素和土霉素时尿也呈黄色。服用某些药物时出现蓝色尿，如美蓝、溶石素等。注射石炭酸和酚类制剂时出现黑色尿。

2. 透明度

马尿的浑浊度增加或其他动物新鲜尿浑浊不透明者，均为异常现象。反刍动物的尿液透明不浑浊且黏稠度低，静置后不沉淀；反刍动物的尿液变得浑浊不透明，主要见于肾脏和尿路的疾患。马属动物尿中因含有大量悬浮在黏蛋白中的碳酸钙和不溶性磷酸盐，刚刚排出时浑浊不透明，尤其终末尿明显。尿液暴露于空气中后，因酸式碳酸钙释放出二氧化碳后变成难溶的碳酸钙，使尿浑浊度增加。静置时，在尿表面形成一层碳酸钙的闪光薄膜，而在底层出现黄色沉淀。马尿变为透明，多呈酸性，是病态反应，可见于发热病、饥饿及骨软症。

3. 气味

正常生理情况下，不同动物新排出的尿液，因含有挥发性有机酸而具有一定气味。尤其在某些动物，如公山羊、公猫和公猪的尿液具有难闻的臊臭味。一般尿液越浓，气味越烈。大家畜的尿液呈厩舍味，猪的尿液呈大蒜味。

病理情况下，尿的气味可有不同改变。氨臭味是尿液在膀胱内停留时间过久造成氨发酵，见于尿道结石、膀胱括约肌痉挛和膀胱平滑肌麻痹。腐臭味见于尿路、膀胱的坏死性炎症和溃疡以及尿毒症。酮臭味见于反刍动物酮病和乳牛的生产瘫痪。尿呈强烈的氨臭味，可见于膀胱炎；牛酮尿病时，尿呈烂苹果味。猪尿有腐败臭味，应注意猪瘟。

4. 黏稠度

各种动物的尿液均呈水样，但马属动物尿中因含有肾盂和输尿管内腺体分泌的黏蛋白而带有黏性，有时黏稠如糖浆样，可拉成丝缕。在各种原因引起的多尿或尿呈酸性反应时，黏稠度降低。当肾盂、膀胱或尿道有炎症时，尿中混有炎性产物，如大量黏液、细胞成分或蛋白质时，尿黏稠度增高，甚至呈胶冻状。

（四）肾脏的检查

1. 肾脏的位置

肾脏是一对实质性器官，位于脊柱两侧腰下区，包于肾脂肪囊内，右肾一般比左肾稍在前方。

（1）牛的肾脏　具有分叶结构。左肾位于第 3~5 腰椎横突的下面，不紧靠腰下部，略垂于腹腔中，当瘤胃充满时，可完全移向右侧。右肾呈长椭圆形，位于第 12 肋间及第 2~3 腰椎横突的下面。

（2）羊的肾脏　表面光滑，不分叶。左肾位于第 1~3 腰椎横突的下面，右肾位于第 4~6 腰椎横突下面。

（3）猪的肾脏　左右两肾几乎在相对位置，均位于第 1~4 腰椎横突的下面。

（4）犬的肾脏　犬肾较大，蚕豆外形，表面光滑。左肾位于第 2~4 腰椎横突的下面；右肾位于第 1~3 腰椎横突的下面。右肾因胃的饱满程度不同，其位置也常随之改变。

（5）禽的肾脏　两个肾脏都较大，占体重的 1%~2.6%，嵌入在腰荐椎两侧横突之间，使肾脏背面形成相当深的压迹，其间有气囊作为缓冲带，将肾脏与椎骨横突隔开。肾脏分为前叶、中叶、后叶，有时还分出一侧叶。

2. 肾脏的检查方法

动物的肾脏一般虽可用触诊和叩诊等方法进行检查，但因其位置和动物种属关系，有一定局限性，大动物比较可行的方法是通过直肠检查。通常可触得左肾的全部，右肾的后半部。

诊断肾脏疾病最可靠的方法是尿液的实验室检查。临床检查发现排尿异常、排尿困难以及尿液的性状发生改变时，应详细询问病史，重视泌尿器官，特别是肾脏的检查，也可结合肾脏患病所引起的综合症状、尿液的实验室检查以及必要时的肾脏功能检查等方法，以判定肾脏的功能状态和病理变化。

（1）视诊　患有某些肾脏疾病（如急性肾炎、化脓性肾炎等）时，由于肾脏的敏感性增高，肾区疼痛明显，病畜常表现出腰背僵硬、拱起，运步小心，后肢向前移动迟缓。牛有时腰脏区呈膨隆状；猪患肾虫病时，拱背、后躯摇摆。此外，应特别注意肾性水肿，通常多发生于眼睑、腹下、阴囊及四肢下部。

（2）触诊　触诊为检查肾脏的重要方法。大动物可行外部触诊、叩诊和直肠触诊；小动物则只能行外部触诊。外部触诊或叩诊时，注意观察有无压痛反应。肾脏的敏感性增高则可能表现出不安、拱背、摇尾和躲避压迫等反应。直肠触诊应注意检查肾脏的大小、形状、硬度、有无压痛、活动性、表面是否光滑等。

在病理情况下，肾脏的压痛可见于急性肾炎、肾脏及其周围组织发生化脓性感染、肾肿胀等，在急性期压痛更为明显。直肠触诊如感到肾脏肿胀、增大、压之敏感，并有波动感，提示肾盂肾炎、肾盂积水、化脓性肾炎等。肾脏质地坚硬、体积增大、表面粗糙不平，可提示肾硬变、肾肿瘤、肾结核、肾石及肾盂结石。肾脏肿瘤时，触诊常呈菜花状。肾萎缩时,其体积显著缩小,多提示为先天性肾发育不全或萎缩性肾盂肾炎及慢性间质性肾炎。

（五）肾盂及输尿管的检查

肾盂位于肾窦之中,输尿管是一细长可压扁的管道,起自肾盂,终至膀胱。健康动物的输尿管很细,经直肠难于触及。在肾盂积水时,可引起一侧或两侧肾脏增大,呈现波动感,有时还可发现输尿管扩张。牛肾盂肾炎时,直肠触诊肾盏部,患畜可呈现疼痛反应。输尿管严重发炎时,由肾脏至膀胱的径路上可感到输尿管呈粗如手指、紧张而有压痛的索状物。严重的肾盂或输尿管结石的病例,直肠触诊时,可发现肾脏的触痛,有时还能在肾盂中触摸到坚硬的石块和感到石块相互之间的摩擦,或经直肠触诊到停留于输尿管中的豌豆大至蚕豆大、坚硬的结石,同时病畜呈疼痛反应。在输尿管积液时,直肠内触诊可能产生捻裂音样感觉。

（六）膀胱的检查

膀胱为储尿器官,上接输尿管,下和尿道相连。因此膀胱疾病除膀胱本身原发外,还可继发于肾脏、尿道及前列腺疾病等。

膀胱位于盆腔的底部,牛等大动物的膀胱检查,只能行直肠触诊;小动物可将食指伸入直肠进行触诊,或在腹部盆腔入口前缘施行外部触诊。检查膀胱时,应注意其位置、大小、充满度、膀胱壁的厚度以及有无压痛等。

1. 膀胱增大

膀胱增大多继发于尿道结石、膀胱括约肌痉挛、膀胱麻痹、前列腺肥大、膀胱肿瘤以及尿道的瘢痕和狭窄等,有时也可由于直肠便秘压迫而引起,此时触诊膀胱高度膨胀。当膀胱麻痹时,在膀胱壁上施加压力,可有尿液被动地流出,随着压力停止,排尿也立即停止。

2. 膀胱空虚

膀胱空虚除肾源性无尿外,临床上常见于膀胱破裂。膀胱破裂多为外伤引起,或为膀胱壁坏死性炎症（如溃疡性破溃）所致。种种原因引起的尿潴留使膀胱过度充满时,由于内压增高,受到直接或间接暴力的作用也可破裂。膀胱破裂多发生于牛、羊、驹和猪,此时患畜长期停止排尿,腹部逐渐增大,下腹部向下、向外膨大,腹腔积尿。直肠检查时,膀胱完全空虚,膀胱呈现浮动感,腹腔穿刺时,可排出大量淡黄、微浑浊、有尿臭气味的液体,或为浊红色浑浊的液体;镜检此液体中有血细胞和膀胱上皮。严重病例在膀胱破裂之前有明显的腹痛症状,有时持续而剧烈,破裂后因尿液流入腹腔往往引起腹膜炎和尿毒症,有时皮肤可散发尿臭味。

3. 膀胱压痛

膀胱压痛见于急性膀胱炎、尿潴留或膀胱结石等。当膀胱结石时,在膀胱过度充满的情况下触诊,可触摸到坚硬如石的硬块物或沉积于膀胱底部的砂石状尿石。

在膀胱的检查中,较好的方法是膀胱镜检查,借此可以直接观察到膀胱黏膜的状态及膀胱内部的病变,也可根据窥察尿管口的情况,判定血尿或脓尿的来源。必要时可用X射线造影术进行检查。

（七）尿道检查

1. 检查方法

对尿道可通过外部触诊、直肠内触诊和导管探诊进行检查。

公牛位于骨盆腔部分的尿道，可通过直肠内触诊检查，位于骨盆腔及会阴以下的部分，可行外部触诊。公牛及公猪的尿道有"S"状弯曲，导尿管探查较为困难。

2. 病理变化

急性尿道炎，病畜呈现尿频和尿痛，尿道外口肿胀，常有黏液或脓性分泌物排出；公畜尿道结石，表现为尿淋漓或无尿，触诊结石部位膨大坚硬并有疼痛反应，导管探查会遇到梗阻。

（八）外生殖器的检查

1. 公畜外生殖器检查

（1）检查方法　观察动物的阴囊、睾丸、阴茎有无变化，并配合触诊进行检查。

（2）病理变化　阴囊肿大，触诊睾丸肿胀并有热痛反应提示睾丸炎。猪的包皮囊肿时，提示包皮囊积尿或包皮炎。

2. 母畜外生殖器检查

（1）检查方法　观察分泌物及外阴部有无变化；必要时可用开张器进行阴道深部检查，观察黏膜颜色，有无疹疱、溃疡等病变，同时注意子宫口状态。

（2）病理变化　阴道分泌物增多，流出黏液或脓性液体，阴道黏膜潮红、肿胀、溃疡，见于阴道炎、子宫炎。猪、牛的阴户肿胀，见于镰刀菌、赤霉菌中毒病。阴道或子宫脱出时，在阴门外有脱垂的阴道或子宫；母牛胎衣不下时，阴门外吊着部分胎衣。

（九）乳房及乳汁的检查

乳房的检查对乳腺疾病的诊断具有很重要的意义。检查乳房主要用视诊、触诊以及乳汁的感官检查。

1. 视诊

注意乳房大小、形状、颜色以及有无外伤、水疱、结节、脓疱等。如果牛、羊的乳房上出现水疱、结节和脓疱多为痘疹、口蹄疫等。

2. 触诊

可确定乳房皮肤的薄厚、温度、软硬度及乳房淋巴结的状态，有无肿胀及其硬结部位的大小和疼痛程度。

当发生乳房炎时，炎症部位肿胀、发硬，皮肤呈紫红色，有热痛反应，有时乳房淋巴结也肿大，挤奶不畅。炎症可发生于整个乳区或某一乳区。如发生乳房结核，乳房淋巴结显著肿大，形成硬结，触诊常无热痛。

3. 乳汁的感官检查

除隐性乳房炎外，临床型乳房炎乳汁性状都有变化。检查时可将各乳区的乳汁分别挤入手心或盛于器皿内进行观察，注意乳汁颜色、黏稠度和性状。乳汁黏稠且内含絮状物或纤维蛋白性凝块，或脓汁、带血，为乳房炎的重要指征。必要时进行乳汁的化学成分分析和显微镜检查。

五、神经系统检查

神经系统在机体生命活动中，起着主导作用，它调节机体与外界环境的平衡，保护机体内部各器官相互联系与协调，使机体成为统一的整体。因此，动物患神经系统疾病，必然会出现一系列神经症状。其他系统、器官疾病也都可能侵害神经系统，出现不同的神经功能障碍。临床上神经系统疾病的症状虽然较复杂，但不论中枢神经或外周神经功能障碍，其表现不外是意识障碍、感觉障碍与反射障碍等。根据这些障碍情况，可推断其发病部位及性质。

神经系统检查方法与其他系统不同，主要是用呼唤、针刺、触摸被毛、搬动肢体、光照眼球及强迫运动等检查病畜有无异常。其他视诊、触诊及叩诊检查是次要的，但在某些特定脑病经过中，也有诊断意义。必要时可选择性地进行脑脊液穿刺诊断、实验室检查、X 射线、检眼镜、脑电波等辅助诊断。

（一）中枢神经系统功能的检查

中枢神经系统功能检查是指家畜精神状态的检查（意识状态），是指动物对于刺激是否具有反应，以及如何反应。家畜的意识障碍，提示中枢神经系统功能发生改变，主要表现为精神兴奋或抑制（见前述"临床一般检查技术"）。

（二）头颅和脊柱的检查

由于脑和脊髓位于颅腔及脊柱管内，不可能进行直接检查，故只能利用头颅和脊柱检查以推断脑、脊髓可能发生的变化。临床上多用视诊、触诊、叩诊检查头颅和脊柱。

1. 头颅检查

（1）局部隆突　可见于局部外伤，脑肿瘤，脑包虫以及副鼻窦蓄脓。

（2）异常增大　多见于先天性脑室积水、骨软症和佝偻病。

（3）骨骼变形　多因骨质疏松、软化、肥厚所致。常提示某些骨质代谢疾病，如骨软症、佝偻病、纤维性骨营养不良等。

（4）局部增温　除局部外伤、炎症所致外，常提示热射病、脑充血、脑膜和脑的炎症，如猪流行性乙型脑炎、牛结核性脑膜炎、恶性卡他热等。

（5）头颅部压疼　见于外伤、炎症、肿瘤及多头蚴病。

（6）头盖部变软　多为多头蚴病或颅壁肿瘤，但也见于副鼻窦炎或积脓。

（7）头颅叩诊呈浊音或半浊音　见于脑肿瘤、多头蚴病和骨软症等。

2. 脊柱检查

脊柱变形是临床上较为重要的症状。脊柱变形主要有脊柱上弯、下弯和侧弯，是因为支配脊柱的上、下或左、右肌肉不协调引起，或骨质代谢障碍疾病、骨质剧烈疼痛性疾病所致。

（1）脊柱下弯　主要见于骨软症，是由于骨质疏松变软。

（2）脊柱侧弯　常见于脊髓炎、脊髓脱臼。

（3）颈部脊柱下弯侧弯，甚至造成身体翻转　见于鸡维生素 B_1 缺乏症和新城疫。

（4）颈部脊柱向后弯曲（角弓反张）　见于脊髓疾病和某些中毒病。

（5）脊柱局部肿胀、疼痛　常为外伤结果，如骨折。

（6）脊柱僵硬　为椎间隙骨质增生或硬化所致。见于破伤风、番木鳖碱中毒、腰肌风湿症、肾炎、肾虫病等。

（三）感觉障碍的检查

动物的感觉功能是由感觉神经所完成。兽医临床上，将感觉功能分为浅感觉、深感觉和特殊感觉三类。

1. 浅感觉

浅感觉指皮肤和黏膜感觉，包括触觉、痛觉、温觉和电感觉等。但兽医临床上温觉、电感觉等有一定局限性，故少用。由于家畜没有语言，其感觉如何只能根据运动形式加以推断。检验时要尽可能先使动物安静，最好由经常饲养、管理、使役或调教的人员在旁，并采用温柔的动作进行检查。感觉障碍由于病变部位不同，有末梢性、脊髓性和脑性之分。从临床表现则分为下列三种。

（1）感觉过敏　轻微刺激或抚触即可引起强烈反应。除由于局部炎症外，一般由感觉神经或其传导径路被损伤所致。多提示脊髓膜炎，脊髓背根损伤，视丘损伤，或末梢神经发炎、受压等。另外，见于牛的神经型酮血症、牛低磷血症等代谢性疾病。但脊髓实质、脑干或大脑皮层患病时均不引起感觉过敏。

（2）感觉性减退及缺失　感觉能力降低或感觉程度减弱称感觉减退。由感觉神经末梢、传导径路或感觉中枢障碍所致。局限性感觉减退或缺失，为支配该区域内的末梢感觉神经受侵害的结果；全身性皮肤感觉减退或缺失，常见于各种不同疾病所引起的精神抑制和昏迷。

（3）感觉异常　没有外界刺激而自发产生的感觉，如痒感、蚁形感等。动物表现为舌舔、哨咬、摩擦。见于羊痒病、狂犬病、多发性神经炎、自咬症等。

2. 深感觉

深感觉是指位于皮下深处的肌肉、关节、骨、腱和韧带等，将关于肢体的位置、状态和运动等情况的冲动传到大脑，产生深部感觉，即所谓本体感觉，借以调节身体在空间的位置、方向等。因此，临床上根据动物肢体在空间的位置改变情况，可以检查其本体感觉有无障碍或疼痛反应等。深感觉障碍多同时伴有意识障碍，提示大脑或脊髓被侵害，如慢性脑室积水、脑炎、脊髓损伤、严重肝脏疾病和中毒病等。

3. 特殊感觉

特殊感觉是由特殊的感觉器官所感受，如视觉、听觉、嗅觉、味觉等。某些神经系统疾病，可使感觉器官与中枢神经系统之间的正常联系破坏，导致相应感觉功能障碍。

（1）视觉　动物视力减弱甚至完全消失即所谓的目盲，除因为某些眼病所致外，也可因视神经异常所引起。见于野萱草根等中毒，动物视觉增强，表现为羞明，除发生于结膜炎、角膜炎等眼科疾病外，罕见于颅内压升高、脑膜炎、日射病、热射病、牛恶性卡他热、牛瘟等。视觉异常的动物，有时出现"捕蝇样动作"，如狂犬病、脑炎、眼炎初期等。

（2）听觉　听觉迟钝或完全缺失，除因耳病所致外，也见于延脑或大脑皮层颞叶受损伤时。某些品种特别是白毛的犬和猫有时为遗传性，是由其螺旋器发育缺陷所致。听觉过敏可见于脑和脑膜疾病，反刍动物酮病有时可见。

（3）嗅觉　动物中以犬、猫的嗅觉最灵敏，临床检查上也最重要。尤其是警犬和猎犬常因嗅觉障碍失去其应用价值。嗅神经、嗅球、嗅纹和大脑皮层是构成嗅觉装置的神经部分。当这些神经或鼻黏膜疾病时则引起嗅觉迟钝甚至嗅觉缺失，如犬瘟热或猫传染性胃肠炎（猫瘟热）。

（四）运动功能的检查

动物的协调运动是在大脑皮层的控制下，由运动中枢的传导路径及外周神经元等部分共同完成。运动中枢和传导路径由椎体系统、椎体外系统、小脑系统三部分组成。临床上家畜出现各种形式的运动障碍除运动器官受损伤外，常因一定部位的脑组织受损伤导致运动中枢和传导路径的功能障碍所引起。病理情况下表现以下几种情况。

1. 强迫运动

强迫运动是指不受意识支配和外界环境影响，而出现的强制发生的有规律的运动。任其自由运动，观察其运动情况。常见的强迫运动有以下几种。

（1）回转运动　病畜按同一方向作圆圈运动，圆圈的直径不变者称圆圈运动或马场运动；以一肢为中心，其余三肢围绕此肢而在原地转圈者称时针运动。当一侧的向心兴奋传导中断，以至对侧运动反应占优势时，便引起这种运动。如牛、羊患多头蚴病、脑脓肿、脑肿瘤等占位性病变时，常以圆圈运动或时针运动为特征。另一个原因是病畜头颈或躯体向一侧弯曲，以至无意识地随着头、颈部的弯曲方向而转动。如一侧前庭神经、迷路、小脑受损，一侧颈肌瘫痪或收缩过强，一侧额叶区受损，或纹状体、丘脑体、丘脑后部、苍白球或红核受损等。

（2）盲目运动　患畜作无目的地徘徊，又称强制彷徨。表现为患畜无视周围事物，对外界刺激缺乏反应。或不断前进，或头顶障碍物不动。这是因脑部炎症、大脑皮层额叶或小脑等局部病变或功能障碍所致。如狂犬病、伪狂犬病等。

（3）暴进暴退　患畜将头高举或下沉，以常步或速步踉跄地向前狂进，甚至落入沟塘内而不躲避，称为暴进，见于纹状体或视丘损伤、视神经中枢被侵害而视野缩小时。患畜头颈后仰，颈肌痉挛而连续后退，后退时常颤颤，甚至倒地，称为暴退，见于摘除小脑、颈肌痉挛而后弓反张，如流行性脑脊髓膜炎。

（4）滚转运动　病畜向一侧冲挤、倾倒、强制卧于一侧，或循身体长轴一侧打滚时，称为滚转运动。多伴有头部扭转和脊柱向打滚方向弯曲。常提示迷路、听神经、小脑脚周围的病变，使一侧前庭神经受损，迷路紧张性消失，以至身体一侧肌肉松弛。

2. 共济失调

动物各个肌肉收缩力正常，但在运动时肌群动作相互不协调，导致动物体位和各种运动异常。病畜站立时，呈现体位平衡失调，如站立不稳、四肢叉开、倚墙靠壁似醉酒状；病畜运动时，步态失调、后躯摇摆、行走如醉、高抬肢体似涉水状。见于小脑和前庭神经疾患、中毒病、某些寄生虫病（如脑脊髓丝虫病）等。按病变性质分类可分为以下两种。

（1）静止性失调 表现为动物在站立状态下出现共济失调，而不能保持体位平衡。临床表现头部摇晃，体躯左右摇摆或偏向一侧，四肢肌肉软弱、战栗、关节屈曲，向前、后、左、右摇摆。常四肢分开而广踏。运步时，步态踉跄不稳，易倒向一侧。常提示小脑、小脑脚、前庭神经或迷路受损害。

（2）运动性失调 站立时可能不明显，而在运动时出现共济失调。临床表现为后躯踉跄，步样不稳，四肢高抬，着地用力。见于大脑皮层、小脑、前庭或脊髓的传导径路受损伤时，由于深部感觉障碍，外部随意运动的信息向中枢传导受阻。按病变部位分类可分为以下几种。

①脊髓性失调：其特征是运动时躯体左右摇摆，但头不歪斜，静止时不失调，是脊髓背侧根损伤的结果。

②前庭性失调：其特征是病畜头向患侧歪斜，步样不稳，常伴有眼球震颤，遮眼时失调严重，不仅静止时失调，而且运动时也失调。主要见于迷路、前庭神经或前庭核受损伤。常见于家禽 B 族维生素缺乏症，慢性鸡新城疫等。

③小脑性失调：多发生于大家畜，不仅静止时失调，而且运动时也失调。其特征是运动时头向患侧歪斜，体躯摇晃，只有当整个身躯依靠墙壁上，失调才消失。这种失调，不伴有眼球震颤，不因遮眼而加重，这在脑病过程中，当小脑受到损害时引起。当一侧性小脑损伤时，患侧前、后肢失调明显。

④大脑性失调：其特征是病畜虽能直线行进，但体躯向健侧偏斜，甚至转弯时跌倒。见于大脑皮层的额叶或颞叶受损伤。

3. 痉挛

痉挛是指横纹肌不随意地急剧收缩。按肌肉收缩形式不同有阵发性痉挛、强制性痉挛和癫痫。

（1）阵发性痉挛 是个别肌肉或肌组织发生短而快的不随意收缩，呈现间歇性。见于脑炎、脑脊髓炎、膈肌痉挛、中毒和低钙血症等。单个肌纤维束阵发性收缩，而不波及全身的痉挛，称为纤维性痉挛（战栗）；波及全身的强烈阵发性痉挛，称为惊厥（搐搦）。犬阵发性痉挛见视频 1-2。

视频 1-2
犬阵发性痉挛

（2）强直性痉挛 肌肉长时间均等地持续性收缩。见于脑炎、脑脊髓炎、破伤风、有机磷农药及士的宁中毒等。

（3）癫痫 大脑皮层性的全身性阵发性痉挛，伴有意识丧失、大小便失禁。见于脑炎、脑肿瘤、尿毒症、仔猪维生素 A 缺乏症、仔猪副伤寒、仔猪水肿病等。

4. 麻痹（瘫痪）

麻痹指动物的随意运动减弱或消失。

（1）根据病变部位不同分类（表1-6）

①中枢性麻痹：临床特征为腱反射增加、皮肤反射减弱和肌肉紧张性增强，肌肉萎缩不明显。常见于狂犬病、某些中毒病等。

②末梢性麻痹：临床特征为肌肉显著萎缩，其紧张性减弱，软弱而松弛，皮肤和腱反射减弱。常见有面神经麻痹、坐骨神经麻痹、桡神经麻痹等。

表 1-6	中枢性麻痹与末梢性麻痹的鉴别	
项目	中枢性麻痹	末梢性麻痹
肌肉张力	增高、痉挛性	降低、弛缓性
肌肉萎缩	缓慢、不明显	迅速、明显
腱反射	亢进	减弱或消失
皮肤反射	减弱或消失	较弱或消失

（2）根据发生部位不同分类

①单瘫：麻痹只侵及某一肌群或某一肢体。

②偏瘫：麻痹侵及躯体的半侧。

③截瘫：躯体两侧对称部分发生麻痹。

（五）反射功能的检查

1. 皮肤反射

（1）鬐甲反射　轻触鬐甲部被毛或皮肤，则皮肤收缩抖动。

（2）腹壁反射　轻触腹壁，腹肌收缩。

（3）肛门反射　轻触肛门皮肤，肛门外括约肌收缩。

（4）蹄冠反射　用针轻触蹄冠，动物立即提肢或回缩。

2. 黏膜反射

（1）喷嚏反射　刺激鼻黏膜则引起喷嚏。

（2）角膜反射　用羽毛或纸片轻触角膜，则立即闭眼。

3. 深部反射

（1）膝反射　动物横卧，使上侧后肢肌肉保持松弛状态，当叩击髌骨韧带时，由于股四头肌牵缩，而下侧伸展。

（2）跟腱反射　动物横卧，叩击跟腱，则引起跗关节伸展与球关节屈曲。

4. 病理变化

（1）反射减弱或消失　是反射弧的传导路径受损所致。常提示脊髓背根（感觉根）、腹根（运动根）或脑、脊髓灰质的病变，见于脑积水、多头蚴病等。极度衰弱的病畜反射也减弱，昏迷时反射消失，这是由于高级中枢兴奋性降低。

（2）反射亢进　是反射弧或中枢兴奋性增高或刺激过强所致。见于脊髓背根、腹根或外周神经的炎症、受压和脊髓炎等。在破伤风、士的宁中毒、有机磷中毒、狂犬病等常见全身反射亢进。

（六）植物神经功能的检查

植物神经功能障碍的症状表现为以下三种情况。

1. 交感神经紧张性亢进

交感神经紧张性亢进时交感神经异常兴奋，可表现心搏动亢进、外周血管收缩、血压升高、口腔干燥、肠蠕动减弱、瞳孔散大、出汗增加（牛）和高血糖等症状。

2. 副交感神经紧张性亢进

副交感神经紧张性亢进可呈现与前者相拮抗的症状，即心动徐缓、外周血管紧张性降低、血压下降、腺体分泌功能亢进、口内过湿、胃肠蠕动增强、瞳孔缩小、低血糖等。

3. 交感、副交感神经紧张性均亢进

交感神经和副交感神经两者同时紧张性亢进时，动物出现恐怖感、精神抑制、眩晕、心搏动亢进、呼吸加快或呼吸困难、排粪与排尿障碍，子宫痉挛，发情减退等现象。

(拓展知识)

一、呼吸困难的鉴别诊断

呼吸困难（dyspnea）是一种复杂的病理性呼吸障碍，表现为呼吸费力，辅助呼吸肌参与呼吸运动，并常伴有呼吸频率、类型、深度和节律的改变。高度的呼吸困难，称为气喘。呼吸困难是由许多原因引起的呼吸器官疾病的一个重要症状，但其他器官患有严重疾病时，也可出现呼吸困难。

（一）病因

呼吸困难的原因主要是体内氧缺乏，CO_2 和各种氧化不全产物积聚于血液内并循环于脑而使呼吸中枢受到刺激。引起呼吸困难的原因主要有以下几方面。

1. 呼吸系统疾病

呼吸困难是呼吸系统疾病的一个重要症状，主要是呼吸系统疾病引起肺通气和肺换气功能障碍，见于上呼吸道阻塞或炎症、支气管疾病、肺脏疾病、胸膜疾病等。

2. 腹压增大性疾病

由于腹压增加，压迫膈肌向前移动，直接影响呼吸运动，见于胃扩张、肠臌气、腹水、子宫蓄脓等。

3. 心血管系统疾病

各种原因引起的心力衰竭最终导致肺充血、淤血和肺泡弹性降低，见于心肌炎、心脏肥大、心脏扩张、心脏瓣膜病、渗出性心包炎，血液病变（如大出血、贫血等）。

4. 中毒性疾病

中毒性疾病分为内源性中毒和外源性中毒。内源性中毒主要是各种原因引起机体的代谢性酸中毒，血液中 CO_2 含量升高，pH 下降，直接刺激呼吸中枢，导致呼吸次数增加，肺脏的通气量和换气量增大。外源性中毒是某些化学物质影响机体血红蛋白携氧能力或抑制某些细胞酶的活性，破坏了组织的氧化过程，造成机体缺氧，常见于亚硝酸盐中毒、氰氢酸中毒。此外，有机磷中毒、安妥中毒、敌百虫中毒、氨中毒等疾病时，呼吸道分泌物增多，支气管痉挛，肺水肿而出现呼吸困难。

5. 血液疾病

严重贫血、大出血导致红细胞和血红蛋白含量减少，血液氧含量降低，使呼吸加速、心率加快。

6. 中枢神经系统疾病

许多脑病过程中，颅内压增高，大脑供血减少，同时炎症产物刺激呼吸中枢，引起呼吸困难，见于脑膜炎、脑出血、脑肿瘤、脑外伤等。

7. 其他

应激综合征、过敏反应等。

（二）临床表现

根据临床表现形式不同，呼吸困难可分为吸气性呼吸困难、呼气性呼吸困难和混合性呼吸困难三种类型。

1. 吸气性呼吸困难

吸气性呼吸困难特征为吸气用力，吸气期显著延长，辅助吸气肌参与呼吸活动，并伴有特异的吸入性狭窄音。患病动物在呼吸时，鼻孔张大、头颈伸展、胸廓开张、呼吸深而强甚至张口呼吸，此为上呼吸道狭窄的特征，可见于鼻炎、鼻腔狭窄、鼻窦炎、口腔肿瘤、喉水肿、咽喉炎、喉肿瘤、气管狭窄、颈淋巴结肿胀等。

2. 呼气性呼吸困难

呼气性呼吸困难特征为呼气用力，呼气期显著延长，辅助呼气肌（主要是腹肌）参与呼气活动，腹部有明显的起伏动作，可出现连续两次呼气动作，称为二重呼气。高度呼气困难时，可沿肋骨弓出现较深的凹陷沟，称为喘线或息劳沟。同时可见背拱起，肷窝变平。由于腹部肌肉强力收缩，腹内压变化很大，故伴随呼吸运动而见呼气时肛门突出、吸气时肛门反而呈陷入的现象，称为肛门抽缩运动。这主要是由于肺泡弹性减退或细支气管狭窄，致使肺泡内气体排出发生障碍的结果，可见于急性细支气管炎、细支气管痉挛、肺气肿、肺水肿、胸膜肺炎等。

3. 混合性呼吸困难

混合性呼吸困难为最常见的一种呼吸困难，特征为吸气和呼气均发生困难。常伴有呼吸次数增加现象。表现有混合性呼吸困难的疾病很多，涉及众多组织器官，可见于除慢性肺泡气肿以外的非炎性肺病和炎性肺病，胸壁、腹壁、膈肌运动障碍的疾病，红细胞减少或血红蛋白变性等血源性因素，心力衰竭所致的肺循环淤滞，中枢神经系统损伤或功能障碍等。

（三）伴随症状

（1）咳嗽　是呼吸系统疾病的综合征之一，许多呼吸系统疾病均可引起咳嗽。

（2）发热　呼吸系统的炎症性疾病及全身感染性疾病均可表现不同程度的发热。

（3）黏膜发绀　呼吸困难导致外周血液氧不足，高铁血红蛋白含量增加，或亚硝酸盐中毒时形成大量变性血红蛋白，导致皮肤和可视黏膜发绀，表现为蓝紫色。

（4）心率加快　见于发热性疾病。

（5）昏迷　见于胸膜炎、脑出血、尿毒症、中毒、糖尿病酮症酸中毒等。

（6）哮喘音　见于支气管哮喘、心源性哮喘、急性喉水肿、气管异物、自发性气胸、过敏反应等。

（7）胸部压痛　见于大叶性肺炎、急性渗出性胸膜炎、支气管肺癌等。

（四）鉴别诊断思路

1. 基本思路

（1）判断呼吸困难的类型和程度　根据呼吸困难的类型可分析疾病发生的部位，吸气性呼吸困难主要由上呼吸道狭窄，气流不通畅而引起；呼气性呼吸困难是由于肺组织弹性减弱，肺泡内的气体排出困难；混合性呼吸困难主要是肺换气功能障碍。

（2）注意呼吸频率、节律、深度和对称性的变化　吸气性呼吸困难时，呼吸频率减少；呼气性呼吸困难时，频率增加或减少，呼吸加深；混合性呼吸困难时，呼吸频率加快，后期节律发生改变；单侧性胸膜炎、胸膜肺炎、胸腔积液、气胸和肋骨骨折等疾病过程中呼吸对称性发生变化。

（3）不同的疾病除呼吸困难以外，还有相应的临床特征，应根据病史和临床检查进行全面分析。

（4）必要时通过实验室检查（血液检查和毒物分析）和辅助检查（如 X 射线检查）进行鉴别诊断。

2. 类症鉴别

（1）吸气性呼吸困难　表明气体通过上呼吸道发生障碍，即通气障碍，可能是上呼吸道狭窄性疾病，应进一步检查鼻、咽、喉及气管，找出狭窄或阻塞部位。

（2）呼气性呼吸困难　表明肺内气体排出障碍，病变可能在细支气管或肺，常见于细支气管管腔狭窄或肺泡弹性减退的疾病，应根据胸部听诊、叩诊等的变化加以鉴别。

（3）混合性呼吸困难　混合性呼吸困难伴有呼吸式改变的，指示呼吸肌及胸腹活动障碍性呼吸困难。伴有胸式呼吸的，见于腹肌、膈肌运动障碍的疾病；肚腹膨大的，要考虑胃肠膨胀（积食、积气、积液）、腹腔积液（腹水、弥漫性腹膜炎、膀胱破裂）；肚腹不膨大的，要考虑腹膜炎初期、腹壁创伤、膈肌炎、膈破裂、膈麻痹等。伴有腹式呼吸的，见于胸壁运动障碍的疾病；左右呼吸不对称的，要考虑肋骨骨折、气胸等；呈断续性呼吸的，要考虑胸膜炎初期；呼吸浅表、快速而用力的，要考虑胸腔积液、胸膜炎中后期。

混合性呼吸困难伴有呼吸节律明显改变的，常提示中枢性呼吸困难。神经症状明显的，要考虑各种脑病，如脑炎、脑水肿、脑出血、脑肿瘤等；全身症状重剧的，要考虑全身性疾病的危重期及濒死期。

混合性呼吸困难伴有心功能不全体征的，常指示心源性呼吸困难。左心衰竭性呼吸困难可见有肺循环淤血的表现，如肺淤血、肺水肿；右心衰竭性呼吸困难可见有体循环淤滞的表现，如浮肿、腹水、胸腔积液等。心源性呼吸困难主要见于心内膜疾病、心肌疾病和心包疾病。

混合性呼吸困难伴有黏膜和血液颜色改变的，常提示血源性呼吸困难。若可视黏膜潮红、静脉血鲜红、极度呼吸困难、病程短急，要考虑氢氰酸中毒和 CO 中毒；如可视黏膜苍白，常提示贫血性呼吸困难；可视黏膜发绀和血液呈暗褐色的，除见于各种原因引起的缺氧外，还应考虑亚硝酸盐中毒。

混合性呼吸困难伴有流鼻液、咳嗽的，常提示肺源性呼吸困难。频发咳嗽、胸部听诊有啰音，肺泡呼吸音增强，叩诊无变化，且全身症状较轻微的，可能是支气管疾病；对胸部听诊、叩诊有变化，且全身症状较重剧的，则多是肺的疾病。如果听诊有湿啰音和捻发音，肺泡呼吸音有强有弱，叩诊呈小片浊音区，可能是细支气管和肺都有病变，如支气管肺炎；如果听诊局部肺泡呼吸音消失，并有支气管呼吸音，叩诊出现大片浊音区，多是肺实变的疾病，如大叶性肺炎的肝变期等；如听诊有啰音或捻发音，肺泡呼吸音有强有弱，叩诊出现浊鼓音，多是肺泡内同时存在液体和气体，兼有肺泡弹性减退的疾病，如肺水肿、大叶性肺炎的充血水肿期和溶解吸收期等；如果听诊有空瓮音，叩诊出现破壶音，无疑是肺有大空洞，可见于肺脓肿、肺坏疽、肺结核等。

二、咳嗽的鉴别诊断

咳嗽（coughing）是一种强烈的呼气运动，它的形成是由于呼吸道分泌物、病灶及外来因素刺激呼吸道和胸膜，通过神经反射而使咳嗽中枢发生兴奋，引起咳嗽，并将呼吸道中的异物和分泌物咳出，以保持呼吸道的清爽洁净和畅通，维持正常的呼吸功能。咳嗽是机体的反射性保护动作。但同时咳嗽也是有害的，它可使呼吸道内的感染扩散，剧烈的咳嗽可使已受损的呼吸道出血，长期咳嗽是促进肺气肿形成的一个因素，频繁的咳嗽还可引起动物呕吐、大小便失禁，通过咳嗽可使病原随分泌物散播而引起疾病传播。

（一）病因

1. 微生物感染

咳嗽发生的最常见病因是各种微生物引起呼吸道的非传染性或传染性炎症过程，动物从鼻咽部到小支气管整个呼吸道黏膜受到刺激时，均可引起咳嗽，以喉部杓状间腔和气管分叉部黏膜最敏感。常见于以下几种情况。

（1）呼吸道疾病　如咽炎、喉炎、喉水肿、扁桃体炎、上呼吸道感染、气管异物、气管炎、支气管炎等。

（2）肺脏疾病　如肺炎、肺充血、肺水肿、肺气肿、肺结核、流感等。

（3）胸膜疾病　如胸膜炎、胸膜肺炎或胸膜受刺激（如自发性或外伤性气胸、胸腔穿刺）等。

2. 寄生虫侵袭

寄生虫侵袭常见犬、猫的肺丝虫病，管圆线虫病，奥斯特线虫病，猫隐蔽圆线虫病，犬恶丝虫病，有时蛔虫大量繁殖上移进入肺部也可引发咳嗽。

3. 物理和化学因素

物理和化学因素包括环境空气中的刺激性烟雾、有害气体对上呼吸道黏膜的直接刺激，也见于吸入过冷或过热的空气及各种化学药品的刺激。

4. 吸入变应原

常见的变应原有花粉、饲料中的霉菌孢子等。吸入变应原可引起过敏性炎症，出现咳嗽。

5. 中枢神经因素

中枢神经因素也可引起咳嗽，如患脑炎、脑膜炎时。

6. 心脏疾病

二尖瓣口狭窄、左心衰竭引起肺动脉高压、肺淤血水肿、炎性渗出并刺激肺泡壁，也可引起咳嗽。

7. 肿瘤及其他

咳嗽还见于呼吸器官及胸膜、纵隔等部位的肿瘤，低血糖、低蛋白血症、头颅外伤等引起的肺水肿。

（二）临床表现

按咳嗽的性质、次数、强度、持续时间及有无疼痛分类，各类临床表现不完全相同。

（1）干咳 咳嗽的声音清脆、干而短，无痰，提示呼吸道内无分泌物，或仅有少量的黏稠分泌物，常见于喉和气管干性异物、急性喉炎的初期、胸膜炎等。

（2）湿咳 咳嗽的声音钝浊、湿而长，提示呼吸道内有多量稀薄渗出物，常见于咽喉炎、支气管炎、支气管肺炎、肺脓肿、异物性肺炎等。

（3）稀咳 为单发性咳嗽，每次仅出现一两声咳嗽，常常反复发作且带有周期性，见于上呼吸道感染、慢性支气管炎、肺结核等。

（4）连咳 咳嗽频繁，连续不断，严重时转为痉挛性咳嗽，见于急性喉炎、传染性上呼吸道卡他、支气管炎及支气管肺炎等。

（5）痉咳 即痉挛性咳嗽或发作性咳嗽，咳嗽剧烈，连续发作，提示呼吸道黏膜遭受强烈的刺激，或刺激因素不易排除，常见于异物进入上呼吸道及异物性肺炎等。

（6）痛咳 咳嗽带痛，声短而弱，常见于急性喉炎、喉水肿和胸膜炎等。

（7）强咳 特征为咳嗽发生时声音强大而有力，见于上呼吸道炎症或异物刺激，表明肺脏组织弹性良好。

（8）弱咳 咳嗽弱而无力，声音嘶哑，主要是细支气管和肺脏患病时所发出的咳嗽，见于各种肺炎、肺气肿等，表明肺组织弹性降低。另外，也见于某些疼痛性疾病，如胸膜炎、胸膜粘连、严重的喉炎等。当机体全身极度衰弱、声带麻痹时，咳嗽极为低弱，甚至几乎无声。

（三）伴随症状

（1）发热 在各种肺炎或传染病引起的呼吸道感染的过程中，可伴发不同程度的发热，多见于呼吸系统（上呼吸道、下呼吸道）病原微生物感染、胸膜炎、肺结核等。

（2）呼吸困难 见于喉水肿、喉肿瘤、慢性支气管炎、气管与支气管异物、肺脓肿、肺坏疽、重症肺炎、肺结核、大量胸腔积液、气胸、肺淤血、肺水肿、肺气肿等。

（3）流鼻液 咳嗽时，一般无痰液咳出，但是呼吸道的分泌物能通过鼻流出体外。以咳嗽为主并有少量浆液性或黏液性鼻液，可见鼻、喉和支气管的卡他性炎症。

（4）喘鸣音 见于支气管哮喘、喘息型慢性支气管炎、弥散型泛细支气管炎、心源性哮喘、气管及支气管异物，或者支气管肺癌引起的器官与支气管不完全阻塞。

（5）胸痛　咳嗽时，动物表现不安，多见于动物各种肺炎、胸膜炎等。

（四）鉴别诊断思路

（1）咳嗽重、流鼻液，伴有吸气性呼吸困难或无呼吸困难，而胸部听诊音、叩诊音变化不大的，应考虑是上呼吸道疾病，要进一步检查鼻腔、咽、喉、气管及鼻旁窦。

（2）咳嗽多、流鼻液，胸部听诊有啰音，叩诊无浊音的，应考虑是支气管疾病。

（3）有咳嗽、鼻液少，混合性呼吸困难或呼气性呼吸困难，胸部听诊音、叩诊音有变化的应怀疑肺脏疾病。此外，还应注意二尖瓣口狭窄、心衰等引起的心肺性疾病。

（4）有短痛咳、无鼻液，腹式呼吸明显的，应怀疑胸膜疾病。

（5）持续性咳嗽，特别是在运动、采食、夜间或早晚气温较低时咳嗽加重的，应怀疑慢性支气管炎、支气管扩张、鼻疽、肺结核、慢性肺泡气肿等。

三、呕吐的鉴别诊断

呕吐（vomiting）是指动物不由自主地将胃内或偶尔为小肠部分的内容物经食管从口、鼻腔排出体外的现象。呕吐是单胃动物，尤其是犬、猫的重要临床症状。呕吐从生理意义上讲是一种保护动作，可将有害物质排出体外。但严重的呕吐不仅给患病动物造成极度不适，又因胃内容物随呕吐排出体外，引起患病动物脱水，而且会因电解质的丢失而引起低钾血症、低钠血症，特别是氯离子的丢失而发生代谢性碱中毒。呕吐同时还可引起误吸，特别在患病动物有神志障碍时容易发生。

（一）病因

由于呕吐的病因复杂，按发病机制可分为中枢性呕吐和末梢性呕吐两大类。

1. 中枢性呕吐

（1）神经系统病变　如脑及脑膜感染性疾病、脑震荡、脑挫伤、脑肿瘤、脑充血、脑出血等引起的颅内压升高，常导致脑水肿、脑缺血和缺氧，使呕吐中枢供血、供氧不足而发生呕吐。

（2）全身性疾病　见于感染，如急性病毒、细菌、支原体、立克次氏体、螺旋体及寄生虫等感染；内分泌及代谢性疾病，如尿毒症、肝性昏迷、代谢性酸中毒、甲状腺功能亢进、肾上腺皮质功能减退、营养不良及维生素缺乏等。

（3）药物及其他中毒物的作用　常见的有硫酸铜、吗啡、有机磷、磷化锌、酚、亚硝酸盐、CO、有机氯等。

（4）其他　精神因素，如恐惧、兴奋、紧张、疲劳等；前庭功能障碍，如晕车、晕船以及休克与缺氧等。

2. 末梢性呕吐

（1）消化系统疾病　见于舌、咽及食管疾病，如舌病、咽内异物、咽炎、食道阻塞等；胃功能障碍性疾病，如胃溃疡、胃扩张、胃扩张-扭转综合征、胃阻塞、慢性胃炎、寄生虫病、胃排空功能障碍、过食、胆汁呕吐综合征、胃息肉、胃肿瘤、胃食管疾病（食管裂疝）、膈疝、胃食管套叠等；肠道功能障碍性疾病，如肠炎、肠道寄生虫、肠管阻塞、小肠变位、真菌感染性疾病、肠扭转及麻痹性肠梗阻、盲肠炎、顽固性便秘、过敏肠综合征等；肝胆胰的疾病，如急性胰腺炎、肝炎、胆囊炎、胆道蛔虫、胆管阻塞、肝硬化、肝脓肿等；腹膜及肠系膜疾病，如腹膜炎、急性肠系膜淋巴结炎等。

（2）泌尿生殖系统疾病　如肾盂肾炎、肾脏结石、输尿管结石、尿道阻塞、子宫蓄脓、卵巢囊肿等。

（3）心血管系统疾病　如充血性心力衰竭、急性心包炎等。

（4）呼吸系统疾病　如大叶性肺炎、急性胸膜炎、膈疝等。

此外，过食、突然更换饲料、摄食异物（毛团等）、采食过快、食物过敏、对某种特殊食物的不耐受以及采食刺激性食物，也可诱发末梢性呕吐。

（二）临床表现

呕吐是临床上常见的一种症状。根据胃肠内容物的不同，动物呕吐物的性状也有所不同，有的可能还伴有不同程度的气味散发出来。呕吐是由一系列复杂而连续的反射动作所组成。呕吐可将有害物由胃排出，从而起到保护作用。但是持久而剧烈的呕吐，可引起失水、电解质紊乱、代谢性碱中毒及营养障碍，会出现相应的症状。

（三）伴随症状

（1）腹痛　由消化系统疾病引起的呕吐，往往伴有腹痛症状，如急性胃肠炎、急性胃扩张、肠变位、胰腺炎等。

（2）脱水　持续而频繁的呕吐可导致机体脱水、电解质紊乱和酸碱平衡失调。

（3）体温升高　见于传染病和各种炎症性疾病，如犬瘟热、犬病毒性肠炎、犬传染性肝炎、猫泛白细胞减少症、腹膜炎、肾炎、胰腺炎等。

（4）神经症状　由中枢神经系统疾病引起的呕吐，常表现兴奋、全身肌肉痉挛、抽搐、共济失调、昏迷等神经症状，见于脑炎、脑膜炎、脑外伤等。

（四）鉴别诊断思路

1. 调查病史

在动物呕吐时应了解动物呕吐出现的时间，呕吐的频率，呕吐物的数量、气味及酸碱度，用药和治疗情况等。

2. 观察呕吐物的一般性状

呕吐物的一般性状包括性质、颜色和混杂物。呕吐物一般为酸性，其组成可以是食物、半消化食物、胃液、胆汁、肠液、血液、黏液等的混合物；呕吐物的颜色一般为内容物的颜色，常因异常混合物而不同。呕吐物中混有血液，见于出血性胃炎、胃溃疡、犬瘟热、犬细小病毒感染、猫瘟和某些出血素质性疾病；呕吐物中混有胆汁，显黄绿色，呈碱性，常提示十二指肠阻塞、胆汁回流综合征、原发或继发胃运动减弱、肠内异物及胰腺炎；呕吐物的性质和气味与粪便相似，常见于小肠后部或大肠阻塞；呕吐物中混有寄生虫，见于犬、猫等小动物胃肠道线虫病；呕吐物中混有异物，如毛球、沙石、塑料、布头等，见于犬、猫胃内异物和肠阻塞等。中毒性呕吐可从呕吐物中发现毒物及毒物的颜色和特殊气味。

3. 判断呕吐的真假

真性呕吐是指胃、肠内容物不由自主地经口、鼻腔反排出来的现象。呕吐物是胃内容物、呈酸性，带有酸臭味。从呕吐发生的时间来看，胃内容物性呕吐多在进食后 30～60min 出现；肠内容物性呕吐要稍后一些，且呕吐物有苦味或苦臭味，带黄色或黄绿色（胆汁），pH 呈碱性。真性呕吐提示脑和胃肠病变。

假性呕吐又称逆呕，是指被吞咽的食团在进入胃之前，由于食道收缩而被返回口腔的现象。逆呕出的是食团而不是胃内容物，不酸臭，也不带有苦味和绿色，因其混有唾液而略显碱性。假性呕吐提示食道疾病，如食道狭窄、食道梗塞、食道痉挛、食道炎等。

4. 区分呕吐的性质

在临床上，首先应根据呕吐的性质确定出主要的受害系统，然后再进行鉴别。如中枢性呕吐由于中枢神经受到损害多呈频繁性或阵发性呕吐，间隔时间较短，当胃肠内容物全部吐出之后，症状仍不缓解；而末梢性呕吐的主要受害部位是胃肠道及其邻近器官，当胃、肠内容物吐完之后，呕吐通常停止，症状随之缓解。

5. 呕吐与采食的时间关系

正常情况下，采食后胃的正常排空时间为 7～10h，采食后立即呕吐，见于饲料质量问题、食物不耐受、过食、应激或兴奋、胃炎等；若采食后频繁多次发生呕吐，直到内容物呕吐完为止，多见于胃、十二指肠、胰腺顽固性疾病；采食后 3～5h 发生呕吐或干呕，在犬为急性胃扩张的表现；采食后 6～7h 呕吐出未消化或部分消化的食物，通常见于胃排空功能障碍或胃通道阻塞；胃运动减弱常在采食后 12～18h 或更长时间出现呕吐，并呈现周期性的临床特点。

另外，如肾衰、尿毒症，营养代谢中的维生素 D 过剩、肥胖症、糖尿病，晕船和晕车，以及精神性剧变等均可引起呕吐。但这些病变也各有特点，如肾衰、尿毒症还可见少尿或多饮多尿、蛋白尿、呼吸急促、体温下降，甚至出现神经症状；维生素 D 过剩还可见腹泻、脱毛、消瘦等症状；晕船、晕车以及精神剧变（恐惧、紧张、兴奋、疲劳）时出现呕吐，一旦去除病因，呕吐立即停止。上述疾病还可通过血液生化和尿液检查予以进一步确诊。

四、腹泻的鉴别诊断

腹泻（diarrhoea）是指肠黏膜的分泌增多与吸收障碍、肠蠕动过快，引起排便次数增加，使含有多量水分的肠内容物被排出的状态。粪便中可能混有黏液、血液、脓液、脱落的黏膜、未消化的饲料、寄生虫等。腹泻是最常见的临床症状之一，可以是原发性肠道疾病的症状，也可以是其他器官疾病及败血症或毒血症的非应答反应。因此，腹泻是许多因素引起动物胃肠道发生病变的表现，因肠道内容物迅速通过肠管，水分及营养物质不能被充分吸收，而使粪便稀薄、不成形。严重的腹泻，排粪失禁，粪便呈水样，易造成机体迅速脱水。

（一）病因

腹泻按照发病的过程可分为急性腹泻和慢性腹泻。

1. 急性腹泻

（1）感染性腹泻　病毒感染，如犬细小病毒感染、犬瘟热、犬冠状病毒病、轮状病毒感染、猫泛白细胞减少症等；细菌感染，如沙门菌病、大肠杆菌病、链球菌病、钩端螺旋体病等；真菌感染，如念珠菌病、组织胞浆菌病、烟曲霉菌病等；寄生虫感染，如球虫病、贾第虫病、弓形虫病、阿米巴性结肠炎等。

（2）急性中毒性腹泻　如有机磷农药中毒、重金属中毒、氟乙酰胺中毒、布洛芬中毒等。

（3）肠道疾病　如非特异性急性胃肠炎、犬出血性胃肠炎综合征等。

（4）泻剂与药物　泻剂如投给盐类泻剂硫酸钠、人工盐、大黄或油类泻剂等；药物有胆碱、神经节阻滞药物、洋地黄、铁剂、对氨基水杨酸等。

（5）其他因素　尿毒症、饲料及饲养管理不当所致、应激等。

2. 慢性腹泻

（1）消化道慢性疾病　如线虫病、原虫病、肠道蠕虫症、肠结核等。

（2）肠道肿瘤　如结肠癌、小肠淋巴病等。

（3）治疗性腹泻　长期大剂量使用广谱抗生素而导致的消化功能紊乱。

（4）小肠吸收不良　见于胰源性的小肠吸收不良（如慢性胰腺炎、先天性胰酶缺乏症等）、肝胆系统疾病（如严重肝病、长期胆管阻塞等）、小肠黏膜病变（如乳糜泻、小肠缺血等）、肠道病变（如慢性结肠炎、部分肠梗阻等）、手术后小肠吸收不良（如胃大部分切除后、胃空肠吻合手术后等）。

（二）临床表现

患病动物病初精神不振，常蹲于一角，不爱吃食，粪便不成形，软而稀薄，以致呈稀糊状或排粪水，并带有黏液，有的粪便带黑红色的血。如感染细菌，则粪便有臭味，并混有灰白色的脓状物。体温升高，呼吸急促，肛门、尾和四肢被粪便污染，消瘦，被毛无光泽、粗乱，结膜红紫。

（三）伴随症状

（1）脱水及电解质平衡失调　急性腹泻在短时间内使机体丢失大量的水分和电解质，导致脱水和电解质平衡失调，见于大肠杆菌病、病毒性肠炎、食物中毒等。

（2）腹痛　急性腹泻常伴有腹痛表现，特别在感染性腹泻时腹痛尤为明显。分泌性腹泻腹痛较轻。在严重的痢疾性肠炎或炎症侵害到直肠时，动物可表现里急后重。

（3）体温升高　感染性腹泻体温呈不同程度的升高，如各种细菌和病毒性传染病（大肠杆菌病、副伤寒、犬瘟热、犬细小病毒感染等）。

（4）呕吐　犬、猫发生胃肠道疾病时，往往伴有呕吐症状。

（四）鉴别诊断思路

（1）根据现病史调查是否为饲料及饲养管理不当所引起的腹泻。饲料与饲养管理不当引起，经修正后腹泻停止即可确诊。

（2）根据有无接触毒物的可能鉴别诊断中毒性疾病性腹泻。常见的中毒性腹泻鉴别诊断如下。

①蘑菇中毒：流涎、呕吐、腹泻、血便、常有神经症状。

②烟碱中毒：腹泻、呕吐、流涎，伴有严重的呼吸和神经症状。

③铅、磷、砷中毒：这三种不同有毒物质引起的中毒虽均导致腹痛，但各有不同的症状。铅中毒还有贫血、瞬膜突出、兴奋或抑制等表现；磷中毒表现大量流涎、呕吐物及排出物有大蒜臭味的特征；砷中毒除了大量流涎、呕吐物也有大蒜臭味外，还可导致可视黏膜发绀、肿胀、出血、脱落以及血尿和蛋白尿等病变。

④布洛芬中毒：腹泻、排黑色稀便，呕吐，伴有代谢性酸中毒、共济失调和肾衰竭等症。

（3）根据流行病学特点，开展病原学检查，鉴别诊断原发性肠道疾病与继发感染性疾病。

①原发性胃肠炎：腹泻、腹痛、呕吐，病程长者表现为里急后重、脱水、反复发作等。

②继发性胃肠炎：如犬瘟热、猫泛白细胞减少症、犬细小病毒感染、犬冠状病毒感染、轮状病毒感染、疱疹病毒感染、猫曲霉菌肠炎、蛔虫病、球虫病、贾第虫病、小袋虫性结肠炎、弓形虫病等。

五、红尿的鉴别诊断

红尿（erythruria）是指尿液的颜色呈红色、红棕色或黑棕色的一种病理现象。它不是一个独立的疾病，而是一些疾病的伴发症状。

（一）病因

根据发生病因不同，红尿可分为血尿、血红蛋白尿、肌红蛋白尿、卟啉尿和药物性红尿等。

1. 血尿

血尿是指尿液中混有血液，主要由泌尿系统的出血引起。血尿是离心沉淀后的尿液镜检每个高倍视野有 5 个以上红细胞。轻症血尿的尿色正常，重症血尿的尿色才呈血色。

（1）血尿按病因可分为六种

①炎性血尿：为肾脏、膀胱、尿道等泌尿器官的炎症所引起的血尿。

②结石性血尿：因肾脏、输尿管、膀胱或尿道结石所引起的血尿。

③肿瘤性血尿：肾脏腺癌、膀胱血管瘤、血管内皮肉瘤、移行细胞乳头状瘤、移行细胞癌等所致的血尿。

④外伤性血尿：由外伤、手术、导尿管等引起肾脏、膀胱、尿道等泌尿器官的血管破裂而引起的出血。

⑤中毒性血尿：主要是某些中毒病引起肾脏的损伤，见于汞、铅、镉等重金属或类金属中毒，抗凝药中毒（如华法令等杀鼠药、抗凝药）等。

⑥出血素质性血尿：见于坏血病、血斑病、血管性假性血友病、血小板减少性紫癜等。

（2）根据病灶发生的部位，将血尿分为三种

①肾性血尿：肾脏疾病所引起的血尿，见于肾炎、肾病、肾梗死、肾虫病、肾结石、肾损伤、肾衰竭、肾淀粉样变性、肾肿瘤等。

②肾后性血尿（尿路性血尿）：除肾脏外的泌尿系统疾病所引起的血尿，包括肾盂血尿、输尿管血尿、膀胱血尿和尿道血尿。

③尿路外出血性血尿：见于前列腺炎、前列腺肿瘤、前列腺囊肿、犬睾丸塞托利（足）细胞瘤、阴茎外伤、转移性器官肿瘤以及母犬发情期和平滑肌瘤。

2. 血红蛋白尿

血红蛋白尿是指尿液中含有大量的游离血红蛋白，不含红细胞，其颜色为红色、棕色或酱油色。其主要是由于血液在血管中发生溶血，血红蛋白经肾脏滤过进入尿液。按病因分为以下六种。

①感染性血红蛋白尿：见于某些微生物或血液原虫感染，如巴贝斯虫病等。

②中毒性血红蛋白尿：见于各种溶血毒物中毒，如洋葱或大葱（犬多发）、铜、铅中毒等。

③免疫性血红蛋白尿：见于抗原抗体反应，如自身免疫性溶血、不相合血型输血、新生仔畜溶血病等。

④理化性血红蛋白尿：见于物理、化学因素所致的急性血管内溶血，如大面积烧伤等。

⑤遗传性血红蛋白尿：见于红细胞酶先天缺陷，如葡萄糖-6-磷酸脱氢酶缺乏症、丙酮酸激酶缺乏症、磷酸果糖激酶缺乏症等所致的先天性非球形细胞性溶血性贫血，也见于猫的先天性红细胞生成性卟啉病，即兼有血红蛋白尿症和卟啉尿症。

⑥中毒性血红蛋白尿：如因磺胺类、消炎痛、汞剂、甘露醇、抗凝剂和环磷酰胺的副作用或毒性引起；吩噻嗪、醋氨酚（退热净）、美蓝（猫）等化学药品中毒。

3. 肌红蛋白尿

肌红蛋白尿指尿液中含有肌红蛋白，其尿色与血红蛋白相似，主要发生于某些病理过程中引起的肌肉组织变性、炎症、广泛性损伤及代谢紊乱等。肌红蛋白从受损的肌肉组织中渗出，并经肾脏排出而发生肌红蛋白尿。临床上主要见于毒蛇咬伤、德国牧羊犬疲劳症、硒和维生素 E 缺乏症等。

4. 卟啉尿

卟啉尿即尿液中含有多量卟啉衍生物，主要是尿卟啉和粪卟啉，见于遗传性卟啉病等。

5. 药物性红尿

药物性红尿是指内服或注射某些药物后尿液颜色可发生变化，如大黄、安替比林、芦荟、刚果红、山道年等可使尿液变红。

（二）临床表现

根据病因和发病部位不同，尿色一般呈鲜红色、暗红色、黄红色或红褐色。

1. 血尿

血尿颜色可因出血部位及尿液的酸碱度和所含红细胞的多少而有差异。一般膀胱和

尿道出血呈红色或鲜红色，肾脏、输尿管等出血呈暗红色或红褐色。尿酸性时呈棕红色或暗红色，尿碱性时呈红色。血尿外观浑浊而不透明，振荡时呈云雾状，静置或离心后有红色沉淀，镜检发现多量的红细胞，潜血试验阳性。如血尿排于地上，可发现血丝或血凝块。

2. 血红蛋白尿

血红蛋白尿的颜色取决于所含血红蛋白的性质和数量。因血红蛋白从肾脏过滤后往往在膀胱中潴留一定时间，一般呈暗红色、酱油色或葡萄酒色。其特点为尿色均匀，振荡不呈云雾状，静置或离心后无红色沉淀，镜检无细胞或有极少量红细胞，潜血试验阳性。血红蛋白尿症多伴有血红蛋白血症，血浆因含有大量游离血红蛋白而发红。

3. 肌红蛋白尿

外观呈暗红色、深褐色乃至黑色，与血红蛋白尿相似，联苯胺试验呈阳性反应。但其血浆颜色不发红，肌红蛋白尿定性试验（包括尿液分光镜检查、硫酸铵盐析法、肌红蛋白电泳法及分光光度法）阳性。另外，患病动物表现肌肉变硬、肿胀、疼痛、无力、运动障碍、后躯麻痹、腰脊僵硬等临床症状。

4. 卟啉尿

卟啉尿呈棕红色或葡萄酒色，镜检无红细胞，潜血试验阴性，尿液原样经乙醚提取后，在紫外线照射下发红色荧光。

5. 药物性红尿

药物性红尿镜检无红细胞，潜血试验阴性，尿液酸化后红色消退。

（三）伴随症状

（1）疼痛　随排尿动作，动物表现明显的疼痛反应，如呻吟、努责、拱腰等，见于膀胱炎、尿道炎、尿道结石及前列腺炎等。

（2）黏膜苍白　对严重的血红蛋白尿，患病动物因红细胞大量破坏，而表现黏膜苍白、无力等贫血症状。

（3）发热　在细菌、病毒和原虫引起血红蛋白尿时，患病动物表现不同程度的体温升高。

（4）尿频　指排尿次数增多，尿量不增加，主要见于急性膀胱炎、膀胱结石、尿道炎等。

（四）鉴别诊断思路

（1）根据尿色、透明度及临床检查综合分析，确定红尿的原因。血尿浑浊而不透明，静置或离心后有多量红细胞沉于管底，同时患病动物表现排尿障碍或肾脏病变的综合症状。肌红蛋白尿和血红蛋白尿清亮而不混浊，静置或离心后无红细胞沉于管底，肌红蛋白尿患病动物伴有肌肉损伤的临床特征，而血红蛋白尿患病动物则出现明显的贫血症状。药物性红尿患病动物往往有口服或注射某些药物的病史，同时不表现其他红尿时的相应临床症状。

（2）如确定为血尿，应判断出血部位及病变性质。主要根据排出血尿的先后关系、血尿的性状及伴随的其他临床症状进行综合分析。血尿根据排出的先后分为初段血尿、终末血尿和全程血尿三种，即"三杯尿试验"。初段血尿多为尿道病变引起，呈鲜红色，同时伴有尿频、尿痛等症状；终末血尿常为膀胱病变引起，尿沉渣检查有大量膀胱上皮细胞及磷酸铵镁结晶等，并伴有膀胱触痛。全程血尿多为肾脏或输尿管的病变引起，有时也见于膀胱病变，肾性出血尿沉渣中可发现大量肾上皮细胞和各种管型。

（3）出血部位大体确定之后，应根据群发、散发或单发等流行病学情况，发热或无热等全身症状，急性、亚急性或慢性进行性等病程经过，并配合应用病原学检验、X 射线、超声、尿路造影、膀胱内窥镜检查、肾功能试验等必要的特殊诊断手段，进行综合分析，最后确定病性是炎症性还是肿瘤性；病因是感染性、中毒性，还是结石性、外伤性。

（4）血红蛋白尿的鉴别诊断实质上是急性血管内溶血的病因诊断。对群发性、传染性并伴有发热症状的患病动物，应考虑感染因素，必须通过实验室病原学检查，确定原虫性（犬巴贝斯虫病等）、细菌性（钩端螺旋体病、梭菌病等）或病毒性疾病（传染性贫血）。血液寄生虫病主要由吸血昆虫叮咬动物而传播，常发生在这些昆虫活动的季节。新生仔畜吮初乳后发生，应考虑免疫性溶血病。中毒性血红蛋白尿应调查中毒病因，如动物铜中毒、植物中毒、毒蛇咬伤、洋葱和大葱中毒等。

项目思考

1. 正常心音是什么样的音响？它是如何产生？
2. 异常心音有哪几种？它们分别提示什么病理状况？
3. 呼吸类型有哪几种？
4. 异常呼吸节律有哪几种？它们分别提示什么病理状况？
5. 咳嗽的诊断思路是什么？
6. 正常呼吸音是什么样的音响？它是如何产生？
7. 异常呼吸音有哪几种？它们分别提示什么病理状况？
8. 什么是异嗜癖？
9. 呕吐的诊断思路是什么？
10. 小动物腹部触诊可触及哪些脏器？对哪些疾病有辅助诊断作用？
11. 牛直肠检查的操作方法与步骤是什么？
12. 血尿的诊断思路是什么？
13. 无尿的诊断思路是什么？
14. 什么是痉挛？其诊断思路是什么？

血液实验室检查技术

项目一　血液常规检查技术

1. 培养爱护动物、尊重生命的意识。
2. 培养细心、耐心、有爱心的优良品质和科学严谨的工作态度。
3. 认识血液常规检查与其他检查的关系和作用，培养精益求精的精神。
4. 培养团队合作精神。
5. 培养生物安全意识，规范化处理医疗废弃物。

知识目标

1. 掌握不同动物采血的部位、方法。
2. 掌握常用抗凝剂的种类与特性。
3. 掌握动物血液采集和处理的方法。
4. 掌握血液常规检查内容。
5. 了解常见血细胞分析仪的种类和工作原理。
6. 掌握血细胞分析仪的检测方法。
7. 掌握红细胞计数的原理与临床意义。
8. 掌握白细胞计数的原理与临床意义。
9. 掌握白细胞分类计数的原理与临床意义。
10. 掌握血涂片的制备和染色方法。
11. 掌握常见动物血细胞的形态特点。
12. 掌握血液常规检查的临床意义。

技能目标

1. 能根据动物的种类与实际情况正确、熟练地采血。
2. 能正确配制与保存常用的抗凝剂。
3. 能根据实验检测项目正确处理血样。
4. 能正确使用常见血细胞分析仪。

5. 能得出正确的实验室诊断结果。

6. 能正确并熟练地完成红细胞计数。

7. 能正确并熟练地完成白细胞计数。

8. 能正确并熟练地完成白细胞分类计数。

9. 能够识别红细胞、白细胞和血小板。

10. 能够识别常见的异常血细胞形态。

必备知识

一、血液的采集与处理

（一）血样的采集

1. 采血方法

根据检验项目、采血量的多少以及动物的特点，可以选用末梢采血、静脉采血和心脏采血。

（1）末梢采血法　通常在动物耳尖、耳缘及耳静脉处采血。适用于采血量少、血液不加抗凝剂而且直接在现场检验的项目。如血涂片、血红蛋白测定、血细胞计数等。采血部位剪毛、消毒，用毛细血管采血针头快速刺入，让血液自然流出，弃除第一滴血取第二滴血作检查用。采血局部消毒后涂布一层无菌凡士林再行刺入，流出的血液易呈滴状，便于采集与使用。

（2）静脉采血法　适用于检查需要较多血量，或在现场不便检查的项目。如血沉测定、红细胞压积容量测定及全面的血常规检查等。静脉采血通常用采血针或一次性注射器采集，局部剪毛消毒后，用止血带扎住采血部位的上端或由助手握住采血部位的近心端，使静脉怒张，用无菌的注射器接上针头采血。禽类可在翼下静脉采血，即用细针头刺入翼下，让血液流出并接入小试管中。不同种动物常用静脉采血部位见表2-1。

表2-1　　　　　　　　　　各动物常用静脉采血部位

采血部位	动物种类	采血部位	动物种类
颈静脉	马、牛、羊等	耳静脉	猪、羊、犬、猫等
前腔静脉	猪	翅内静脉	鸡、鸭、鹅等
隐静脉	犬、猫、羊等	脚掌	鸭、鹅等
前臂头静脉	犬、猫、猪等	冠或肉髯	鸡等
心脏	兔、家禽、豚鼠等	断尾	猪、鼠等

（3）心脏采血法　适用于鸡、兔、鼠等小型动物需较多量血液。可在左侧胸部摸到心搏动明显处，针头与胸壁呈垂直方向缓慢刺入，刺入心脏后血液可自行流入注射器。

2. 多种动物血液采集

（1）禽类的采血

①翼根静脉采血：将翅膀展开，露出腋窝，将羽毛拔去，即可见明显地由翼根进入腋窝较粗的翼根静脉。用碘酒或酒精消毒皮肤。用左手拇指、食指压迫此静脉向心端，血管即怒张。右手持接有 5½ 号针头的注射器，针头由翼根向翅膀方向沿静脉平行刺入血管内，即可抽血。鸡翼根静脉采血见视频 2-1。

②心脏采血：将鸡等侧卧保定，于胸外静脉后方约 1cm 的三角坑处垂直刺入，穿透胸壁后，阻力减小，继续刺入感觉有阻力、注射器轻轻摆动时，即刺入心脏，徐徐抽出注射器推筒，采集心血 5~10mL。成年鸡心脏穿刺部位为胸骨嵴前端至背部下凹处连接线的 1/2 点。成年鸡心脏采血见视频 2-2。

（2）猪的采血

①耳静脉采血：成年猪一般在耳静脉采血。将耳根压紧，待耳静脉怒张时，局部消毒，用较细的针头刺入血管即可抽出血液。

②前腔静脉采血：如所需血液量大，或有特殊需要时可采用此法。将猪仰卧保定（仔猪或中等大小的猪）或站立保定（育肥猪），将两前肢向后拉直或用绳环套住上腭拴于柱栏内，仰卧保定时要将头颈伸展，充分暴露胸前窝，在右侧（或左侧）胸前窝处局部消毒，手持注射器使针头斜向对侧或向后内方与地面呈 60° 角刺入，见回血后即可抽出血液，术后常规消毒。猪前腔静脉采血见视频 2-3。

（3）牛、羊的采血　牛、羊一般多在颈静脉，在颈静脉沟的上 1/3 与中 1/3 交界处，局部剪毛消毒，用左手拇指压住近心端的皮肤，使颈静脉怒张，右手持接有 7½ 号针头的注射器，针头沿血管平行向远心端刺入血管。

（4）犬、猫的采血　犬、猫采血常在后肢外侧小隐静脉和前臂皮下静脉即头静脉采血。后肢外侧小隐静脉在后肢胫部下 1/3 的外侧浅表的皮下，由前侧方向后行走。抽血前，将犬、猫固定，局部剪毛，碘酒或酒精消毒皮肤。采血者左手拇指和食指握紧剪毛区近心端或用乳胶管适度扎紧，使静脉充盈，右手用接有 6 号或 7 号针头的注射器迅速穿刺入静脉，左手放松将针头固定，以适当速度抽血。采集前臂皮下静脉或前臂静脉血的操作方法基本相同。

如需采集颈静脉血，取侧卧位，局部剪毛消毒。将颈部拉直，头尽量后仰。用左手拇指压住近心端颈静脉入胸部位的皮肤，使颈静脉怒张，右手持接有 6½ 号针头的注射器，针头沿血管平行向远心端刺入血管。静脉在皮下易滑动，针刺时除用左手固定好血管外，刺入要准确，取血后注意压迫止血。犬、猫静脉血采集与血液样本处理见视频 2-4。

（5）实验小动物的采血　鼠等实验小动物采血方法主要有剪尾采血、耳静脉采血、耳缘剪口采血、断头取血及心脏采血。鼠类的采血如需血量较少可用剪尾采血，将尾部毛剪去后消毒，为使尾部血管充

视频 2-1
鸡翼根静脉采血

视频 2-2
鸡心脏采血

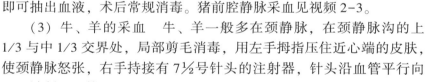

视频 2-3
猪前腔静脉采血

视频 2-4
犬、猫静脉血采集
与血液样本处理

盈可将尾浸在温水中数分钟擦干，用剪刀割去尾尖，让血液自由滴入容器。

兔的采血方法主要有耳静脉采血、颈静脉采血、心脏采血等。将兔头部固定，选耳静脉清晰的耳朵，局部剪毛消毒，用手指轻轻摩擦兔耳，使静脉扩张，用采血器在耳缘静脉末端刺破血管待血液流出取血或将针头逆血流方向刺入耳缘静脉取血。兔也可心脏取血，将兔仰卧固定，在第 3 肋间胸骨左缘 3mm 处将注射针垂直刺入心脏，血液随即进入针管。

（二）血液样本分类

血液样本分为全血、血浆和血清，全血是由血细胞和血浆组成。全血加抗凝剂后离心分离出来的淡黄色液体为血浆。全血不加抗凝剂而自然凝固后分离出来的，不含纤维蛋白原的淡黄色液体为血清。根据不同检测项目对血液进行不同的处理。

1. 血浆

采集的新鲜血液中加入一定比例的抗凝剂，充分混匀，2000 ~ 3000r/min 离心 5 ~ 10min，上层液体成分即为血浆。移液器贴着液面逐渐向下将血浆吸出至另一清洁容器，备用。适用于微生物学检验、治疗。

2. 血清

采集的新鲜血液不加抗凝剂，采血后血液置于室温或 37℃ 恒温箱中，血液凝固后 3000r/min 离心 5 ~ 10min，得到的上清液为血清，将析出的血清移至另一清洁容器内，冷藏或冷冻保存备用。适用于抗体水平检测等。

（三）血液的抗凝

血液的抗凝是指用物理或化学方法除去或抑制血液中某些凝血因子的活性，阻止血液凝固。能够阻止血液凝固的物质，称为抗凝剂或抗凝物质。临床上应根据检查项目而选用不同的抗凝剂种类，抗凝剂的选用要求达到溶解快、接近中性、不影响测定结果。下面介绍几种实验室常用的抗凝剂及其使用方法。

1. 乙二胺四乙酸（EDTA）盐

EDTA 与血液中钙离子结合成螯合物而起抗凝作用，常用其钠盐或钾盐，钾盐溶解度优于钠盐。EDTA 对血细胞和血小板形态影响很小，适用于一般血液检验。EDTA 能抑制纤维蛋白凝块形成时纤维蛋白单体的聚合，不适宜凝血现象及血小板功能检验，也不适合于钙、钾、钠及含氮物质的测定。常配成 1% 水溶液，其有效抗凝浓度为 0.1mL/5mL 血液。EDTA 作为抗凝剂，其优点是溶解性好，价廉；但浓度过高时会造成细胞皱缩。

2. 草酸盐合剂

草酸根离子与血液中的钙离子结合生成不溶性的草酸钙，使钙离子失去凝血功能，凝血过程被阻断。常用的草酸盐为草酸钾、草酸钠和草酸铵。高浓度钾离子或钠离子易使血细胞脱水皱缩，而草酸铵则可使血细胞膨胀，故临床上常用草酸盐合剂。分别取草酸铵 1.2g 和草酸钾 0.8g，溶解于 100mL 蒸馏水中，此溶液 0.5mL 分装后于 80℃ 烘干后可使 5mL 血液不凝固。常用于血液生化测定。由于此抗凝剂能保持红细胞的体积不变，因此也适用于红细胞压积容量测定，但因影响白细胞形态，并可造成血小板聚集，不能用于白细胞分类计数和血小板计数。

3. 柠檬酸盐

柠檬酸根与血液中钙离子形成难解离的可溶性柠檬酸钙复合物,使血液中钙离子减少,而阻止血液凝固。常用的是柠檬酸三钠。该类抗凝剂溶解度较低,抗凝效果较弱,临床上主要用于红细胞沉降速率测定、凝血功能测定和输血,不适和血液化学检验。该抗凝剂毒性小,可用于输血用血液的抗凝,使用浓度为 3.8%,1mL 可抗凝 9mL 血液。

4. 肝素

肝素是一种含有硫酸基团的黏多糖,因有硫酸基团而带强大的负电荷。肝素与抗凝血酶Ⅲ(AT-Ⅲ)结合,抗凝血酶-Ⅲ的精氨酸反应中心更易与各种丝氨酸蛋白酶起作用,使凝血酶的活性丧失,并阻止了血小板聚集等多种抗凝作用。常用肝素的钠盐或钾盐。肝素具有抗凝效果好、不引起溶血等优点;缺点是可引起白细胞聚集,会使血细胞发生形态变化,血涂片在瑞氏染色时效果较差,且价格贵。肝素可用于多种血液生物化学分析和细胞压积测定,是红细胞渗透脆性检验的最理想抗凝剂,不适合白细胞计数、血小板计数、血涂片检查及凝血检查。常配成 1% 浓度,取 0.5mL 分装后于 37~50℃ 烘干,可使 5mL 血液不凝固。肝素抗凝剂应及时使用,放置过久易失效。

二、血细胞分析仪的使用

血常规检查又称全血细胞计数(complete blood count,CBC),目前常用血细胞计数分析仪(血球仪)对动物全血中的红细胞、白细胞和血小板进行分类计数。

(一)日常样本分析

1. 开机

开机前检查:确保开机前废液桶未满;确保试剂未过有效期,确保试剂和废液的管路无弯折,连接可靠;确保主机电源插头安全插入电源插座。

将主机后面的"O/I"电源开关置于"Ⅰ",电源开关亮,分析仪指示灯亮起,系统依次进行自检和初始化;在接通电源的情况下,关机后可通过分析仪屏幕右侧的【待机键】启动分析仪;显示登录界面后输入用户名和密码;正常开机过程大概需要 10min。开机方法与步骤见视频 2-5。

视频 2-5
开机方法与步骤

2. 样本处理

采集静脉血液样本,颠倒混匀血样与抗凝剂,样本量应保证大于仪器宣称的最低用血量。经过冷藏的样本应在室温中放置不少于 15min,放置一段时间后的样本使用前需重新混匀。

3. 输入样本信息

在"样本分析"界面点击"下一样本"按钮;手动或使用条码扫描仪输入样本信息;选择物种,点击"确认"按钮。

4. 样本分析

将盛装样本的采样管放到采样针下,按【吸样键】启动样本分析,采样针自动吸入样本,采样针升起后移开样本;分析结束后指示灯恢复为绿色长亮,屏幕显示当前样本分析结果。注意一定要让采样针处于血液样本液面以下，但又不能碰触采血管底部。血液样本检测方法与步骤见视频2-6。

（二）日常管理与维护

1. 试剂管理

可以在"试剂设置"界面查看各种试剂的有效期、开瓶日期、有效天数、失效日期及试剂余量。当出现试剂余量不足、耗尽、过期或相关报警时，应及时更换试剂。更换试剂步骤：输入试剂信息>安装新试剂>点击"更换"。更换试剂方法与步骤见视频2-7。

视频2-6
血液样本检测
方法与步骤

2. 质控检测

在下拉菜单选择"质控"；点击"新增"按钮，输入相关的质控信息，保存。同批次质控仅第一次使用时需要输入信息，更换质控批次需要重新新增或更改质控信息。质控试剂平时2~8℃冷藏于冰箱，测试前室温中放置至少15min，本质上质控也是样本，跟样本要求一样，上机前需要充分混匀。

视频2-7
更换试剂方法
与步骤

选择主界面的"质控"按键，进入质控测试界面。选择相应的质控编号，同测试样本一样，混匀质控后将质控样本放到采样针下，按【吸样键】启动样本分析，采样针自动吸入样本，屏幕显示当前质控样本分析结果。质量控制方法与步骤见视频2-8。

3. 关机

当天使用结束后关闭仪器。点击屏幕左上角"菜单"按钮，在下拉菜单中点击"关机"按钮，点击"确定"按钮后仪器关机；当触发探头液维护策略时，仪器会在关机时弹出探头液维护提示框，此时按照提示进行维护；屏幕熄灭后，将主机后面的"O/I"电源开关置于"O"断开电源。关机方法与步骤见视频2-9。

视频2-8
质量控制方法
与步骤

4. 维护与保养

仪器关机时会触发探头液维护，如果不关机，仪器默认每24h也会触发探头液维护，因此血细胞分析仪一般不需要额外的维护保养。如仪器状态不佳，如本底超限、采样针脏污等，也可单独执行清洗维护。点击菜单>服务>维护，进入维护界面，点击清洗>整机，或者单独清洗想要清洗的部件。步骤与每日探头液维护相同，将探头液放置于采样针位置确定。仪器维护与保养方法及步骤见视频2-10。

视频2-9
关机方法与步骤

三、红细胞计数

红细胞计数（red blood cell count，RBC）是指计算单位体积（通常为1mm³）血液中所含红细胞的数目。常用方法为显微镜计数法。

（一）原理

将一定量的供检血液经一定倍数稀释后（200倍或400倍），滴

视频2-10
仪器维护与保养
方法及步骤

入计数室，在显微镜下计数，经换算即可求得 1mm³ 血液中的红细胞数，并可依此计算出每升血液中的红细胞数。

（二）器材与试剂

1. 器材

（1）血细胞计数板（图 2-1） 通常是改良纽巴氏计数板，它由一块特制的厚玻璃板制成，玻璃板中间有横沟将其分为 3 个狭窄的平台，两边的平台较中间平台高 0.1mm。中间一平台又有一纵沟相隔，其上各有一血细胞计数室（图 2-2）。每个计数室划分为 9 个大方格，每个大方格面积为 1mm²，四角的每个大方格又划分为 16 个中方格，供白细胞计数用。中间的一个大方格用双线划分为 25 个中方格，其中每个中方格又划分为 16 个小方格，共计 400 个小方格，供红细胞计数用。

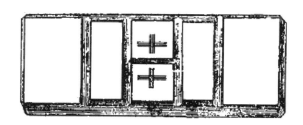

图 2-1 血细胞计数板构造

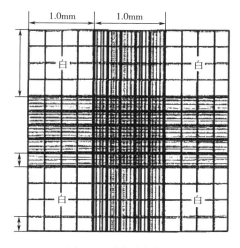

图 2-2 血细胞计数室

（2）血盖片 血细胞计数专用玻片，质地较硬，厚度为 0.4mm，规格为 26mm×22mm。

（3）其他 血红蛋白吸管、5mL 吸管、小试管、计数器、显微镜、擦镜纸、脱脂棉等。

2. 试剂

（1）红细胞稀释液 0.9%氯化钠溶液或赫姆液（氯化钠 1g，氯化汞 0.5g，结晶硫酸钠 5g，加蒸馏水溶解并定容至 200mL，过滤，再加石炭酸品红溶液 2 滴，以便与白细胞稀释液区别）。红细胞计数所用稀释液并没有破坏白细胞，但并不影响红细胞计数，因为一般情况下，白细胞数仅为红细胞数的0.1%。

（2）其他试剂　蒸馏水、乙醇、乙醚等。

（三）计数方法

1. 稀释血液

取清洁、干燥小试管一支，加红细胞稀释液4.0mL（准确地说应该是吸3.99mL或3.98mL），而后用沙利氏吸管吸取供检血液至10刻度（10μL）或20刻度（20μL）处，用棉球拭去管壁外血液，将沙利吸管插入小试管内稀释液底部，挤出血液，并吸上清液洗2~3次，将血液与稀释液充分混匀。此时血液被稀释400倍或200倍。

2. 寻找计数区域

将显微镜平放在操作台上，首先用低倍镜对好光，由于计数板的透光性较好，故对好光后将光圈尽量关小（称为暗视野）；然后取清洁、干燥的计数板和血盖片，将血盖片紧密覆盖于计数板上，并将计数板平置于显微镜载物台上，用低倍镜对准其中的某一个计数室在暗视野下找到红细胞计数区。

3. 充液

用低倍镜找到红细胞计数区后，首先应检查计数区是否干净，如不干净可用软绸布擦拭计数板和血盖片的表面至洁净；然后用吸管吸取（或用小玻璃棒蘸取）已摇匀稀释血液，使吸管（或玻璃棒）尖端接触血盖片边缘和计数室交界处，稀释血液即可自然流入并充满计数室（图2-3）。

4. 计数

计数室充液后，应静置1~2min，待红细胞分布均匀并下沉后开始计数。计数红细胞使用高倍镜。计数的方格为红细胞计数室中的四角4个及中央1个方格共5个中方格或计对角线的5个中方格内的红细胞数（即80个小方格）。为避免重复和遗漏，计数时应按照一定的顺序进行，均应"从左至右，再从右至左"，计数完16个小方格的红细胞数（图2-4）。在计数每个小方格内红细胞时，对压线的细胞计数时应遵循"数左不数右，数上不数下"法则。红细胞在高倍镜下呈圆形或碟形，中央透亮，微黄或浅金黄色。

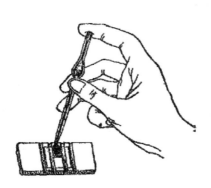

图2-3　计数室充液方法

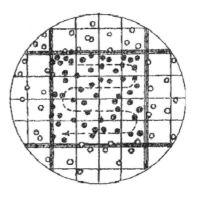

图2-4　红细胞计数顺序

5. 计算

$$红细胞数（个/mm^3）= R×5×10×血液稀释倍数（400 或 200）$$
$$= R×20000（或 R×10000）$$
$$红细胞数（个/L）= R×5×10×血液稀释倍数（400 或 200）×10^6$$

式中　R——计数 5 个中方格（80 个小方格）内红细胞数；

　　　 5——所计数 5 个中方格的面积，为 $1/5mm^2$，要换算为 $1mm^2$ 时，应乘以 5；

　　　 10——计数室深度，为 0.1mm，要换算为 1mm 时，应乘以 10；

　　　 10^6——$1L = 1×10^6mm^3$。

6. 注意事项

（1）所用的器材应清洁、干燥，符合标准。

（2）操作台及其显微镜应保持水平，否则计数室内的液体会流向一侧而使计数结果不准确。

（3）吸取血液和稀释液要准确。如是抗凝血样，吸取血液之前一定要摇匀；吸管外壁血迹要擦拭干净。

（4）由于动物的红细胞比较多，血液一般做 400 倍稀释，便于高倍镜下计数。

（5）充液前应将稀释液混匀，充液要无气泡，充液后不要再振动计数板。充液后应静置 1~2min 方可计数。

（6）计数时应严格按照顺序和压线原则进行，并且至少要计 5 个中方格内的红细胞数，任意两个中方格之间的误差不应超过 20 个红细胞。

（7）试验完毕，计数板先用蒸馏水冲洗干净，再用绸布轻轻擦干，切不可用粗布擦拭，也不能用乙醚、酒精等有机溶剂冲洗。

（8）血红蛋白吸管每次用完后，先在清水中吸吹数次，然后分别在蒸馏水、酒精、乙醚中按顺序吸吹数次，干后备用。

（四）正常参考值

多种动物血红蛋白含量及红细胞数正常参考值见表 2-2。

表 2-2　　　　　　　　　　健康动物的血红蛋白含量及红细胞数参考值

动物	血红蛋白含量/（g/L）	红细胞数/（×10^12 个/L）	动物	血红蛋白含量/（g/L）	红细胞数/（×10^12 个/L）
乳牛	83.7±7.0	5.97±0.86	鸡	84.9±30.4	3.04±0.28
山羊	92.6±5.1	15.23±1.03	犬	133.6±13.5	6.57±0.34
绵羊	92.0±7.0	8.42±1.00	猫	115.5±13.6	8.71±0.50
猪	112.3±13.7	5.51±0.34	兔	92.6±9.5	5.87±0.32
马	127.7±20.5	7.93±1.40			

（五）临床意义

红细胞是由骨髓中的造血干细胞在细胞因子的调节下生成的，一个原红细胞可分裂产生 16 个晚幼红细胞。晚幼红细胞的核脱出后被巨噬细胞吞噬，并形成网织红细胞。随后这些网织红细胞会被骨髓释放至循环血液中，24~48h 变为成熟红细胞。衰老或受损的红细胞在肝、脾、骨髓中被吞噬，然后被骨髓释放的网织红细胞所取代。在红细胞的生成过程中，最主要的调节因子是促红细胞生成素（erythropoietin，EPO），主要由肾脏产生。而促红细胞生成素的生成又受其他激素的调节。促进促红细胞生成素生成的激素包括甲状腺素和皮质醇等；抑制促红细胞生成素生成的因素包括细胞因子，如白细胞介素 1、肿瘤坏死因子和雌激素等。

1. 红细胞数相对增多

红细胞增多绝大多数为相对增多，为机体脱水造成血液浓缩而使血红蛋白量和红细胞相对增加，见于严重呕吐、腹泻、大量出汗、急性胃炎、肠阻塞、肠变位、瘤胃积食、瓣胃阻塞、渗出性胸膜炎、渗出性腹膜炎、某些传染病及发热性疾病等。

2. 红细胞数绝对增多

红细胞数绝对增多较为少见，为红细胞增生过盛所致，分为原发性和继发性两种。原发性红细胞增多症又称为真性红细胞增多症，红细胞数可增加 2~3 倍，是一种不明原因的骨髓增生性疾病；继发性红细胞增多，是红细胞生成素增多，见于代偿功能不全的心脏病及慢性肺部疾病。

3. 红细胞数降低

红细胞数降低主要是由于红细胞损失过多或生成不足所致，可见于各种贫血和失血、溶血、红细胞生成障碍（缺铁、缺维生素 B_{12}、缺叶酸）和骨髓受抑制（抗菌化学药物）等。

四、红细胞沉降速率测定

红细胞沉降速率（erythrocyte sedimentation rate，ESR）简称血沉，是指将抗凝血装入特制的玻璃管中，在一定的时间内，观察红细胞下沉的毫米数。

（一）测定方法

测定血沉的方法很多，有魏氏法、温氏法、微量法等。在兽医临床中，以魏氏法较常用。用魏氏血沉管吸取抗凝全血至刻度"0"处，于室温下垂直固定在血沉架上，经 15min、30min、45min 和 60min 分别记录结果。记录时，常用分数形式表示，即分母代表时间，分子代表沉降数值，如 30/15、70/30、95/45、115/60 等。

（二）正常参考值

多种动物的红细胞沉降速率参考值正常范围见表 2-3。

表 2-3　　　　　健康动物的红细胞沉降速率参考值（魏氏法）

动物	血沉值/mm			
	15min	30min	45min	60min
乳牛	0.3	0.7	0.75	1.2
山羊	0	0.5	1.6	4.2

续表

动物	血沉值/mm			
	15min	30min	45min	60min
绵羊	0	0.2	0.4	0.7
猪	1.4	8.4	20.0	30.0
马	29.7	70.7	95.3	115.6
鸡	0.19	0.29	0.55	0.81
犬	0.2	0.9	1.2	2.0
猫	0.1	0.7	0.8	3.0
驴	32	75	96.7	110.7

（三）临床意义

同种动物间的血沉差异很小，某些疾病使血沉改变。

1. 血沉加快

血沉加快见于各种贫血，因红细胞减少，血浆回流产生的阻逆力也随之减小，细胞下沉力大于血浆阻逆力，故其血沉加快。急性全身性传染病因致病微生物作用，机体产生抗体，血液中球蛋白增多，球蛋白带有正电荷，使得血沉加快。各种急性局部炎症因局部组织受到破坏血液中 α-球蛋白增多，纤维蛋白原也增多，由于两者都带有正电荷，故使血沉加快。创伤、烧伤骨折等因细胞受到损伤，血液中纤维蛋白原增多，红细胞容易形成串钱状，故使血沉加快。某些毒物中毒因毒物破坏了红细胞，红细胞总数下降，红细胞数与其周围血浆失去了相互平衡关系，故其血沉加快。肾炎使血浆蛋白流失过多，使得血沉加快。

2. 血沉减慢

血沉减慢见于脱水。如腹泻、呕吐、大量出汗、吞咽困难、红细胞数相对增多，造成血沉减慢。严重的肝脏疾病，肝细胞和肝组织受到严重破坏后，纤维蛋白原减少，红细胞不易形成串钱状，因而血沉减慢。黄疸因胆酸盐的影响，使得血沉减慢。

五、红细胞压积测定

红细胞压积（packed cell volume，PCV）是指红细胞在血液中所占的比值，是将抗凝血置于比积管中测出的压实红细胞和上层血浆体积的比值。红细胞压积（PCV）和血细胞比容（HCT）指外周循环血液中红细胞的百分比。血细胞比容一般可由血细胞自动分析仪根据红细胞计数和平均红细胞体积自动计算而得。

（一）测定方法

红细胞压积测定常用温氏（wintrobe）测定法，是将抗凝血置于温氏管中，经一定时间离心后，红细胞下沉并紧压于玻璃管中，读取红细胞柱所占的百分比，即为红细胞压积容量。

1. 器材与试剂

温氏测定管（为内底平坦的厚壁玻璃管，长 11cm，内径为 2.5mm，管壁上有 cm 和

mm 刻度。一侧刻度由上到下为 10~0，供压积测定用，另一侧刻度由上到下为 0~10，供血沉测定用），如无这种特制的管子，可用有 100 刻度的小玻璃管代替；长针头及胶皮乳头（选用长 12~15cm 的针头，将针尖磨平，针柄部接以胶皮乳头），也可用细长毛细吸管代替；离心机。

2. 操作步骤

用尾端装有橡皮乳头的长针头（长约 15cm）或用长的毛细吸管吸取 EDTA-Na$_2$ 抗凝全血，插入温氏管底部，自下而上加入血液至刻度 "10" 处。将温氏管置于水平离心机中，以 3000r/min 转速离心 30~60min（牛、羊、猪 60min，马 30min）后，管内血柱分为 3 层，最上面一层为淡黄色的血浆，中间一薄灰白色层为白细胞和血小板层，第 3 层为红细胞层。读取红细胞层所达到的位置（mm），即为每 100mL 血液中红细胞压积容量的百分率，即为红细胞压积数值。

（二）正常参考值

多种动物红细胞压积正常参考值见表 2-4。

表 2-4　　　　　　　　　　健康动物的红细胞压积参考值（温氏法）

动物	红细胞压积/（L/L）	动物	红细胞压积/（L/L）
乳牛	0.32~0.55	马	0.28~0.42
山羊	0.23~0.39	鸡	0.23~0.55
绵羊	0.29~0.39	犬	0.38~0.58
猪	0.36~0.47	猫	0.39~0.55

（三）临床意义

红细胞压积主要与血中红细胞的数量及其大小有关，常用来辅助贫血诊断，并判定贫血程度，也可用作红细胞各项平均值的计算，有助于对贫血进行形态学分类。

1. 红细胞压积增高

红细胞压积增高见于各种原因引起的脱水，是血液黏稠、红细胞相对增加的结果。如急性胃肠炎、胃扩张、肠阻塞、胃肠破裂、渗出性腹膜炎等。故临床上可通过测定脱水犬、猫的红细胞压积，了解血液浓缩程度。

2. 红细胞压积降低

红细胞压积降低见于各种贫血。多因红细胞减少所致，可见于各型贫血及伴有贫血的其他疾病过程中。由于贫血类型的不同，红细胞体积大小也有不同，故红细胞压积的改变与红细胞数并不一定成正比。在某些类型的贫血，红细胞压积与红细胞数、血红蛋白含量降低的程度并不成一定的比例。因此，根据这三项数值可以计算出红细胞平均指数，作为贫血形态学分类的客观指标，有助于贫血的诊断治疗。

六、白细胞计数

白细胞计数（white blood cell count，WBC）指一定体积血液内所含的白细胞总数。

常用试管稀释后于显微镜下计数的方法。一定量的血液经 1% ~ 3% 冰醋酸处理后，可使血液中的红细胞破坏（家禽的红细胞不能被冰醋酸所破坏），仅保留白细胞，计数 1mm³ 血液中的白细胞数，再推算出每升血液中的白细胞数。

（一）器材与试剂

1. 器材

除 5mL 刻度吸管改为 0.5mL 刻度吸管外，所用其他器材同红细胞计数。

2. 试剂

白细胞稀释液（1% ~ 3% 冰醋酸溶液，其中加 1% 结晶紫数滴，使溶液呈淡紫色，以便与红细胞稀释液相区别；或 1% 盐酸）；蒸馏水、乙醇、乙醚等。

（二）计数方法

1. 稀释血液

取清洁、干燥小试管一支，加入白细胞稀释液 0.38mL 或 0.4mL；用血红蛋白吸管吸取供检血液 20μL 加入试管内，混匀，即可得 20 倍稀释的血液。

2. 寻找计数区域

与红细胞计数相似，只是将镜头调到白细胞计数区域中（四角的大方格中的任何一个）。

3. 充液

与红细胞计数法相同（注意避免将气泡充入计数室内）。

4. 计数

基本与红细胞计数法相同，所不同的是用低倍镜计数，按顺序计 4 个角上的 4 个大方格（共有 16×4 = 64 个中方格）内的白细胞。白细胞呈圆形，有核，周围透亮。

5. 计算

$$白细胞数（个/mm^3）= \frac{W}{4} \times 10 \times 20 = W \times 50$$

$$白细胞数（个/L）= \frac{W}{4} \times 10 \times 20 \times 10^6$$

式中　W——4 个大方格（白细胞计数室）内白细胞总数；

$W/4$——1mm² 内的白细胞数；

10——计数室的深度，为 0.1mm，换算为 1mm，应乘以 10；

20——血液的稀释倍数；

16⁶——1L = 1×10⁶ mm³。

（三）注意事项

为获得准确可靠的结果，必须按照红细胞计数的注意事项进行操作。另外由于白细胞比较少，所以每个大方格的白细胞数目误差应不超过 8 个，否则说明充液不均匀。此外，应注意区别异物与白细胞，必要时可用高倍镜观察有无细胞结构加以区别。

如果血液内含有多量有核红细胞时，因其不受稀酸破坏，容易使计数的白细胞数增高，在这种情况下必须校正。例如，白细胞总数为 14000 个/mm³ 时，在白细胞分类计数中发现有核红细胞占 20%，则实际白细胞数可按以下公式计算。

$$100 : 20 = 14000 : X$$

$$X（有核红细胞数）=（20×14000 个/mm^3）/100 = 2800 个/mm^3$$

$$白细胞数 = 14000 - 2800 = 11200 个/mm^3$$

（四）正常参考值

各种动物白细胞数的正常参考值见表 2-5。

表 2-5　　　　　　　　　　各种动物白细胞数正常参考值　　　　　　单位：10^9 个/L

动物种类	平均值±标准差	动物种类	平均值±标准差
黄牛	8.43±2.08	猪	14.02±0.93
水牛	8.04±0.77	犬	10.93±1.29
乳牛	9.41±2.130	猫	11.35±0.83
绵羊	8.45±1.90	兔	9.48±1.12

（五）临床意义

1. 白细胞总数增多

白细胞总数增多见于多数细菌感染性疾病，如链球菌、肺炎链球菌等感染，白细胞数明显升高；当组织器官发生急性炎症时，如肺炎、胃炎、乳房炎，特别是化脓性炎症，可引起白细胞增多；严重的组织损伤、急性大出血、急性溶血、某些中毒（敌敌畏中毒、酸中毒及尿毒症等）以及注射异体蛋白（血清、疫苗）后，均可导致白细胞数目增多。另外，动物患白血病时，白细胞数持久性、进行性增多，红细胞数目却明显下降。

2. 白细胞总数减少

某些病毒性疾病，如犬传染性肝炎、猫泛白细胞减少症、流行性感冒等，白细胞总数减少；伴有再生障碍性贫血时，白细胞总数减少；此外，长期使用磺胺类药物、X 射线照射、恶病质及各种疾病的濒死期等均会引起白细胞总数减少。

七、血小板计数

血小板是哺乳动物血液中的有形成分之一，有质膜，无细胞核结构，一般呈圆形或椭圆形棒状体，直径 24μm。猫的血小板较大，与红细胞大小相似。血小板具有特定的形态结构和生化组成，在正常血液中数量相对恒定。血小板寿命 7~14d，每天约更新总量的 1/10，衰老的血小板大多在脾脏中被清除。

血小板计数（platelet count，PLT）是诊断出血性疾病必做的检验项目之一。血小板计数有直接计数法、间接计数法和血细胞分析仪法，目前多用直接计数法，方法简便、快速。此处仅介绍血小板直接计数法。

（一）原理

尿素能溶解红细胞和白细胞而保持血小板形态的完整性，血液经此稀释液稀释后，在血细胞计数室内直接计数，以求得 $1mm^3$ 血液中的血小板数。

（二）器材与试剂

1. 器材

同白细胞计数。

2. 试剂

血小板计数的稀释液种类很多，常用复方尿素稀释液：分别取尿素 10g、柠檬酸钠 0.5g 和 40% 甲醛溶液 0.1mL，加蒸馏水定容至 100mL，此液在室温中可保存 10d 左右。稀释液中的柠檬酸钠有抗凝作用，甲醇可固定血小板形态。

（三）计数方法

取稀释液 0.38mL（或 0.4mL）置于小试管中，用血红蛋白吸管吸取血液 20μL，用脱脂棉擦去管外壁的血液后将其吹入盛有稀释液的试管底部，再吸吹数次，以洗出血红蛋白吸管内壁黏附的血液，混匀，静置 15min，以使红细胞和白细胞溶解，混匀，用毛细吸管或玻璃棒蘸取稀释好的血液充入计数室内，静置 15min 以使血小板下沉，高倍镜下计数一个大方格内的血小板总数，乘以 200，即得 1mm³ 血液中血小板的个数；或计数 5 个中方格（80 个小方格）内的血小板数乘以 50，即得 1mm³ 血液中血小板个数。在高倍镜下，血小板呈椭圆形、圆形或不规则折光小体。

（四）注意事项

（1）所用的器材必须清洁、干燥，稀释液必须新鲜无沉淀。

（2）采血要迅速，以防止血小板离体后发生破裂、聚集。

（3）血小板体积小且不易下沉，因此充入计数室后要静置一段时间，在夏季还应保持一定湿度。另外，计数时由于血小板体积小，常不在同一焦距上，要利用显微镜的细调节器调节焦距以看得更清楚。

（五）正常参考值

各种动物血小板数正常参考值见表 2-6。

表 2-6　　　　　　　　各种动物血小板数正常参考值　　　　　单位：10^{11} 个/L

动物种类	血小板数	动物种类	血小板数
黄牛	3.0~5.5	哺乳仔猪	1.5~5.0
水牛	2.0~5.0	犬	2.0~2.9
乳牛	2.0~3.0	猫	3.0~7.0
奶山羊	2.8~4.6	马	1.5~3.0
绵羊	2.5~6.0	兔	2.6~3.0

（六）临床意义

1. 血小板数增多

（1）原发性血小板增多　见于原发性血小板增多症，是一种原因不明的出血性疾病。

（2）继发性血小板增多　多为暂时性的，见于急性、慢性出血，骨折，创伤，手术后；也可见于其他骨髓增生性疾病，如真性红细胞增多症，慢性粒细胞性白血病、肺炎、胸膜炎及传染性胸膜肺炎等。

2. 血小板数减少

（1）血小板生成减少　见于穗状葡萄球菌中毒病、某些真菌毒素中毒、某些蕨类植物中毒、急性白血病和败血性疾病等。

（2）血小板破坏过多　见于免疫性血小板减少性紫癜（同族免疫性、自体免疫性）、感染以及伴有弥散性血管内凝血过程的各种疾病。

八、血细胞形态学检查

根据细胞质有无颗粒，可将血液循环中的白细胞分成有颗粒白细胞和无颗粒白细胞。有颗粒白细胞包括嗜酸性粒细胞、嗜碱性粒细胞及中性粒细胞。无颗粒白细胞包括淋巴细胞和单核细胞。因此，白细胞总数的变化，并不一定表示各类白细胞均增多或减少，常仅限于某种或某两种白细胞数的变化，从而引起白细胞之间百分比的相对改变。因此，白细胞计数对疾病的诊断具有一般意义，而白细胞分类计数则有具体意义，在临床上，应将二者结合起来进行分析。白细胞分类计数通常通过制备血涂片来检查，将血液制成涂片，染色后用油镜观察，观察红细胞或者白细胞的形态（图2-5）。血涂片制备、染色与镜检见视频2-11。

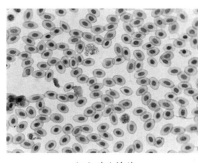
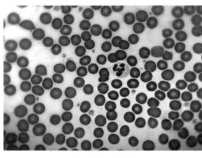

视频 2-11
血涂片制备、
染色与镜检

（1）鸡血涂片　　　　　　　　　（2）犬血涂片

图 2-5　动物血涂片

（一）血涂片的制作

取一清洁、干燥、脱脂的玻片作为载片；另以一较厚盖片或一端边缘光滑的载片为推片。用一手拇指和中指夹持载片，另一手持推片。

取供检血一小滴（可用推片角蘸取），放于载片的一端；将推片倾斜30°～40°，使其一端与载片接触，并放于血滴之前；向后拉动推片，使与血液接触，待血液扩散开后，以匀速轻轻向前推动推片至载片另一端，即形成一血膜（图2-6）；自然干燥。良好的血片，应薄而均匀，对光观察呈霓红色。血膜两端应留有空隙，以便注明动物类别、编号及日期。

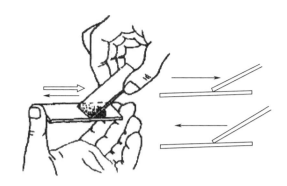

图 2-6 血涂片制备方法

推片时，血滴越大，角度（两玻片之间的锐角）越大，推片速度越快，则血膜越厚；反之，则血膜越薄。白细胞分类计数的血膜宜稍厚，进行红细胞形态及血原虫检查的血片宜稍薄。推好的血片可于空气中左右挥动，使其迅速干燥，以防细胞皱缩而变形。反之，则需重新制作，直至合格，再行染色。

（二）血涂片的染色

血液涂片的染色可选用下列方法之一，但瑞氏染色法较常用。

1. 瑞氏染色法

瑞氏染料是由酸性染料伊红和碱性染料亚甲基蓝组成的复合染料。染色包括物理吸附作用与化学亲和作用。各种细胞成分化学性质不同，对染料的亲和力也存在差异，因此，染色后可观察到不同的细胞呈现不同的颜色。如嗜酸性物质（血红蛋白、嗜酸性颗粒为碱性蛋白）可与伊红结合被染成红色；嗜碱性物质（细胞核蛋白和淋巴细胞胞质为酸性）与碱性染料美蓝或天青结合，染为紫蓝色或蓝色；中性物质（中性颗粒）呈等电状态，均可与伊红和美蓝结合，染为淡紫红色。

（1）瑞氏染色液的配制　瑞氏染色粉 0.1g，甲醇 60mL。将 0.1g 瑞氏染色粉置于研钵中，加少量甲醇研磨，然后将已溶解的染液倒入洁净棕色瓶内，剩下未溶解的染料再加少量甲醇研磨，如此反复，直至染料全部溶解为止。染液于室温下保存 1 周（每日振摇一次），过滤后即可应用。新配的染液偏碱性，放置时间越久则染色效果越好。配制时可在染液中加入中性甘油 3mL，可防止染色时甲醇过快挥发，且可使细胞着色更清晰。

（2）染色方法　先用玻璃铅笔在血膜两端各划一竖线，以防染液外溢，将血涂片平置于水平染色架上；于血涂片上滴加瑞氏染液，以将血膜盖满为宜；待染色 1~2min 后，再加等量磷酸盐缓冲溶液（pH6.4~6.8），或中性蒸馏水，并轻轻摇动或用洗耳球轻轻吹动，以使染色液与缓冲溶液混合均匀，继续染色 3~5min；最后用蒸馏水冲洗涂片，自然干燥或用吸水纸吸干，待检。染色良好的血片应呈樱桃红色。

2. 姬姆萨染色法

姬姆萨染液由天青、伊红组成，染色原理和结果与瑞氏染色基本相同，但对细胞核和寄生虫着色较好，结构更清晰，而对细胞质和中性颗粒染色较差。

（1）姬姆萨染色液的配制　姬姆萨染色粉 0.5g，中性甘油 33mL，中性甲醇 33mL。

先将 0.5g 姬姆萨染色粉置于研钵中，再加入少量甘油充分研磨，然后加入剩余甘油，在 50~60℃水浴中保持 1~2h，并经常用玻璃棒搅拌，使染色粉溶解，最后加入中性甲醇，混合后置于棕色瓶中，保存 1 周后过滤即成原液。

（2）染色方法　先将血涂片用甲醇固定 3~5min，然后置于新配姬姆萨应用液（于 0.5~1.0mL 原液中加入 pH6.8 磷酸盐缓冲溶液 10.0mL 即得）中染色 30~60min；取出血涂片，用蒸馏水冲洗，自然干燥或用吸水纸吸干，待检。染色良好的涂片应呈玫瑰紫色。

3. 瑞-姬氏复合染色法

此方法染色对细胞及血原虫效果较好，对细胞质及颗粒的染色较瑞氏染色法差。

（1）瑞-姬氏复合染色液的配制　瑞氏染色粉 0.5g，姬姆萨染色粉 0.5g，甲醇 500mL。取瑞氏染色粉和姬姆萨染色粉各 0.5g 置于研钵中，加入少量甲醇研磨，倾入棕色瓶中，用剩余甲醇再研磨，最后一并装入瓶中，保存 1 周后过滤即可。

（2）染色方法　先于血膜上滴加染液，经 0.5~1min 后，再加入等量 pH6.8 磷酸盐缓冲溶液（pH6.8 磷酸盐缓冲溶液的配制：量取 1%磷酸二氢钾 30.0mL 和 1%磷酸氢二钠 30.0mL 混合后，再加双蒸水定容至 1000.0mL），混匀，继续染色 5~10min，水洗，干燥，待检。

染色效果主要取决于两个环节，首先是染色液的酸碱度，染色液偏碱时呈灰蓝色，偏酸时呈鲜红色。因此，要保证甲醇、甘油、蒸馏水、玻片等保持中性或弱酸性，并尽可能使用磷酸盐缓冲溶液；其次是染色时间，这与染液性能、浓度、室内温度和血片的厚薄有关。

4. 迪夫快速染色法

现在兽医临床上更常用的染色方法是迪夫快速染色（Diff-Quik staining）。迪夫快速染色是在瑞氏染色基础上改良而来的一种快速染色方法，是细胞学检查中常用的染色方法之一。染色结果与瑞氏染色液也极其相似，但迪夫快速染色所需的时间极短，一般 90s 以内即可完成染色。

（1）试剂组成　试剂 A（Diff-Quik fixative）为血涂片固定液，试剂 B（Diff-QuikⅠ）和试剂 C（Diff-QuikⅡ）都为染色液。

（2）染色方法　血涂片或其他涂片，自然干燥后血涂片置于试剂 A 固定。再依次用试剂 B 和试剂 C 染色。

（三）各类血细胞的形态

1. 红细胞的形态

健康哺乳动物的红细胞呈双凹盘状、大小不一、圆形，无核，瑞氏染色后呈橘红色，中央染色较浅。异常情况下，其大小和形态会发生改变。红细胞形态学改变与血红蛋白测定、红细胞计数结果相结合可粗略地推断贫血原因，对贫血的诊断和鉴别诊断有很重要的临床意义。红细胞的形态变化主要表现在以下 4 个方面。

（1）红细胞大小改变

①小红细胞：直径小于 6μm，厚度薄，常见于缺铁性贫血。

②大红细胞：直径大于 10μm，体积大，常见于维生素 B_{12} 或叶酸缺乏引起的巨幼红细胞性贫血。

③红细胞大小不均：大小相差 1 倍以上，常见于各种再生性贫血，但不见于再生障碍性贫血。

（2）红细胞形态改变

①球形红细胞：常见于遗传性球形红细胞增多症、自身免疫性溶血性贫血。

②椭圆形红细胞：见于遗传性椭圆形细胞增多症，也可见于巨幼红细胞性贫血。

③靶形红细胞：红细胞中心部位染色较深，其外围为苍白区域，呈靶形，主要见于珠蛋白生成障碍性贫血、某些血红蛋白病、脾切除术后等。

④镰形红细胞：如镰刀形、柳叶状等，主要见于镰形红细胞性贫血。

（3）红细胞染色异常　红细胞染色深浅反映着血红蛋白含量，包括以下内容。

①低色素性：红细胞内含血红蛋白减少，见于缺铁性贫血及其他低色素性贫血。

②高色素性：红细胞内含血红蛋白较多，多见于巨幼红细胞性贫血。

③多染性：是未完全成熟的红细胞，颜色深，体积稍大，见于骨髓生成红细胞功能旺盛的再生性贫血。

（4）红细胞中出现异常结构

①嗜碱性点彩：指在瑞氏染色条件下，胞质内存在嗜碱性颗粒的红细胞，属于未完全成熟红细胞，其颗粒大小不一、多少不等。见于重金属（铅、铋、银等）中毒，硝基苯、苯胺等中毒及溶血性贫血等。

②卡伯特（Cabot）环：在嗜多色性或碱性点彩红细胞的胞质中出现的紫红色细线圈状结构，有时绕成 8 字形。可能是幼红细胞核膜的残余物，见于溶血性贫血、某些增生性贫血。

③豪-乔氏（Howell-Jolly）小体（染色质小体）：位于成熟或幼红细胞的胞浆中，呈圆形，染紫红色，可一至数个，常见于巨幼细胞性贫血、溶血性贫血及脾切除术后。

④海因茨（Heinz）小体：红细胞内深紫色或蓝黑色的小点或较大的颗粒，可一至数个，常见于铜中毒、溶血性贫血。

2. 白细胞的形态

各种白细胞的形态特征主要表现在细胞核及细胞质的特有性状上，并应注意细胞的大小。在同一张血涂片上对照比较，互相鉴别。

（1）嗜酸性粒细胞　细胞呈圆形，直径 10~18μm，细胞质内含有大小不等的粗大、鲜红的颗粒。细胞核为杆状或分叶，以 2~3 叶者多见，呈淡紫或蓝色（图 2-7）。

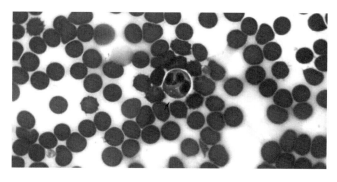

图 2-7　嗜酸性粒细胞（箭头所指的白细胞，Diff-Quik 染色）

（2）嗜碱性粒细胞　大小、形态与嗜酸性粒细胞相似，但细胞质内含有大小不等的粗大、深蓝色颗粒，细胞核分叶不明显，呈浅蓝色且常被细胞质遮盖。

（3）中性粒细胞　大小、形态与嗜酸性粒细胞基本相似，细胞质呈淡粉红色，且细胞质内有多量紫红细小均匀的颗粒（染色不佳时则看不清楚），细胞核染成深紫色，其形状不一，核近似于肾形，染色稍淡的称为晚幼核；呈"S"形或"U"形及带状，两边平行的称为杆状核（图2-8）；核分成2~4叶，每个叶之间有一细丝相连的称为分叶核。有时因核叶重叠看不到细丝，但核量较多，染色质较致密，也是分叶核（图2-9）。

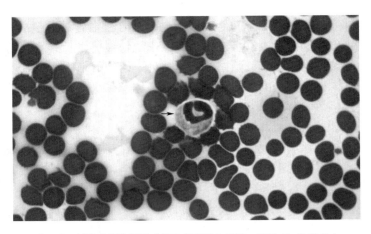

图2-8　杆状中性粒细胞（箭头所指的白细胞，Diff-Quik 染色）

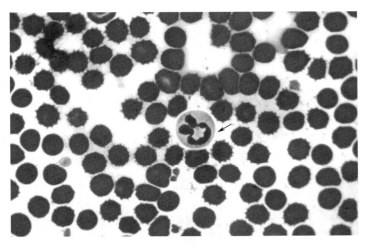

图2-9　分叶中性粒细胞（箭头所指的白细胞，Diff-Quik 染色）

（4）淋巴细胞　核呈圆形或椭圆形，有的凹陷，核染色质致密。有小淋巴细胞和大淋巴细胞两种，小淋巴细胞核染成深紫色，细胞质很少，常仅呈一小片月牙形，染成蓝色（图2-10）。大淋巴细胞的细胞质相对较多，染成天蓝色，在细胞质和核之间有一淡染色带。

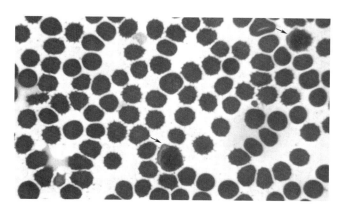

图 2-10 小淋巴细胞（箭头所指的白细胞，Diff-Quik 染色）

（5）单核细胞　单核细胞是外周血液中最大的白细胞，细胞质较多，呈灰蓝色，有时含少量灰尘样淡紫红色小颗粒。细胞核呈蓝紫色，其染色质较疏松，核的形状不规则，呈肾形、圆形、"山"字形、多角形等（图 2-11）。

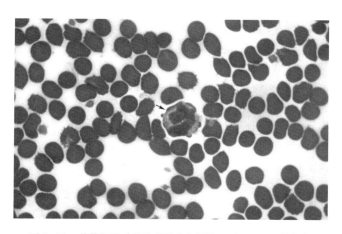

图 2-11 单核细胞（箭头所指的白细胞，Diff-Quik 染色）

3. 血小板的形态

血小板是所有血细胞中体积最小的，仅为红细胞体积的 1/4～2/3（图 2-12），有时可出现比红细胞还大的巨型血小板，内有紫红色小颗粒。血小板常聚集成堆，有时浮在红细胞之上。

（四）各类白细胞值变化的临床意义

1. 中性粒细胞增多与减少

（1）中性粒细胞增多　与白细胞总数增多的临床意义基本一致（白血病除外）。中性粒细胞病理性增多是机体抵抗外来感染和对体内炎症刺激的一种防御性反应，常见于各种急性感染性疾病、急性炎症及重症烧伤、创伤。

（2）中性粒细胞减少　多由于骨髓造血功能受到抑制，致中性粒细胞生成不足，或因最急性感染，致使中性粒细胞向组织中的游走速率超过由骨髓向血液中的释放速率等

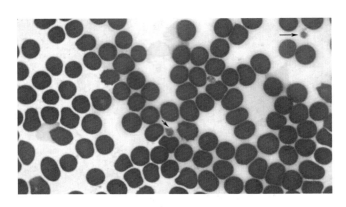

图 2-12　血小板（黑色箭头所指，Diff-Quik 染色）

因素所致。常见于病毒性疾病及各种疾病的重危期（如中毒性休克、胃肠破裂等）。

（3）中性粒细胞的核象变化　分析中性粒细胞的增减变化时，应特别注意核象的变化。杆状核和晚幼核细胞增多，并出现中幼细胞，甚至出现髓细胞的比例增高，称为核左移，通常表示骨髓造血功能增强；若分叶核细胞显著增多，且细胞核分为 4~5 叶甚至多叶的比例较多者，则称为核右移，表示造血功能减退。

结合白细胞总数变化分析中性粒细胞核象的变化，更有意义。核左移，同时白细胞总数也增多，称为再生性核左移，说明骨髓造血功能增强，是机体处于紧急动员、积极防御阶段的表现；核左移，但白细胞总数仍维持在正常范围内，甚至减少者，称为退行性核左移，为感染严重，骨髓造血功能衰竭，释放功能不良，表示机体抗病能力降低，是预后不良的指征。核右移则表示骨髓造血功能减退、机体抗病能力降低，多由于机体高度衰竭所致，对此预后宜慎重。

2. 嗜酸性粒细胞增多与减少

（1）嗜酸性粒细胞增多　常见于某些寄生虫病（如肝片吸虫病、球虫病、旋毛虫病等），某些过敏性疾病（荨麻疹等）以及湿疹、癣等皮肤病。

（2）嗜酸性粒细胞减少　常见于某些疾病的重症期，也可见于应用皮质类固醇药物。嗜酸性粒细胞长时间消失，表示预后不良，但嗜酸性粒细胞消失后又重新出现，则说明病情好转。

3. 嗜碱性粒细胞增多或减少

（1）嗜碱性粒细胞增多　见于慢性溶血、慢性恶性丝虫病、高脂血症等。

（2）嗜碱性粒细胞减少　嗜碱性粒细胞在外周血液中很少见，故其减少无临床意义。

4. 淋巴细胞增多与减少

（1）淋巴细胞增多　常见于某些慢性传染病（如结核病、布鲁氏菌病）、淋巴性白血病、急性传染病的恢复期、某些病毒性疾病（如流行性感冒）及血子孢虫病等。

（2）淋巴细胞减少　当中性粒细胞绝对值增多时，伴随减少的常常是淋巴细胞。说明机体与病原处于斗争阶段，此后淋巴细胞由少逐渐增多，往往是预后良好的指征。

5. 单核细胞增多与减少

（1）单核细胞增多　见于某些原虫病（如锥虫病、梨形虫病）、某些慢性细菌性疾病（如结核、布鲁氏菌病）以及某些病毒性疾病（如马传染性贫血）。疾病恢复期，单核细胞也表现增多。

（2）单核细胞减少　见于急性传染病的初期和各种疾病的濒危期。

拓展知识

贫血的鉴别诊断

贫血（anemia）是指外周循环血液中单位容积内红细胞数、血红蛋白含量和红细胞压积值低于正常水平的临床综合征。贫血常是很多疾病过程中的一个症状，而不是一个独立的疾病，主要表现皮肤和可视黏膜苍白，各器官因组织缺氧而产生相应的表现。

（一）病因

1. 失血性贫血

（1）急性失血性贫血　急性失血性贫血是由于血管，特别是动脉血管被破坏，在短时间内使机体丧失大量红细胞，而血库及造血器官又不能代偿时所发生的贫血。见于各种创伤；敌鼠钠等抗凝血毒鼠药中毒；侵害血管壁的疾病，如大面积胃溃疡（犬胃出血）、寄生虫性肠系膜动脉瘤破裂、鼻疽或肺结核空洞；造成血库器官破裂的疾病（肝淀粉样变，脾血管肉瘤）；犬和猫自体免疫性血小板减少性紫癜及幼犬第 X 因子缺乏等。

（2）慢性失血性贫血　内脏器官发生炎症及出血性素质等原因长期反复失血，引起慢性出血性贫血。见于寄生虫病（球虫病、绦虫病、肝片吸虫病、钩虫病等）；肾、膀胱结石或赘生物引起的血尿；遗传性出血病，如血友病等。

2. 溶血性贫血

（1）急性溶血性贫血　见于传染病，如猫传染性贫血、钩端螺旋体病、溶血性链球菌病、葡萄球菌病等；寄生虫病，如犬巴贝斯虫病、立克次氏体病等；同族免疫性抗原抗体反应，如新生仔犬溶血性疾病、不相合血输注等；中毒病，如吩噻嗪类、美蓝、萘、皂素、煤焦油衍生物中毒，铜、汞、铅、砷等矿物毒中毒，蛇毒等动物毒中毒，洋葱和大葱、甘蓝等食物中毒，三硝基甲苯（TNT）炸药中毒；营养因素，如低磷酸盐血症等；遗传因素，葡萄糖-6-磷酸脱氢酶缺乏等。

（2）慢性溶血性贫血　见于微生物感染，如附红细胞体病等；自免性抗原抗体反应，如自体免疫性溶血性贫血、红斑狼疮等。

3. 营养性贫血

营养性贫血是由于造血原料供应不足或因动物长期消化吸收障碍，而使造血原料不足所致的贫血。

（1）血红素合成障碍的贫血　见于铁、铜、维生素 B_6 缺乏症等。

（2）核酸合成障碍的贫血　见于维生素 B_{12}、钴、叶酸和烟酸缺乏症等。

（3）珠蛋白合成障碍的贫血　见于赖氨酸不足、饥饿以及衰竭症等各种消耗性疾病。

4. 再生障碍性贫血

再生障碍性贫血是由于骨髓造血功能障碍所致的贫血，这种贫血往往导致循环血中红细胞和白细胞同时减少。

（1）骨髓受细胞毒性损伤造成的贫血　见于放射线损伤，如辐射病；化学毒中毒如三氯乙烯豆粕中毒，植物毒中毒如真菌毒素中毒；长期使用对骨髓造血功能有抑制作用的药物（抗癌药、保泰松等）；全骨髓萎缩，如白血病、转移性肿瘤、骨髓纤维性增生等。

（2）感染因素造成的贫血　见于病毒病，如猫白血病、猫传染性泛白细胞减少症（猫瘟）等，犬埃里希氏体病。

（3）红细胞生成素减少造成的贫血　见于慢性肾脏疾病（肾脏是产生和释放激素红细胞生成素的主要器官）；内分泌腺疾病，包括垂体功能低下、肾上腺功能低下、雄性性腺功能低下以及雌激素过多。

（二）临床表现

贫血的病理生理学基础是血液中红细胞数减少或（和）血红蛋白含量降低，导致血液携氧能力下降。贫血的共同症状是皮肤、黏膜苍白，皮温降低，精神沉郁，疲乏，困倦，软弱无力，运步不稳，皮肤干燥且松弛，心跳加快，呼吸急促。运动后心悸、气短更加明显。严重的患病动物体温降低，四肢厥冷，脉搏细弱，心音微弱，心脏听诊时可听到缩期杂音，皮下水肿，甚至卧地不起。

各型贫血由于机体状态、贫血原因及程度不同，临床表现不尽相同。但均表现在起病情况、可视黏膜颜色、体温高低、病程长短，以及血液和骨髓的检验等方面。

1. 急性失血性贫血

急性失血性贫血起病急，可视黏膜迅速苍白，速发循环衰竭或失血性休克，表现为体温低下，四肢末梢发凉，脉搏细弱而快，呼吸增快、困难，心跳快、心音高朗、出现贫血性杂音，倦怠无力等；24h内呈现正细胞正色素性贫血；骨髓开始再生活跃，4~6天后，末梢血液出现大量网织红细胞、多染性红细胞、带嗜碱性点彩的红细胞以及各种有核红细胞，并呈现正细胞或大细胞低色素性贫血；骨髓三系细胞增生，因而末梢血液内的血小板、白细胞数也增多，并伴中性粒细胞增高，核左移。

2. 慢性失血性贫血

慢性失血性贫血起病慢，可视黏膜在长时间内逐渐苍白；患病动物日趋瘦弱，出现浮肿或体腔积水，胃肠吸收和分泌功能降低，经常腹泻；心搏亢进，脉浮弱无力，轻微运动后脉搏显著加快，呼吸快而浅表。呈现正细胞低色素性贫血，伴有血浆蛋白的减少，血清间接胆红素降低，白细胞和血小板轻度增多。血片上出现大小不等及小的淡染红细胞和巨大淡染的红细胞（淡染红细胞是该病的重要特征）。

3. 溶血性贫血

溶血性贫血起病快速（急性）或较慢（慢性）；可视黏膜苍白伴黄染（黄白）；往往排血红蛋白尿；体温正常或升高（溶血性传染病和血液寄生虫病）；呕吐、腹痛、腹泻等胃肠道症状（急性），肝、脾肿大（慢性）；病程或长（慢性）或短（急性）。呈现正细胞正色素性（急性）或低色素性（慢性）贫血，血清呈金黄色，黄疸指数高，间接胆红素多（凡登白试验间接阳性），血小板显著增多，血涂片显示骨髓增生活跃，出现大量网织红细胞、多染性红细胞、有核红细胞等各种幼稚型红细胞。

4. 缺铁性贫血

缺铁性贫血起病缓慢，可视黏膜逐渐苍白，逐渐消瘦；体温不高且病程长。呈现小细胞低色素性贫血；血清铁减少，骨髓"铁粒幼细胞"稀少或消失，细胞外铁消失；补铁出现网织红细胞效应。

5. 再生障碍性贫血

再生障碍性贫血起病缓慢（急性放射除外）；可视黏膜苍白有增无减，全身症状逐渐加重；伴有出血性素质综合征和不易控制的感染。呈现正细胞正色素性贫血，骨髓红系细胞均明显减少而淋巴细胞比例增高。

（三）伴随症状

（1）皮肤的变化　绝大部分贫血表现皮肤苍白、松弛及干燥。再生障碍性贫血和血小板减少性紫癜时，皮肤及黏膜出现瘀点、瘀斑。

（2）黄疸　常见于溶血性贫血。

（3）血红蛋白尿　尿液常呈红茶、红葡萄酒或酱油色。

（4）水肿　持久的慢性出血性贫血使血管的渗透性增高，导致水肿及体腔积液。

（5）发热　在钩端螺旋体病、附红细胞体病时，除表现贫血和黄疸外，体温升高。

（四）鉴别诊断思路

贫血的诊断包括了解贫血的程度、类型及查明贫血的原因，只有查明病因，才能合理和有效地治疗贫血。因此，贫血诊断的关键是确定病因。

1. 询问病史

询问病史主要是询问贫血发生的时间、病程及症状，包括有无外伤引起的出血、便血和血尿，有无化学物质、放射线物质或某些特殊药物的接触史，是否饲喂含有溶血素的某些食物（如甘蓝、油菜、洋葱等）。

2. 临床检查

临床检查主要检查皮肤、黏膜的颜色及呼吸、脉搏和体温的变化。根据各种贫血类型的临床表现进一步查明病因。如黏膜迅速苍白主要考虑失血性贫血，应及时查明出血部位，以便采取相应的措施。

3. 实验室检查

血红蛋白和红细胞计数是确定贫血的可靠指标。

外周血液涂片检查可观察红细胞、白细胞及血小板形态学和数量的变化，为判断贫血的性质和类型提供线索。

对感染性疾病引起的贫血应通过病原微生物检查和血清学检查，确定病因。

4. 治疗验证

根据对贫血病因的判断，采取相应的治疗措施，观察疗效，验证诊断。

🖊 项目思考

1. 血液采集的时候，酒精棉消毒后可以立刻进针采血吗？为什么？

2. 临床上的采血管颜色各不相同，主要有哪些颜色？不同颜色分别代表什么意思？

3. 为什么进行血细胞计数和血涂片检查的时候更倾向于使用紫色的采血管？

4. 五分类血细胞分析仪比三分类血细胞分析仪哪方面更具优势？

5. 为什么血细胞分析仪的血细胞计数，尤其是血小板计数，要进行人工验证呢？

6. 在进行血涂片制备的时候，哪些地方最容易出现失误而导致操作失败？

7. 血细胞形态异常一定是病理性问题吗？还有哪些可能？请适当举例说明。

8. 红细胞沉降速率可以用于提示哪些疾病？

9. 血浆和血清的本质区别是什么？

项目二　血液生化检查

1. 培养科学严谨的工作态度。
2. 通过血液生化数据分析判断病症的过程，认识透过现象看本质，以及去粗取精、去伪存真的哲学方法。
3. 激发追求真理、勇于创新的精神。
4. 培养生物安全意识，科学规范化处理医疗废弃物等。

知识目标

1. 了解血液生化检查内容。
2. 了解不同种动物各血液生化指标的正常范围。
3. 了解常见血液生化分析仪的种类。
4. 掌握血液生化检查前的血液样品处理方法。
5. 掌握常见抗凝剂的种类和使用方法。
6. 掌握肝脏生化指标的种类和临床意义。
7. 掌握肾脏生化指标的种类和临床意义。
8. 掌握胰腺生化指标的种类和临床意义。

技能目标

1. 能完成血浆或血清的制备。
2. 能操作使用常见血液生化分析仪。
3. 能根据生化检查结果判断是否存在肝功能异常或肝损伤。
4. 能根据生化检查结果判断是否存在肾功能异常或肾损伤。
5. 能根据生化检查结果判断是否存在胰腺炎等疾病。

一、血液生化分析仪的使用

（一）生化分析仪发展史及工作原理

生化分析仪是运用光学方法，测试血液、体液中的蛋白、糖类、脂类、无机离子、酶类等物质。它是基于朗伯-比尔定律，即被测物质溶液（均匀非散射）在一定浓度范围内对一定波长的单色平行光的吸光度与被测物质浓度和溶液厚度成正比。数学式为：

$$A = \varepsilon CL$$

式中　A——吸光度；

　　　C——浓度；

　　　L——光径；

　　　ε——摩尔吸光系数，单位是 L/（mol·cm）。

指浓度为 1mol/L、吸收池厚为 1cm、以一定波长的光通过时，所引起的吸光度值 A。ε 值取决于入射光的波长和吸光物质的吸光特性，也受溶剂和温度、pH 的影响。显然，ε 值越大，灵敏度就越高。

从最初的分光光度计，到后来的半自动生化分析仪，再到全自动生化分析仪，生化分析仪的发展经历了几十年的历史。目前业内能见到的生化分析仪根据工作原理大致分为四类：流动式、离心式、干式和分立式（全自动）。其中流动式、离心式、分立式都属于湿式生化分析仪，是把经典的朗伯-比尔定律传承至今。

（二）生化分析仪种类

1. 流动式生化分析仪

流动式生化分析仪属于半自动生化分析仪，所有测试使用同一流动比色池，速度慢、污染大、消耗大，兽医临床已不常用。

2. 离心式生化分析仪

离心式生化分析仪也称为微流控生化分析仪（图2-13），同样属于半自动生化分析仪，但它在设计原理上有所突破，模拟了全自动仪器的工作流，并把干粉试剂整合进反应盘片的比色室，通过离心原理和微流控技术，将手动加入的样本和提前预置在盘片中的试剂溶剂离心至比色室中将干粉试剂溶解并产生反应，读取反应结果。虽然需要手动加样，但每个盘片可同时测试多个项目，所以相比较流动式生化分析仪，速度大幅提升。

3. 干式生化分析仪

干式生化分析仪是样本与干片的试剂进行反应（图2-14），基本原理与湿式生化分析仪类似，同样是显色原理，通过读

图2-13　离心式生化分析仪

取反应后产生颜色的吸光度值，计算待测物质浓度。操作相对简便、快捷，污染少，试剂干片便于保存。但成本较高，定量的精准度相对低于湿式生化分析仪。

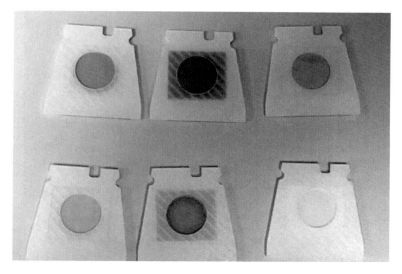

图 2-14 干式生化试剂片

4. 分立式生化分析仪（全自动生化分析仪）

分立式生化分析仪可以自动加注样本和试剂，每个测试均在各自独立的反应杯内完成。反应结束后仪器自动对反应杯进行清洗，检测流程见图 2-15，是效率最高、速度最快的全自动生化分析仪，适合样本量较大的医院使用，体积相对较大，部件较为复杂（图 2-16）。

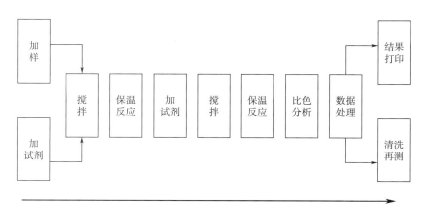

图 2-15 全自动生化分析仪检测流程

（三）血液生化分析仪使用

1. 离心式（微流控）生化分析仪进行血液生化分析

（1）样本处理　可用全血或血浆检测。推荐使用肝素锂管进行血浆检测。血液进入试管后，立刻缓慢上下颠倒 8~10 次充分混匀。样本最少量为 100μL，结合临床情况，

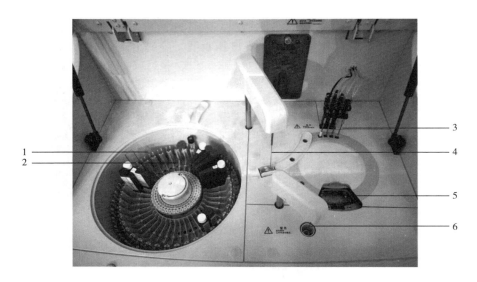

1—样本盘；2—试剂盘；3—清洗系统；4—加样针；5—反应盘；6—搅拌杆。

图2-16　全自动生化分析仪台面布局

可适当多采一些血。注意生化项目不可使用 EDTA 管。4000r/min，离心 10min，样品需要配平，对角线放置。

（2）加入样本　扫描试剂盘二维码。沿水平方向缓慢撕掉稀释液膜，注意不能撕断。注意盘片包装袋一旦打开，必须在 20min 内使用，否则试剂盘作废。移液器吸取 100μL 样本，将移液器枪头斜 45°，对准试剂盘样本孔缓慢注入。点击测试后，盘片抽屉会弹出，将试剂盘片与设备卡盘轴对准放入，下压，听见"咔"的一声完成锁紧。撕掉试剂盘保护膜，再次按压试剂盘红点位置确认试剂盘已卡紧，确保撕膜未拉动试剂盘。

（3）样本测定　依次点击下一步后，按照系统默认设置的提示输入患病动物信息，即可进入测定。信息输入完毕后系统界面出现生化检测倒计时。10min 之后，可查阅结果，同时结果会由热敏打印机打出。测试完成后，盘片抽屉会自动弹出，将使用后的试剂盘片取出，丢弃即可。

视频 2-12
**离心式生化分析仪
操作方法与步骤**

微流控生化仪设计小巧，构造相对简单，操作简便。离心式生化分析仪操作方法与步骤见视频 2-12。该仪器盘片都是一次性使用，因此无需日常维护，保持日常清洁，减少灰尘进入即可。

2. 分立式（全自动）生化分析仪进行血液生化分析

（1）测试前准备

①开机前检查：检查水源和水管连接、电源、通讯线和电源线连接、打印纸、废液桶、废液至下水道的 连接、针杆、稀释/强化清洗剂余量。

②开机：按顺序依次打开分析部主电源开关、分析部电源开关、打印机、操作部显示器和主机电源。登录 Windows 操作系统后，自动启动操作软件。在登录窗口输入用户名和密码，点击确定。

③准备试剂：将贴有条码标签的试剂或预处理液放在试剂盘的空闲位置上（图 2-17），关闭试剂盘盖。点击装载完成 F2。系统自动扫描试剂位，并获取试剂信息。

④特殊试剂需要手动装载：选择试剂>试剂/校准，选择 ISE（离子选择性电极）试剂、ISE 清洗剂、稀释清洗剂、针清洗剂和生理盐水，点击试剂装载 F1，输入试剂信息，然后将试剂装载到相应位置。ISE 试剂包装载到分析部左侧 ISE 模块安装位。ISE 清洗剂装载到样本/试剂盘内圈 D1（38 号）位置。稀释清洗剂装载到分析部旁边。针清洗剂装载到样本/试剂盘中圈 D（39 号）位置。生理盐水装载到样本/试剂盘中圈 W（40 号）位置。

图 2-17　试剂准备

（2）分立式（全自动）生化分析仪校准测试

①选择试剂>试剂/校准，选择需要校准的项目，点击校准申请 F5。

②将校准品放在样本/试剂盘设定的位置上。

③点击开始，启动校准测试，校准操作方法与步骤见视频 2-13。

④选择试剂>生化校准结果或 ISE 校准结果，查看校准结果。如果校准失败，排查失败原因，并采取相应措施。如果校准成功，执行质控测试。

视频 2-13
校准操作方法
与步骤

（3）分立式（全自动）生化分析仪质控测试

①选择申请>质控，选择需要测试的项目，点击确定 F8。

②将质控品放在样本/试剂盘设定的位置上。

③点击开始，启动质控测试，质控操作方法与步骤见视频 2-14。

④选择质控>Levey-Jennings 图、累积和图、Twin-Plot 图和质控数据，查看质控图和质控数据，或选择结果>当前结果，查看质控结果。如果结果超出范围，排查失败原因，并采取相应措施。如果结果在控，执行样本测试。

视频 2-14
质控操作方法
与步骤

（4）样本测试

①选择申请>样本，输入样本申请信息。

②根据样本列表将样本按顺序放在样本盘设定的位置上。

③点击开始，设置测试条件，启动样本测试。

④查看样本结果。选择结果>当前结果，查看测试结果。如结果列

表中是有结果标记出现。则可选择重测按钮，输入信息直接进行重测。

在校准和质控状态良好的情况下，用分立式（全自动）生化分析仪进行样本测试，只需在测试前准备完成后便可开展大批量样本的测试。分立式生化分析仪操作方法与步骤见视频2-15。

（5）日常维护　选择应用>维护>维护，执行每天维护列表中的维护项目以及其他维护周期选项卡上显示为黄色的维护项目。

（6）关机　选择退出>关机。关闭以下电源：打印机、操作部显示器电源和分析部电源。

视频2-15
分立式生化分析仪
操作方法与步骤

二、肝脏生化指标检查

肝是动物体内最大的实质性腺体，对于机体内蛋白质、糖类、脂肪的新陈代谢，维生素的合成、分解和储存，胆汁的分泌与排泄都具有非常重要的作用。肝也是酶的合成、多种凝血因子的生成、有害物质解毒与排除的主要场所。因此，肝内进行的各种生化反应是十分复杂的。目前在兽医临床中，常用肝检查指标包括肝酶活性、肝合成功能（如白蛋白等）、肝排泄功能（如胆红素等）、血氨及胆汁酸的检查等。

（一）血清肝酶活性检查

肝含有丰富的酶系统以维持机体的正常生理代谢过程。不少酶是由肝合成并从肝胆系统排出，当肝胆系统有病变时，可引起血清内酶的活性改变。在兽医临床上最常用的是丙氨酸氨基转移酶（ALT）、天冬氨酸氨基转移酶（AST）、碱性磷酸酶（AKP）、γ-谷氨酰转氨酶（GGT）和乳酸脱氢酶（LDH）。但应注意，酶普遍存在于各个器官组织中，虽含量各有不同，但并无组织特异性，当血清中某种酶活性增高时，应注意有无肝外因素的影响。

1. 丙氨酸氨基转移酶

丙氨酸氨基转移酶原称谷丙转氨酶（GPT），是机体的氨基转移酶之一，在氨基酸代谢中起重要作用。丙氨酸氨基转移酶广泛分布于动物肝脏、肾脏和心脏等器官中，尤以肝细胞中含量最高，约为血清中的100倍。当肝细胞受损时，细胞膜通透性增加或细胞破裂，肝细胞内丙氨酸氨基转移酶大量进入血液导致血液丙氨酸氨基转移酶含量增加。只要有1%肝细胞坏死，血清中的丙氨酸氨基转移酶便增加1倍，故血清丙氨酸氨基转移酶增加是反映肝细胞损害的最敏感指标之一，具有很高的灵敏度和较高的特异性。丙氨酸氨基转移酶是犬、猫和灵长类动物肝脏的特异性酶，测定该酶的活性对于诊断其肝脏疾病有重要意义，而对其他动物肝脏疾病价值不大。

（1）正常参考值　如表2-7所示。

表2-7　　　　　多种动物血清丙氨酸氨基转移酶活性的正常参考值　　　　　单位：U/L

动物种类	正常参考值	动物种类	正常参考值
牛	6.9~35.3	犬	8.2~57.3
山羊	15.3~52.3	猫	8.3~52.5
绵羊	14.8~43.8	猪	21.7~52.3
马	2.7~20.5	鸡	9.5~37.2

（2）临床意义

①丙氨酸氨基转移酶活性增高：见于犬、猫和灵长类动物的急性病毒性肝炎、慢性肝炎、肝硬化、胆管疾病、脂肪肝、中毒性肝炎、黄疸型肝炎，以及其他原因引起的肝损伤。严重贫血、砷中毒、牛胃肠炎、鸡脂肪肝和肾综合征，也可使血清中丙氨酸氨基转移酶活性增高。动物的心、脑、骨骼肌疾病和多种药物也可使血清丙氨酸氨基转移酶活性增高。

②丙氨酸氨基转移酶活性降低：无临床意义。

2. 天冬氨酸氨基转移酶

天冬氨酸氨基转移酶原称谷草转氨酶（GOT），是机体另一个重要的氨基转移酶，催化天冬氨酸和 α-酮戊二酸转氨生成草酰乙酸和谷氨酸。天冬氨酸氨基转移酶广泛分布于机体中，特别是心脏、肺脏、骨骼肌、肾脏、胰腺和红细胞中等。天冬氨酸氨基转移酶在心肌中含量最高，其次为肝脏。肝细胞中天冬氨酸氨基转移酶的含量是血液中天冬氨酸氨基转移酶的 3 倍。因此，当发生肝脏疾病时，血液中天冬氨酸氨基转移酶含量显著升高。天冬氨酸氨基转移酶对肝脏不具特异性，但除犬、猫和灵长类动物外，其他动物肝细胞坏死时，天冬氨酸氨基转移酶含量也可急剧增高。

（1）正常参考值　如表 2-8 所示。

表 2-8　　　　　　多种动物血清天冬氨酸氨基转移酶活性的正常参考值　　　　　　单位：U/L

动物种类	正常参考值	动物种类	正常参考值
牛	45～110	犬	8.9～48.5
山羊	66～230	猫	9.2～39.5
绵羊	49～123	猪	15.3～55.3
马	116～287	鸡	88～208

（2）临床意义　动物的各种肝病均可引起血清中天冬氨酸氨基转移酶含量升高。由于丙氨酸氨基转移酶和天冬氨酸氨基转移酶分别主要位于细胞质和线粒体，故测定天冬氨酸氨基转移酶值有助于对肝细胞损害程度的判断。天冬氨酸氨基转移酶在心肌细胞中含量最多，当心肌梗死时血清天冬氨酸氨基转移酶活力升高，一般在发病后 6～12h 内显著增高，48h 达到高峰，在此后 3～5h 恢复正常。

①天冬氨酸氨基转移酶升高：肝脏阻塞性黄疸，肝实质性损害时仅见轻度升高；骨骼疾病，如纤维素性骨炎、骨瘤、佝偻病、软骨症、骨折等，以及继发性甲状旁腺功能亢进也可见天冬氨酸氨基转移酶活力升高；此外，马结肠炎及肾炎时也见有升高；牛、绵羊血液中天冬氨酸氨基转移酶增高见于各种原因引起的肝坏死、肝片吸虫、肌营养不良和饥饿等；犬和猫血液中天冬氨酸氨基转移酶增高见于肝坏死，心肌梗死；另据报道，动物砷、四氯化碳和黄曲霉毒素中毒，以及家禽肌营养不良时，血清中天冬氨酸氨基转移酶活性均有显著升高。诊断时应了解心脏和肌肉系统是否正常，若排除了肝脏以外的损害，则天冬氨酸氨基转移酶可以作为估计肝脏坏死的程度、病变的预后和对治疗效果的指标。

②天冬氨酸氨基转移酶降低：贫血、恶病质以及反刍动物低镁血症抽搐时会引起天

冬氨酸氨基转移酶下降。

3. 碱性磷酸酶

血清碱性磷酸酶分布于很多组织的细胞膜上，以小肠黏膜和胎盘中含量最高，肾脏、骨骼和肝脏次之。在肝脏中，碱性磷酸酶主要存在于肝细胞毛细胆管面的质膜上，随胆汁分泌。碱性磷酸酶主要是反映胆管梗阻的指标，但很多骨骼疾病、甲状旁腺功能亢进、溃疡性结肠炎、妊娠等均可引起血清碱性磷酸酶升高。幼龄动物血液碱性磷酸酶主要来自骨骼，随动物成熟和骨骼成年化，来自骨骼的碱性磷酸酶逐渐减少。幼年犬、猫和驹的血清碱性磷酸酶活性是成年时期的 2~3 倍。成年动物碱性磷酸酶主要来自肝脏。

（1）正常参考值 如表 2-9 所示。

表 2-9　　　　　　　　　　多种动物血清碱性磷酸酶活性的正常参考值　　　　　　　　单位：U/L

动物种类	正常参考值	动物种类	正常参考值
牛	18~153	犬	11~100
山羊	61~283	猫	12~65
绵羊	27~156	猪	41~176
马	70~226	鸡	25~44

（2）临床意义 碱性磷酸酶常作为肝胆疾病和骨骼疾病的临床辅助诊断指标。可用热稳定试验（血清置 56℃加热 10min）区别碱性磷酸酶来自肝脏还是骨骼（肝脏碱性磷酸酶活力仍保持在 34%以上，而骨骼碱性磷酸酶活力不到 26%）。

①碱性磷酸酶升高：见于胆管阻塞，发病初期或发病较轻时，碱性磷酸酶最早出现变化。肝内胆汁淤积多引起血清碱性磷酸酶活性升高。肝胆管阻塞也可引起血清碱性磷酸酶活性升高，但不如肝内胆汁淤积明显。肝坏死时，血清碱性磷酸酶活性稍有增加。牛血清碱性磷酸酶正常参考值范围太大，所以用碱性磷酸酶诊断胆管阻塞时，灵敏性较差。扑米酮、苯巴比妥及内源性或外源性皮质激素等，均可诱导肝脏释放碱性磷酸酶，使血清碱性磷酸酶活性升高。成骨细胞活性增强。各种骨骼疾病，如佝偻病、纤维性骨病、骨肉瘤、成骨不全症、骨转移癌和骨折修复愈合期等，由于骨损伤或病变使成骨细胞内高浓度的碱性磷酸酶释放入血，引起血清碱性磷酸酶升高。恶性肿瘤，如一些患有恶性肿瘤（如乳房腺癌、鳞状上皮细胞癌和血管肉瘤等）的成年犬，血清碱性磷酸酶活性升高，甚至极度升高。急性中毒性肝损伤在恢复阶段，其他酶开始渐降至正常，而碱性磷酸酶活性却不断增强数天。原发性或继发性甲状腺功能亢进等，碱性磷酸酶活性也升高。

②碱性磷酸酶降低：与草酸盐、柠檬酸盐、EDTA-Na$_2$ 作用会使碱性磷酸酶降低。甲状腺功能降低时，也会使碱性磷酸酶降低。

4. γ-谷氨酰转移酶

γ-谷氨酰转移酶也称 γ-L-谷氨酰转移酶（γ-GT），γ-谷氨酰转移酶是将其他氨基酸转化为谷氨酸的酶，广泛分布在机体各组织中，但在肾、胰腺、肝脏中分布的较多。但肾脏疾病时，血清中该酶活性增高不明显，这可能与其经尿排出有关。因此，γ-谷氨酰转移酶主要用于肝胆疾病的辅助诊断。

（1）正常参考值　如表 2-10 所示。

表 2-10　　　　　　　多种动物血清 γ-谷氨酰转移酶活性的正常参考值　　　　　　单位：U/L

动物种类	正常参考值	动物种类	正常参考值
牛	4.9~25.7	犬	1.0~9.7
山羊	20.0~50.0	猫	1.8~12.0
绵羊	19.6~44.1	猪	31.0~52.0
马	2.7~22.4		

（2）临床意义

①γ-谷氨酰转移酶升高：γ-谷氨酰转移酶轻中度升高提示各种情况的肝炎、脂肪肝、胰腺炎（犬）、胰腺癌、糖皮质激素或巴比妥类药物的使用。γ-谷氨酰转移酶重度升高提示胆囊炎、胆管阻塞、胆汁淤积性肝炎引起的阻塞性黄疸，原发性和继发性肝癌。γ-谷氨酰转移酶高于正常值 4 倍以上时要考虑肝癌或严重的肝胆感染，尤其在犬。

②γ-谷氨酰转移酶降低：无特殊临床意义。

5. 乳酸脱氢酶

乳酸脱氢酶的系统名为 L-乳酸辅酶 I 氧化还原酶，它催化丙酮酸与 L-乳酸之间的还原与氧化反应，是糖酵解和糖异生的主要酶之一。乳酸脱氢酶广泛存在于各种组织（如心肌、肝、骨骼肌、肾、内分泌腺、脾、肺、淋巴结等）的细胞质中。乳酸脱氢酶在细胞质中的含量为血清中的 500 倍，当组织发生肿瘤或细胞坏死时，此酶可释放至血液或体液内。一般作为鸟类及爬行动物的肝脏指标。

（1）正常参考值　如表 2-11 所示。

表 2-11　　　　　　　多种动物血清乳酸脱氢酶活性的正常参考值　　　　　　单位：U/L

动物种类	正常参考值	动物种类	正常参考值
牛	692~1445	山羊	123~392
马	162~412	犬	45~233
猪	380~635	猫	63~273
绵羊	238~440		

（2）临床意义　乳酸脱氢酶升高：在急性心肌坏死发作后 12~24h，乳酸脱氢酶开始升高，48~72h 达高峰，升高持续 6~10d，常在发病后 8~14d 才恢复至正常水平，测定血清中乳酸脱氢酶有助于后期的诊断。引起血清乳酸脱氢酶增高的其他疾病有骨骼肌变性、损伤及营养不良，维生素 E 及硒元素缺乏，广泛性转移癌，肺梗死，白血病，恶性贫血，病毒性肝炎，肝硬化，进行性肌营养不良。

（二）血清蛋白质

兽医临床上蛋白质代谢功能的检查主要测定血清总蛋白（TP）、白蛋白（ALB）、球蛋白（GLB）和白蛋白与球蛋白的比值（A/G）（简称白球比）。除 γ-球蛋白以外的大部分血浆蛋白，如白蛋白、糖蛋白、脂蛋白、多种凝血因子、抗凝因子、纤溶因子及各种转运蛋白等均由肝脏合成。当肝细胞受损时这些血浆蛋白质合成减少，特别是白蛋白明显减少。肝脏参与蛋白质的合成代谢和分解代谢，通过血浆蛋白含量的检测及蛋白组分的分析，可判断肝脏的功能状态。90%以上的血清总蛋白和全部白蛋白由肝脏合成，因此血清总蛋白和白蛋白检测是反映肝脏功能的重要指标。球蛋白与机体免疫功能和血浆黏度密切相关。

1. 正常参考值

临床上常用双缩脲法测定血清总蛋白，血清白蛋白用溴甲酚绿比色法测定。总蛋白减去白蛋白即为球蛋白。多种动物血清蛋白质的正常参考值见表 2-12。

表 2-12　　　　　　　　　　多种动物血清蛋白质的正常参考值

动物种类	总蛋白/(g/L)	白蛋白（A）/(g/L)	球蛋白（G）/(g/L)	A/G
牛	67~75	25~35	30~35	0.8~0.9
马	50~79	25~35	26~40	0.6~1.5
牦牛	56~76	30~38	28~37	0.9~1.3
双峰驼	59~71	43~53	15~20	2.5~3.9
猪	79~89	18~33	53~64	0.4~0.5
绵羊	60~79	24~33	35~57	0.4~0.8
山羊	64~70	27~39	27~41	0.6~1.3
犬	53~78	23~43	27~44	0.6~1.1
猫	58~78	19~38	26~51	0.5~1.2

2. 临床意义

测定血清蛋白含量对于确定动物的代谢能力、判断疾病种类和预后等都有一定价值。正常情况下，幼畜、妊娠后期和母畜泌乳期，血清总蛋白偏低；血清总蛋白随年龄的增长有升高的趋势；母畜稍高于公畜；饲料良好时，血清蛋白含量也会有所增加。

（1）总蛋白

①总蛋白增高：总蛋白相对增高可发生于各种原因引起体内水分排出大于摄入，特别是急性失水，如剧烈呕吐、腹泻等。见于血清蛋白质合成增加，大多发生在动物患淋巴肉瘤和浆细胞瘤。

②总蛋白降低：见于各种原因引起血浆中水分增加，血浆被稀释；见于营养不良和消耗增加；合成障碍，主要是肝功能障碍引起清蛋白合成减少；蛋白质丢失，如严重烧伤、创伤、引流、肾脏疾病、糖异生引起白蛋白分解过多、大量血浆外渗，以及大出血时大量血液丢失、肾病综合征时尿中长期丢失蛋白质等。

（2）白蛋白

①白蛋白增高：很少见，可见于急性脱水和休克。

②白蛋白降低：见于以下 4 种情况。白蛋白丢失过多，见于肾病综合征、严重出血、大面积烧伤及胸、自复腔积水；白蛋白合成功能不全，见于慢性肝脏疾病、恶性贫血和感染；蛋白质摄入不足，见于营养不良、消化吸收功能不良、妊娠、哺乳期蛋白摄入量不足；蛋白质消耗过多，见于糖尿病及甲状腺功能亢进，各种慢性、热性、消耗性

疾病，感染，外伤等。

（3）球蛋白

①球蛋白增高：见于慢性肝炎、肝硬化、肺炎、风湿热、细菌性心内膜炎等。

②球蛋白降低：见于饲喂初乳不足及 γ-球蛋白缺乏症等。

（4）白球比　在肝功能正常情况下，白蛋白要高于球蛋白，A/G 在 1.5~2.5 之间波动。当白球比小于 0.5 时，也就预示着肝脏已经受到了严重的损伤。

白球比异常的原因：急性肝坏死时，肝脏合成白蛋白能力明显降低，但因其半衰期较长，白蛋白的降低常一星期才能显示出来。轻型肝炎患病动物白蛋白降低较少或呈中度减少。但重型肝炎患病动物白蛋白可明显降低，且减少程度与疾病严重程度常成正比。因此在肝炎早期，白蛋白浓度可作为肝炎严重程度判断的依据。

白蛋白减少是肝硬化的特征。但代偿良好的肝硬化动物，即使已出现显著的高球蛋白血症，白蛋白的减少也往往属于轻度。当进入肝硬化失代偿期时，白蛋白就会显著减少。也就是说，白蛋白无显著下降的肝硬化往往处于代偿期，有明显减少的患病动物，则常为失代偿期，且近期预后不佳。

（三）血清胆红素

胆红素是血液循环中衰老红细胞在肝脏、脾脏及骨髓的单核-巨噬细胞系统中分解和破坏的产物。血清胆红素有 80%~85% 来自衰老死亡的红细胞，15%~20% 来自骨髓内红细胞前体细胞的破坏及其他组织中的血红素蛋白。红细胞破坏释放出血红蛋白，代谢生成游离珠蛋白和血红素，血红素经微粒体血红素氧化酶的作用，生成胆绿素，进一步被催化而还原为胆红素。以上形成的胆红素为游离胆红素，为脂溶性，一旦游离胆红素释放进入血浆，立即与白蛋白形成复合体而转运，此时的胆红素称为非结合胆红素，不能经肾脏滤过从尿液排出。非结合胆红素随血流进入肝脏，在窦状隙与白蛋白分离，迅速被肝细胞摄取，经过复杂的代谢形成单葡萄糖醛酸胆红素和双葡萄糖醛酸胆红素，即结合胆红素。然后被排入小胆管，随胆汁进入肠道，在细菌作用下水解、还原，生成尿胆素原和尿胆素，大部分随粪便排出，小部分被肠道重吸收，经门脉入肝，重新转变为结合胆红素。红细胞破坏过多（如溶血性疾病）、肝脏代谢功能减弱及胆管阻塞等均可引起胆红素代谢障碍。

1. 正常参考值

临床上主要测定总胆红素和结合胆红素。常用重氮试剂法和氧化酶法测定血清总胆红素和结合胆红素，多种动物血清胆红素的正常参考值见表 2-13。

表 2-13　　　　　　　　　　多种动物血清胆红素的正常参考值　　　　　　　单位：μmol/L

动物种类	结合胆红素	总胆红素	动物种类	结合胆红素	总胆红素
牛	0.7~7.5	0.2~17.1	山羊	0~1.7	0~1.7
马	0~6.8	3.4~5.5	犬	1.0~2.1	1.7~10.3
猪	0~5.1	0~10.3	猫	2.6~3.4	2.6~5.1
绵羊	0~4.6	1.7~7.2			

2. 临床意义

（1）总胆红素

①总胆红素增多：牛总胆红素增多可见于犊牛急性钩端螺旋体病、创伤性网胃炎引起的大面积肝脓肿、亚硝胺中毒、狗舌草中毒后期、严重肝片吸虫病、马缨丹和过江藤中毒；绵羊总胆红素增多可见于严重肝片吸虫病、无角短毛羊的先天性光敏感；猪总胆红素增多可见于仔猪急性钩端螺旋体病、甲酚和煤焦油中毒、肝功能衰竭、棉籽酚中毒、仔猪铁中毒；犬、猫总胆红素增多可见于传染性肝炎、钩端螺旋体病、肝硬化末期、肝脏大面积脓肿。

②总胆红素减少：见于各种动物贫血。

（2）结合胆红素

①结合胆红素升高：肝病黄疸期，结合胆红素会升高；肝脏处胆管阻塞期，结合胆红素显著升高；马属动物十二指肠阻塞时，结合胆红素会升高。

②结合胆红素降低：见于各种动物贫血。

三、肾脏生化指标检查

肾功能检查主要包括尿素氮、肌酐、尿酸、尿蛋白/肌酐的检查。

（一）尿素氮

尿素氮（BUN）是机体内氨在肝中代谢产生的，主要通过肾脏排出体外。血清尿素氮大部分是由肝脏将蛋白质分解而来的氨或从大肠吸收的氨合成的。血清尿素氮浓度通常作为肾功能变化的一个重要指标，同时也是瘤胃降解蛋白状态的一个衡量指标，此外还是衡量畜禽氨基酸需要量的一个很灵敏的参考指标。

1. 正常参考值

多种动物血清尿素氮含量的正常参考值见表2-14。

表2-14　　　　　多种动物血清尿素氮含量的正常参考值　　　　　单位：mmol/L

动物种类	正常参考值	动物种类	正常参考值
牛	2.0~7.5	山羊	3.55~7.1
马	3.5~7.1	犬	1.8~10
猪	3~8.5	鸡	0.14~0.36
绵羊	3~10		

2. 临床意义

（1）尿素氮升高　临床上称为氮质血症，分为肾前性、肾中性、肾后性三种。肾前性见于充血性心力衰竭、高热、休克、消化道出血、脱水、严重感染、糖尿病酮症酸中毒、严重的肌肉损伤、应用糖皮质激素或四环素、艾迪生病、高蛋白饮食、肝肾综合征等因素；肾中性常见于急性肾炎、慢性间质性肾炎、严重肾盂肾炎、先天性多囊肾和肾肿瘤等肾脏疾病引起的肾功能障碍；肾后性见于各种原因导致的尿路梗阻使肾小球滤过压降低，常见于尿道结石、难产、便秘、前列腺肿瘤、盆腔肿瘤、双侧输尿管结石等因素。

（2）尿素氮降低　血中尿素氮降低常见于过量摄入水分、蛋白质摄入过少、应用促蛋白合成的同化激素、妊娠晚期及严重的肝脏疾病。

（二）肌酐

肌酐（CREA）是机体肌肉代谢的产物。在肌肉中，肌酸主要通过不可逆的非酶脱水反应缓缓地形成肌酐，再释放到血液中，随尿排泄。因此血中肌酐的量与体内肌肉总量关系密切，不易受饮食影响。肌酸以一定的速率持续缓慢地分解代谢，该速率只与个体的肌肉量有关，实际上就是肌酐以恒定的量持续进入血浆，它不受肌肉活性或肌肉损伤变化的影响。因此血浆肌酐浓度的变化实际上只与肌酐的排泄有关，也就是说，它反映了肾的功能。它稍与尿素不同，要得到肾功能的最大信息时，一般同时检测尿素和肌酐。

血浆中肌酐有以下特点：血浆肌酐浓度不受食物和任何可以影响肝和尿素循环的因素影响。在疾病初期，它比尿素升得更快，而好转时，也降得更快。因此同时测定它们可以得到一些疾病的过程和进展的信息。当出现肾前性肾功能紊乱（心衰或脱水）时，它比尿素的变化更小，而当存在原发性的肾衰时，它升高得更多。换句话说，它作为肾功能的指征比尿素更敏感，也是判断预后更好的指征。

1. 正常参考值

多种动物血清肌酐含量的正常参考值见表 2-15。

表 2-15　　　　　　　　多种动物血清肌酐含量的正常参考值　　　　　　　　单位：μmol/L

动物种类	正常参考值	动物种类	正常参考值
牛	65~175	山羊	60~135
马	110~170	犬	44~138
猪	90~240	猫	49~165
绵羊	70~105		

2. 临床意义

（1）肌酐浓度升高　增加到 250μmol/L 左右时，可能是肾前性的原因引起的（脱水或心衰），超过该值时，肾几乎都是有问题的（除非存在膀胱破裂或尿道阻塞），当血浆肌酐的浓度超过 500μmol/L 时，情况就十分严重了。浓度超过 1000μmol/L 的情况见于肾衰后期、膀胱破裂和尿道阻塞。

（2）肌酐浓度降低　见于妊娠晚期、严重的肌营养不良、重度的充血性心衰、应用雄性激素或噻嗪类利尿药等。

（三）尿酸

尿酸（uric acid）是嘌呤核苷酸分解代谢的产物，由尿排出体外。食物中核酸在消化道内分解产生的嘌呤吸收进入体内氧化也是其来源。哺乳动物尿中的嘌呤类代谢产物主要是尿囊素，犬、猪和牛含量较多，马和绵羊较少。灵长类和人类排出的主要是尿酸。家禽尿中的尿酸含量较多,是家禽体内含氮物质分解代谢的主要终产物。家禽由于肝中缺乏精氨酸酶,所以蛋白质的最终代谢产物是尿酸,测定尿酸更有意义。

1. 正常参考值

多种动物血清尿酸含量的正常参考值见表2-16。

表2-16　　　　　　　　　多种动物血清尿酸含量的正常参考值　　　　　　单位:mmol/L

动物种类	正常参考值	动物种类	正常参考值
牛	0~119	犬	0~119
马	54~66	猪	0~60
绵羊	0~113	鸡(产蛋期)	0.06~0.42
山羊	18~60	鸡(非产蛋期)	0~0.12

2. 临床意义

血清尿酸含量增高见于家禽痛风、肾功能减退、严重肾损害、四氯化碳中毒、铅中毒、维生素A缺乏症、黄曲霉毒素中毒。

(四)尿蛋白/肌酐

肾蛋白尿的定量测定对于诊断肾病意义重大。尿中缺乏炎性细胞时,蛋白尿表明存在肾小球疾病。为精确地评价蛋白尿,应检测24h的尿蛋白值。这是一项烦琐的任务,也容易出错。用数学方法比较尿样中蛋白质和肌酐水平,则更为精确和易于理解。尿蛋白/肌酐比率,是建立在小管内尿蛋白和肌酐浓度增加水平一致的基础上。

这种方法已有效地应用于犬。通常在上午10:00和下午2:00,采集5~10mL尿液,最好进行膀胱穿刺采集新鲜尿样。将尿样离心后,取上清液。可用各种分光光度计测定每个样品的蛋白质和肌酐浓度。比值小于1为健康犬;比值大于5提示存在肾疾病;比值大于10提示肾前性(高球蛋白血症、血红蛋白血症、肌红蛋白血症)或功能性(运动、发热、高血压)损伤。

四、胰腺生化指标检查

胰腺具有外分泌功能和内分泌功能。外分泌部又称为腺泡膜腺,是胰腺最大的组成部分,分泌富含酶的胰液,包括进入小肠内参与消化所必需的酶。三种主要的胰酶是胰蛋白酶、淀粉酶和脂肪酶。胰腺组织受损常伴有胰管的炎症,这种情况会导致储备的消化酶进入外周循环。外分泌腺间散布排列的细胞,在组织学上呈现出"岛"状的浅染区域,称为胰岛,分泌胰岛素、胰高血糖素和生长抑素,属于内分泌细胞。

(一)淀粉酶

血清淀粉酶(AMY)主要来源于胰腺,另外近端十二指肠、肺、子宫、泌乳期的乳腺等器官也有少量分泌。血清淀粉酶在急性胰腺炎及慢性胰腺炎的急性发作胰腺损伤期升高2~3倍(主要在犬),肾衰竭、胰腺囊肿、胰腺肿瘤时中度升高,肝脏疾病及胃肠道疾病如肠梗阻、肠管坏死、便秘、胃肠穿孔、腹膜炎等，应用噻嗪类、糖皮质激素及羟乙基淀粉也可引起血清淀粉酶升高。

1. 正常参考值

多种动物血清淀粉酶正常参考值见表 2-17。

表 2-17　　　　　　　　　　多种动物血清淀粉酶正常参考值　　　　　　　　单位：U/L

动物种类	正常参考值	动物种类	正常参考值
牛	41~98	绵羊	140~270
马	47~188	犬	270~1462
猪	44~88	猫	371~1193

2. 临床意义

（1）血清淀粉酶升高

①血清 α-淀粉酶升高：通常见于胰腺炎、肾脏疾病、肠阻塞、肠扭转、肠穿孔、小肠上部炎症、皮质类固醇过多及应用皮质类固醇或促肾上腺皮质激素治疗疾病时。

②血清 α-淀粉酶降低：通常见于胰腺管栓塞型的胰坏死。

（2）血清淀粉酶降低　无重要的临床意义，有报道见于重症糖尿病、严重的肝脏疾病、胰腺肿瘤的术后。

（二）脂肪酶

脂肪酶（LIPA）与食物中脂肪的分解有关，且也存在于胰腺中。它通常与淀粉酶一起用于诊断急性坏死性胰腺炎，且对该病较特异，受非特异因素影响小。作为一个大分子，它在疾病早期持续增加的时间较长，但在疾病开始阶段，它没有像淀粉酶升得那样快，所以应同时化验两种酶。犬的正常值约低于 300U/L，而在胰腺炎的早期，通常可超过 500U/L。

1. 正常参考值

犬脂肪酶正常参考值为 0~258U/L，猫为 0~143U/L。

2. 临床意义

（1）血清脂肪酶升高　血清脂肪酶的升高主要见于急性胰腺炎、胰腺癌。急性胰腺炎时血清淀粉酶升高持续的时间较短，而脂肪酶升高持续时间很长，故临床诊断意义较大。另外肠梗阻、十二指肠穿孔、胆总管阻塞也能引起血清脂肪酶升高。

（2）血清脂肪酶降低　无重要的临床意义。

（三）胰脂肪酶免疫反应性（PLI）

胰脂肪酶由胰腺腺泡细胞合成，分泌进入胰管系统。正常情况下，仅有少量的胰脂肪酶进入循环系统，当胰腺发生炎症时，大量的胰脂肪酶进入循环系统，测定胰脂肪酶免疫反应性即可特异性地发现胰腺炎。与脂肪酶不同，胰脂肪酶免疫反应性可特异性地检测胰脂肪酶，从而排除了其他脏器的干扰。目前可用放射性免疫分析法和酶联免疫吸附试验测定犬的胰脂肪酶免疫反应性（cPLI），测定猫胰脂肪酶免疫反应性（fPLI）的放射性免疫分析法也已出现。胰脂肪酶免疫反应性的测定具有种属特异性，现在国内市场上已有半定量测定 cPLI 和 fPLI 的试剂盒。

在胰腺炎的诊断中，与其他实验室方法和影像学方法相比，胰脂肪酶免疫反应性的敏感性和特异性更高，对犬的严重和轻度慢性膜腺炎来说，cPLI 的敏感性分别为 82% 和 61%，特异性则超过 96%；对猫的中至重度胰腺炎和轻度膜腺炎来说，fPLI 的敏感性则分别为 100% 和 54%，特异性为 91% 和 100%。cPLI 与 fPLI 为目前市面上诊断犬、猫胰腺炎最有效的实验室检测项目。

五、其他生化指标检查

(一) 肌酸激酶

肌酸激酶 (CK) 又称肌酸磷酸激酶 (CPK)，肌酸激酶在骨骼肌和心肌中含量最高，其次是脑和平滑肌。当骨骼肌细胞或心肌细胞受损伤时，由于细胞膜的通透性增加，使肌酸激酶释放入血液中，血清肌酸激酶浓度升高。

1. 正常参考值

多种动物血清肌酸激酶活性的正常参考值见表 2-18。

表 2-18 　　　　　　　　　多种动物血清肌酸激酶活性的正常参考值　　　　　　单位：U/L

动物种类	正常参考值	动物种类	正常参考值
牛	4.8~12.1	山羊	0.8~8.9
马	2.4~23.4	犬	1.15~28.4
猪	2.4~22.5	猫	7.2~28.2
绵羊	8.1~12.9		

2. 临床意义

肌酸激酶升高　急性心肌梗死后 2~4h，血清肌酸激酶值就开始增高，可高达正常上限的 10~12 倍，对诊断心肌坏死有较高特异性；血清肌酸激酶增高和降低 2~4d 可恢复正常。

病毒性心肌炎时，血清肌酸激酶也明显升高，在病程观察中有参考价值。引起肌酸激酶增高的其他疾病有脑膜炎、脑梗死、脑缺血、甲状腺功能减退、进行性肌营养不良、皮肌炎、多发性肌炎、急性肺梗死、肺水肿及心脏手术等。肌肉物理性损伤，急性肌肉营养性疾病，维生素 E、硒缺乏症，牛低镁血症，马麻痹性肌红蛋白尿症，重度使役和运输应激均可使肌酸激酶活力明显升高。牛心肌炎及甲状腺功能降低时，血清肌酸激酶也会升高。

(二) 血糖

血糖 (GLU) 是血液中的葡萄糖。通常情况下，动物的血糖浓度保持相对恒定。肝脏在糖的分解、合成代谢和糖类的相互转化上均起着十分重要的作用。它通过肝糖原的生成与分解、糖的氧化分解、糖异生和将其他糖转化为葡萄糖等维持血糖恒定。当肝细胞损害（尤其是患肝炎）时，由于肝内糖代谢酶系的变化可导致血糖异常。

1. 正常参考值

血糖可用还原法、葡萄糖氧化酶（glucose oxidase，GOD）法、己糖激酶（HK）法、邻甲苯胺（o-TB）法等测定。多种动物血糖正常参考值见表2-19。

表2-19 　　　　　　　　　　　　多种动物血糖正常参考值 　　　　　　　　单位：mmol/L

动物种类	正常参考值	动物种类	正常参考值
牛	2.3~4.1	山羊	2.7~4.2
马	3.5~6.3	犬	3.4~6.0
猪	3.7~6.4	猫	3.4~6.9
绵羊	2.4~4.5		

2. 临床意义

（1）血糖增高

①生理性血糖增高：生理性或一时性血糖增高，如单胃动物进食后2~4h内、精神紧张、兴奋、强制保定、疼痛及注射可的松类药物等。

②病理性血糖增高：主要是由于肝脏输出葡萄糖和外周组织利用葡萄糖之间的不平衡，或由于调节这些过程的激素紊乱所致。其中暂时性高血糖见于反刍动物氨中毒、牛生产瘫痪、胰岛素使用过量、绵羊肠毒血症、剧痛、运输、寒冷、兴奋、胰腺炎等；持续性高血糖见于糖尿病、肢端肥大症、肾上腺功能亢进、脑垂体功能亢进。犬、猫血糖升高的原因有糖尿病、紧张（猫）、肾衰竭、库欣综合征、甲状腺功能亢进、孕激素和生长激素过多。

（2）血糖降低 主要是肝脏糖原异生作用降低、外周组织利用葡萄糖增加或机体摄入糖不足。常见于胰岛素分泌增多、肾上腺皮质功能减退、糖原储存病；牛酮病、绵羊妊娠毒血症；饥饿、消化吸收不良；肝脏功能不全及马黄曲霉毒素中毒。犬、猫常见于小型幼龄动物的消化道疾病（常引起癫痫）、饥饿、严重的败血症、肝功能不全、艾迪生病、垂体功能减退。

（3）健康家畜的葡萄糖肾阈 马10~12mmol/L，牛5.4~5.7mmol/L，绵羊8.9~12mmol/L，山羊3.9~7.2mmol/L。血中葡萄糖如果超过这一限度即可出现糖尿。因此在给家畜输葡萄糖时，输完之后间隔一定的时间应检验尿中是否有糖。在缺乏必要的检验条件下，可作为输糖量是否合适的粗放参考指标。肝功能不良，输入常规糖量，尿糖也会呈现阳性反应。

（三）血酮体

酮体是脂肪酸分解代谢的中间产物，包括乙酰乙酸、β-羟基丁酸及丙酮。酮体主要由肝脏产生，但肝脏产生的酮体需经血液运送至肝外组织利用，氧化生成二氧化碳和水。当机体糖代谢发生障碍、机体处于能量负平衡状态时，脂肪酸分解代谢增加，导致产生大量酮体，酮体产生速度超过肝外组织利用速度，即可引起血中酮体堆积，称为酮血症。过多的酮体从尿中排出称为酮尿。

（1）测定方法有化学比色法、酶法等，但常用的比色法只能定性或定量测定其中的一种或两种组分。

（2）乳牛正常参考值为 0~1.72mmol/L。

（3）临床意义　某些肝细胞损伤性疾病，如中毒、急性实质性肝炎，由于糖代谢障碍，糖的利用减少，脂肪分解增加，导致酮体生成过多，产生酮血症。此外，禁食过久、产后食欲下降、乳房炎时血酮体也可增加。老年犬、老年猫的重症糖尿病血中酮体含量也增加。

（四）血液丙酮酸

丙酮酸是糖分解代谢的中间产物，经无氧酵解途径在乳酸脱氢酶的催化下，丙酮酸从 NADH 和 H^+ 上获得 2 个氢而被还原成乳酸。经有氧氧化途径，丙酮酸则氧化脱羧生成乙酰辅酶 A，参与三羧酸循环，彻底分解为二氧化碳和水。当肝细胞中三羧酸循环运转不佳时，可引起血中丙酮酸升高。

（1）测定方法　乳酸脱氢酶分光光度法。

（2）乳牛正常参考值为（0.63±0.23）mmol/L。

（3）临床意义　严重肝细胞损害，特别发生肝昏迷时，血中丙酮酸显著上升。此外各种原因引起的组织严重缺氧也可引起血中丙酮酸和乳酸增加。维生素 B_1 焦磷酸酯是丙酮酸在细胞内进一步氧化分解成乙酰辅酶 A 的重要辅基。当机体维生素 B_1 缺乏时，体内丙酮酸氧化发生障碍，导致血液中的丙酮酸含量增加，故血液丙酮酸的测定主要用于维生素 B_1 缺乏症的辅助诊断。丙酮增高见于乳牛酮血症、母羊妊娠毒血症、长期饲喂高脂肪低糖的饲料以及各种慢性疾病的营养负平衡期、饥饿、恶病质等。

（五）血清脂质指标

1. 总胆固醇

胆固醇（cholesterol，Chol）是脂质的组成部分，广泛分布于机体各组织中，血液中的胆固醇仅 10%~20% 是直接从日粮中摄取，其余主要由肝脏和肾上腺等组织合成。胆固醇主要经胆汁随粪便排出。体内胆固醇是合成胆汁酸、肾上腺皮质激素、性激素和维生素 D 等的重要原料，也是构成细胞膜的主要成分之一。在动物特别是种畜和宠物中，饲养条件良好，运动减少，寿命延长，这类疾病也逐渐增多，在临床上的意义也日益重要。

（1）测定方法　测定方法主要有高效液相色谱法，酶法，正己烷抽提、L-B 反应显色法、异丙醇抽提、高铁冰醋酸-硫酸显色法等。

（2）正常参考值　如表 2-20 所示。

表 2-20	多种动物总胆固醇正常参考值		单位：mmol/L
动物种类	正常参考值	动物种类	正常参考值
牛	2.08~3.12	山羊	2.080~3.380
马	1.95~3.9	犬	3.510~7.020
猪	0.936~1.404	猫	2.964~3.380
绵羊	1.352~1.976		

（3）临床意义　总胆固醇在发生肝阻塞性黄疸时增高，严重肝损害时降低；胆固醇酸化在发生肝细胞损害时降低。

动物体内产生胆固醇的主要部位为肝脏、肾上腺（皮质）、卵巢、睾丸及肠道上皮细胞等，这些脏器的病变常常引起胆固醇含量的变化。

①胆固醇增高：见于甲状腺功能减退、肾上腺皮质功能亢进、肾病综合征、胆管阻塞、肝脏疾病、肠道疾病、饥饿、白肌病、妊娠期（特别是驴的产前不吃）及饲喂之后（对犬饲喂高脂肪食物）等。

②胆固醇化降低：见于甲状腺功能亢进、恶病质（衰竭症）、充血性心力衰竭、肝硬化后期、恶性贫血、溶血性黄疸、低色素性贫血及肠道阻塞等。

③胆固醇酸化降低：主要见于严重的肝病，由于肝脏实质细胞功能减退，卵磷脂胆固醇转氨酶的释放减少，影响胆固醇的酸化，可作为测定肝功能的参考指标。

2. 甘油三酯

甘油三酯（triglyceride，TG）是脂肪的储存形式，由 3 个脂肪酸与 1 个甘油酯化形成，由肝脏、脂肪组织和小肠合成，主要存在于 β-脂蛋白和乳糜微粒中，直接参与胆固醇和胆固醇酸的合成，为细胞提供能量。脂蛋白代谢过程十分复杂，血液循环中各组脂蛋白处于动态的转变。动物通过肝脏不断地从血中摄取游离脂肪酸后合成甘油三酯，然后不断地以脂蛋白的形式将其送入血液，故正常情况下血浆中甘油三酯与外界是处于交换之中，并保持动态平衡。如果进入血液的速度增快或清除速度减缓，则可引起血浆的甘油三酯量增高。高甘油三酯血症为心血管疾病的危险因素，血清甘油三酯水平受年龄、性别和饮食的影响。

（1）测定方法　主要有化学法和酶法。

（2）正常参考值　如表 2-21 所示。

表 2-21　　　　　　　　　　多种动物甘油三酯正常参考值　　　　　　　　　单位：mmol/L

动物种类	正常参考值	动物种类	正常参考值
牛	0~0.2	犬	0.43
马	0.1~0.5	猫	0.40
羊	9.21		

（3）临床意义　当血浆中有乳白色悬浮物时就要怀疑是否患有脂血症。

①血清甘油三酯浓度增高：见于原发性高脂血症，马的高脂血症、肥胖症、糖尿病、脂肪肝、肾病综合征，母驴怀骡妊娠毒血症，犬急性坏死性胰腺炎，犬肝脏疾病、长期饥饿或高脂饮食等。

②血清甘油三酯浓度降低：见于甲状腺功能减退、肾上腺功能降低及严重的肝功能不良、营养不良等。

项目思考

1. 干式生化分析仪和湿式生化分析仪检测原理是什么？

2. 干式生化分析仪和湿式生化分析仪各有哪些优缺点？

3. 血清和血浆在做生化分析时哪些指标会有所差别？

4. 尝试开展一次调研，干式生化和湿式生化哪个检测成本更高？

5. 在病例生化分析结果中发现 ALT 升高，是否一定提示肝脏疾病？

6. 在病例生分析结果中发现血清淀粉酶升高，是否一定提示胰腺炎？

7. 在生化分析中，为什么幼龄动物的 ALP 活性会相对偏高？

8. 当动物的 BUN、TBIL、GLU、ALB 等指标都低于正常值的时候可能是哪个器官的问题？

9. 当动物的血糖升高时一定是患有糖尿病吗？

项目三　血液气体及电解质检查

必备知识

一、血液气体及电解质分析仪的使用

血液气体及电解质分析在临床上主要用于评估动物呼吸功能、血氧结合、酸碱平衡和离子平衡等。在某些疾病的早期，血液气体及电解质分析能为呼吸功能、离子紊乱和酸碱紊乱等病症的诊断提供依据。目前血液气体及电解质分析主要用于小动物临床，尤其广泛应用于小动物急重症。血液气体和电解质分析结果可以指导更为合理的液体疗法，以取得更好的治疗效果。临床上血液气体及电解质分析机器的种类有很多，待检测样本均为全血，既可以是动脉血，又可以是静脉血。采集血液样本注射到肝素锂抗凝管中，并将采血管置于振荡器上混匀，并测量此时患宠的实时体温。血液气体及电解质分析检测方法与步骤见视频2-16。

第一步：在控制器上输入动物基本信息。点击检测样本，添加新病畜，完善病历信息。在控制器上选择检测仪器>血气分析仪（VetStat）。

第二步：取出待测试试剂片，扫描或刷读其条形码，血气分析仪指示灯变绿。

第三步：屏幕显示 Open Cover，点击样本测试槽（SMC）下方的按钮，打开样本测试槽盖子；屏幕显示 Open Pouch and Wipe Cassette 和 Insert Cassette，打开试剂片铝箔膜包装并取出试剂片，用无尘纸擦净测试片两面的保护液，放入样本测试槽并轻压固定，盖上样本测试槽上盖。

第四步：在血气分析仪屏幕上输入待测病例血液样本种类和体温，然后点击 "finish"；当校正进度条达到100%，绿灯停止闪烁，仪器蠕动泵声音消失，此时可以加样。

第五步：用1mL注射器从抗凝管中抽取至少0.2mL的全血，并将气泡排净，将红色进样针插入注射器，然后点击屏幕上的 "OK" 按键，此时仪器会自动吸样进行检测。当屏幕显示 Cassette Measurement in Process. Please wait，才可以取下注射器。当测试完成后，结果会显示在屏幕，可选择 Modify Result 或 Finalize Result；如果需要更改数据（如体温），就点击 Modify 进入 Patient Data 做修改，如果不修改数据，就点击 Finalize。VetStat 会自动打印报告。

二、常用检测指标

（一）氧分压和氧饱和度

氧分压（PO_2）是指血浆中物理溶解的 O_2 所产生的张力。氧容量是指每100mL血液中，血红蛋白结合 O_2 的最大量，受血红蛋白浓度的影响。氧含量是指在一定氧分压下血红蛋白实际结合 O_2 的量，受 PO_2 的影响。氧饱和度（SaO_2）是指氧含量和氧容量的百分比。动脉血氧分压（PaO_2）表示肺部的氧交换能力，呼吸室内空气的犬动脉血氧分压为80~104mmHg，猫为95~118mmHg。静脉血氧分压（PvO_2）不能用来评估肺部的氧交换能力，但可以指示外周组织利用氧的情况。犬静脉血氧分压为48~56mmHg，猫则为27~50mmHg。氧分压不涉及机体的酸碱平衡状态，因此讨论酸碱紊乱时一般不考虑氧分压，除非在缺氧时，如缺血引起的酸碱紊乱。

（二）pH

正常机体血液 pH 为7.35~7.45。不同的血气分析仪和不同动物之间略有差异。当 pH < 7.35 时称为酸血症，pH>7.45 时称为碱血症。当 pH≤7.0 或≥7.65 时，机体才会有紧急的生命危险，需要立即处理。pH 在7.2~7.6 时一般不需要处置。当 pH<7.2 或>7.6 时虽然需要处置，但应先找出发病原因，通常治疗原发病后酸碱紊乱也会得到改善。

（三）二氧化碳分压

二氧化碳分压（PCO_2）是指血浆中呈物理溶解状态的 CO_2 分子产生的张力。动脉血二氧化碳分压（$PaCO_2$）反映肺泡通气量的情况。动脉血二氧化碳分压与肺泡的通气量成反比，即通气不足动脉血二氧化碳分压升高，通气过度动脉血二氧化碳分压降低。因此二氧化碳分压是反映呼吸性酸碱紊乱的重要指标。临床上，犬动脉血二氧化碳分压的参考范围为 35~45mmHg，<35mmHg 表示通气过度，见于呼吸性碱中毒或代偿后的代谢性酸中毒；>45mmHg 则表示通气不足，见于呼吸性酸中毒或代偿后的代谢性碱中毒。而实际检测值通常比较低，犬为 30.8~42.8mmHg，猫为 25.2~36.8mmHg。静脉二氧化碳分压（$PvCO_2$）则比较高，犬为 33~41mmHg，猫为 33~45mmHg。

（四）二氧化碳总量

二氧化碳总量（TCO_2）是指在血清或血浆中加入强酸时，由以下公式所产生的 CO_2 总量。

$$H^+ + HCO_3^- \longleftrightarrow H_2CO_3 \longleftrightarrow CO_2 + H_2O$$

由此公式可以看出，二氧化碳总量是血液样品中所溶解 CO_2 和 HCO_3^- 的总和。因此，在正常机体中，二氧化碳总量的浓度比 HCO_3^- 的浓度高 1~2mEq/L。但如果二氧化碳总量在有氧条件下测定，溶解的 CO_2 则会释放到空气中，因此二氧化碳总量略等于 HCO_3^-。相对而言，二氧化碳总量不如 HCO_3^- 准确，但可用来评估机体的酸碱值。

（五）标准碳酸氢盐

标准碳酸氢盐（SB）是指全血在标准条件下，即动脉血二氧化碳分压为 40mmHg，温度为 37℃，血红蛋白氧饱和度为 100% 时，测得的血浆中 HCO_3^- 的量，是判断代谢性酸碱紊乱的指标。在代谢性酸中毒时降低，代谢性碱中毒时升高。在呼吸性酸中毒或碱中毒时，由于肾脏的代偿作用也可以继发性升高或降低。重要的是，所测得的标准碳酸氢盐仅能反映出所检测血样中的 HCO_3^- 量，是在体外完成的，而实际机体内的情况要复杂得多，因此不能正确地反映机体内部的变化。另外，标准碳酸氢盐值的异常不是原发性代谢性酸碱紊乱的判断标准。因为有时 HCO_3^- 的变化是肾脏对呼吸性酸碱紊乱的生理性代偿所引起的。标准碳酸氢盐指标在酸碱紊乱中的应用仍存在争议。

（六）剩余碱

剩余碱（BE）是指在标准条件下（温度为 37℃，动脉血二氧化碳分压为 40mmHg），用强酸或强碱滴定全血样品至 pH 7.40 时所需要的强酸或强碱的量（mmol/L）。剩余碱只受固定酸或非挥发酸的影响，所以被认为是代谢性酸碱紊乱的指标。若用酸滴定，使血液 pH 达 7.40，则表示被测样品的碱过度，剩余碱用正值表示，反映代谢性碱中毒；如需用碱滴定，说明被测样品的碱缺失，剩余碱用负值表示，反映代谢性酸中毒。与标准碳酸氢盐相同，剩余碱也不能用于判断原发性代谢性酸碱紊乱，因此其应用也仍存在争议。

（七）阴离子间隙

阴离子间隙（AG）是一个计算值，指血浆中未测定阴离子（UA）和未测定阳离子（UC）的差值。表2-22为犬、猫血浆中阳离子和阴离子的大致浓度。

表2-22 犬、猫血浆中阳离子和阴离子的大致浓度 单位：mEq/L

阳离子	犬	猫	阴离子	犬	猫
钠	145	155	氯	110	120
钾	4	4	碳酸氢根	21	21
钙	5	5	磷酸	2	2
镁	2	2	硫酸	2	2
其他	1	1	乳酸	2	2
总和	157	167	其他有机酸	4	6
			蛋白质	16	14
			总和	157	167

临床常用的全自动血气分析仪通常给出钠、钾、氯和碳酸氢根的浓度。因此所测得的阳离子浓度要高于所测得的阴离子浓度。正常机体血浆中的阴离子和阳离子的总和相等，从而维持电荷平衡。即

$$Na^+ + K^+ + UC = Cl^- + HCO_3^- + UA$$

可见 $AG = UA - UC = (Na^+ + K^+) - (Cl^- + HCO_3^-)$

与钠离子相比，钾离子浓度较低，因此阴离子间隙可大致地认为

$$AG = Na^+ - (Cl^- + HCO_3^-)$$

犬阴离子间隙为（18.8±2.9）mEq/L（范围为13~25mEq/L），猫阴离子间隙为（24.1±3.5）mEq/L（范围为17~31mEq/L）。

阴离子间隙为未测定阴离子和未测定阳离子之间的差值，因此任何一种阴离子和阳离子的变化都会导致阴离子间隙的改变。但是任何一个阳离子（如钙和镁）的变化足以引起阴离子间隙变化时，机体肯定会发生不耐受，所以讨论阴离子间隙变化时只集中在阴离子发生的变化。

阴离子间隙增高较常见，且临床意义更大。它可帮助区分代谢性酸中毒的类型。当体内有机酸升高时（如糖尿病或乳酸血症），HCO_3^-浓度因中和有机酸所释放的H^+而降低，而机体Cl^-浓度则不会发生改变（氯正常型代谢性酸中毒）。此时，阴离子间隙就会升高。而在机体中阴离子间隙的升高和HCO_3^-浓度降低的幅度不会一致。阴离子间隙还有助于诊断混合性酸碱紊乱。阴离子间隙的降低不太常见，低蛋白血症可能是导致阴离子间隙下降的最常见原因。在免疫球蛋白G（IgG）分泌过多的骨髓瘤中可能会见到阴离子间隙的降低。

（八）钠离子

钠离子是细胞外液中的主要阳离子，犬、猫正常的血清钠浓度为135~155mmol/L。

氯离子是细胞外液中的主要阴离子，占细胞外液中阴离子的三分之二。这两者对维持机体的渗透压至关重要。血液中钠离子的变化反映的是机体内钠和水的平衡，不能直接反映钠离子总量的变化。真正的高钠血症常导致高渗，表明机体水分不足。当血液中钠离子低于参考范围下限则提示为低钠血症。通常在血浆钠浓度降至125mmol/L以下时才会表现临床症状。钠离子浓度和血浆渗透压迅速下降，会使水分进入脑细胞，从而导致脑水肿，继而出现嗜睡、虚弱、恶心、呕吐、共济失调和抽搐等症状。

（九）钾离子

钾离子是细胞内的主要阳离子（细胞内钾离子浓度约为140mmol/L），对维持细胞的静息膜电位（特别是肌肉和神经）很重要。机体总钾的60%~75%存在于肌肉细胞中，其余在骨骼中；只有5%的钾位于细胞外液中，因此血液中的钾浓度并不总是反映全身钾水平。血液钾离子浓度正常为犬3.5~5.8mmol/L，猫3.6~4.5mmol/L。

低钾血症会降低细胞的静息电位，也就意味着细胞（神经和肌肉细胞）对刺激的敏感性降低，需要更强的刺激才能激活。低钾血症可能会干扰抗利尿激素（ADH）对肾小管的作用，从而影响肾脏的尿浓缩能力，导致多尿和继发性多饮。犬、猫低钾血症的临床症状随病情的严重程度和持续时间而异。当血液钾离子浓度小于3.0mmol/L时，通常会导致肌无力、心律失常；血液钾离子浓度小于2.0mmol/L时，可能会导致横纹肌溶解和呼吸肌麻痹。

（十）氯离子

氯离子与电解质的关系不密切，但可以提供十分重要的信息。氯离子是血浆和细胞外液中主要的阴离子，在细胞内液中含量很低，氯离子是肾小球滤过和肾小管重吸收的主要阴离子，它的浓度受其他主要阴离子（碳酸氢根）的浓度影响。正常动物的血浆氯浓度为100~115mmol/L（猫可高达140mmol/L）。

血氯升高的原因主要为摄入增加或排泄减少。摄入增加包括使用含氯药物或液体治疗（如使用氯化铵治疗、使用生理盐水或氯化钾输液）。腹泻时相对于氯的丢失，钠丢失增加也会引起高氯血症。肾衰竭、肾小管酸中毒、肾上腺皮质功能低下、糖尿病、慢性呼吸性碱中毒也可以引起高氯血症。高氯血症常发生于酸中毒时，也常见于几乎所有与高钠血症有关的疾病。低氯血症常发生于碱中毒时，也常见于与低钠血症有关的疾病。不伴有低钠血症的低氯血症，可在丢失大量的高氯或低钠液体时发生，这一般就是盐酸，即胃分泌液丢失的缘故，故在刚采食后，持续的呕吐是其中可能的原因之一（但在空胃时，呕吐中丢失的主要是钾）。在慢性呼吸性酸中毒或肾上腺皮质功能亢进时，由于肾脏的丢失增加，容易引起低氯血症。大量使用碳酸氢钠等高钠液体治疗时，也可以引起低氯血症。治疗氯的紊乱，主要是纠正酸碱紊乱和钠的异常，而不是特异地纠正氯离子本身的浓度。

◢ 项目思考

1. 血气和电解质检查项目通常用于常规体检还是急诊？

2. 用于检测血气和电解质检查的是哪种血液样本？

3. 用于检测血气和电解质检查的血液样本是放在哪种采血管中？

4. 血液气体的指标有哪些？

5. 血液气体的指标分别能提示什么意义？

6. 在进行血液气体分析的时候，同一只动物的动脉血和静脉血的检测结果区别大吗？

7. 电解质检查结果对于酸碱紊乱的判断有帮助吗？

8. 临床上动物呕吐通常会造成哪种离子水平的下降？

9. 酸碱血症和酸碱中毒有何差别？

尿液与粪便实验室检查技术

项目一　尿液常规检查技术

1. 培养科学严谨的工作作风。
2. 认识尿液常规检查对其他医学检查的重要性，培养良好的团队协作意识。
3. 探索新的检测方法和技术，培养勇于探索的学习精神。
4. 培养不怕脏、不怕累的吃苦耐劳的优良品质，树立正确的劳动观和择业观。

知识目标

1. 了解尿液常规检查内容。
2. 了解动物尿液检查指标的临床意义和参考范围。
3. 了解不同动物尿液的特点。
4. 掌握动物尿液采集和处理方法。
5. 掌握尿液尿相对密度等物理性质检查方法。
6. 掌握尿液化学性质检查方法和检查内容。
7. 掌握尿沉渣检查方法和检查内容。

技能目标

1. 能根据病畜实际情况使用不同方法完成尿液样本采集。
2. 会使用折射仪完成尿相对密度检查。
3. 能使用尿液试纸条完成尿液化学性质检查。
4. 会使用尿液化学性质分析仪进行化学性质检测。
5. 能进行尿沉渣检查。
6. 能根据尿液检查结果进行疾病分析。

必备知识

一、尿液采集与保存

动物泌尿器官本身或其他器官的疾病都可引起尿液成分和性状的变化，尿液检查在临床诊断、疾病治疗和预后判断上都具有重要意义。尿液检验结果可用于泌尿系统疾病诊断与疗效判断，以及其他系统疾病诊断，如糖尿病、急性胰腺炎（尿淀粉酶）、黄疸、溶血、重金属（铅、铋、镉等）中毒，以及用药监督等。尿液检验包括尿液样本采集、尿液物理性质、尿液化学性质和尿沉渣检验等。

（一）尿液采集方法

尿液采集的方法有自然排尿、压迫膀胱、导尿和膀胱穿刺。

1. 自然排尿

用清洁的容器，在动物自然排尿时直接接取尿液。公畜还可以用尿袋固定在阴茎下方取尿。在动物自然排尿时，中段尿液最好，因为开始的尿流会机械性地把尿道口和阴道或阴茎包皮中的污物冲洗出来。自然排尿是评价血尿时常选用的尿液采集方法。让动物嗅闻尿迹或氨水气味，也可诱使动物自主排尿。

2. 压迫膀胱

小型动物可通过体外轻抚动物膀胱部位的皮肤或压迫促进其排尿，大型动物可通过直肠检查时按摩膀胱促进排尿。在泌尿系统外伤时，压迫膀胱会使尿液样品中的红细胞和蛋白质增加。当动物发生尿道阻塞、做膀胱切开术时，不能用压迫膀胱采尿，以防止膀胱破裂。

3. 导尿

当动物尿路梗阻时无法自然排尿，因此必要时可进行人工导尿，导尿法见模块五临床治疗技术。

4. 膀胱穿刺

当尿道完全阻塞，导尿管无法插入膀胱时，就需要膀胱穿刺采集尿液。膀胱穿刺法见模块五临床治疗技术。膀胱穿刺可以避免尿道口、阴道、阴茎包皮和会阴污染物的污染，可以使尿样中的非尿道污染物减到最少。但近期进行过膀胱切开手术和有严重的膀胱外伤时，不能用该方法进行尿样采集。其主要缺点是针孔造成的外伤，可能引起医源性的血尿和膀胱穿刺部位尿液进入腹腔。

（二）尿液的保存

采集到的尿样应尽快分析，通常要求在尿液采集后的 30min 内完成化验分析，以保证化验结果的准确性。如果不能及时进行尿液分析或送检，应冷藏保存，冷藏的尿液在检验时，需要加热至室温。或尿液中加入适量的防腐剂以防止尿液发酵和分解。但不可在做细菌学检验的尿液中加入防腐剂。可按尿量加入 0.5%～1% 的甲苯，或按尿量的 1/400 加入硼酸，或每 100mL 尿液加入 3～4 滴甲醛溶液（尿蛋白质和尿糖检验时不可加）。

二、尿液的物理性质检查

尿液物理性质检查的基本构成包括颜色、透明度、相对密度等，疾病状态下，动物的尿液会发生相应的改变，如颜色异常、尿液混浊等。本节将详细阐述尿相对密度的检查方法及其临床意义。

（一）颜色和透明度

正常尿液呈黄色，变化较大，从淡黄色至深黄色、棕色不等。

检查尿色时，需将尿样盛放于干净透明的容器内，在白色背景下观察。虽然尿色往往用来提示机体的水合状态，但尿色变化可能跟代谢、运动、用药、疾病等有关。不同颜色的尿样有不同的鉴别诊断，无色或浅色尿液常提示尿液稀释；深黄色至橙色尿液提示尿液浓缩；红色尿液常提示血尿、血红蛋白尿或肌红蛋白尿。由于出现一种颜色的原因不止一种，因此，可能还需要进行化学分析和显微镜检测。

透明度是指尿样的清亮度或混浊度。均匀混合的尿样需置于干净容器内观察，新鲜尿样常为清澈的，但清澈的尿样通常含有一些肉眼不可见的化学物质。尿样如果冷藏，可能会因析出晶体而变得混浊，如无定形磷酸盐、碳酸盐、尿酸盐等；将尿样回温后，这些结晶又会重新溶解。透明度下降的尿样需要进行显微镜检查。

（二）相对密度

尿液中的溶质由大量电解质和经肾脏排泄的代谢产物（肌酐和尿素氮等）构成。尿液中溶质的数量、大小、重量都会影响尿相对密度。和钠离子、氯离子相比，大分子物质如尿素、葡萄糖、蛋白质等对尿相对密度的影响更大。在兽医诊所中，尿相对密度通常通过折射仪测量。这种方法操作简单，价格相对便宜，测量结果较为准确。

由于尿相对密度是尿液和水的折射率的比值，因此，尿液中溶质浓度升高时，尿相对密度会升高。糖尿和蛋白尿都会引起尿相对密度升高，而悬浮微粒如管型、结晶、细胞等，不能引起光的折射，所以不会直接影响折射率或尿相对密度。

尿比重检测方法如下。

1. 准备器材

烧杯、蒸馏水、尿比重仪、新鲜尿液样本（一般为采集后 30~60min）、纸巾等。

2. 校准

打开尿比重仪的盖板，用滴管将 1~2 滴蒸馏水加到尿比重仪的棱镜上，盖上盖板，然后从目镜处观察此时的刻度线是否为 1.000，如果不在，用螺丝刀左右拧转校准螺丝，边对焦边调整，直到刻度调整为 1.000。完成校准后，用纸巾将棱镜上的蒸馏水擦干（图 3-1）。

3. 样本检测

打开尿比重仪的盖板，将注射器中的尿液样本滴 1~2 滴到尿比重仪的棱镜上，然后轻轻盖上盖板，这里注意不能有气泡，接着对光从目镜处观察此时的刻度并进行读数（图 3-2）。

4. 结果判读

根据肾小球滤过液的相对密度将尿相对密度进行分类。肾小球滤过液的相对密度在

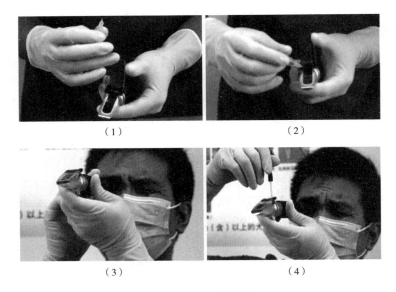

（1）　　　　　　　　（2）

（3）　　　　　　　　（4）

图 3-1　尿比重仪校准

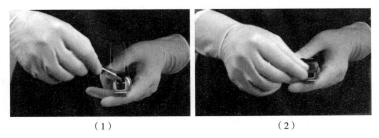

（1）　　　　　　　　（2）

图 3-2　尿液样本检测

1.008~1.012 的范围内。尿相对密度此范围内属于等渗尿；尿相对密度低于此范围属于低渗尿；尿相对密度高于此范围属于高渗尿（图 3-3）。犬的尿相对密度在 1.030~1.035、猫的尿相对密度在 1.035~1.045 时，表明肾脏具有充足的尿液浓缩能力，基本可以排除原发性肾病；尿相对密度远远低于此范围可能与尿液浓缩不全、尿样采集不规范及动物过度水合有关。肾脏的尿液浓缩能力至少损失 2/3 时，尿相对密度才会出现下降。高渗尿未必表明肾脏具有足够的尿浓缩能力，应综合考虑动物的临床症状、水合状态及尿液的高渗程度。

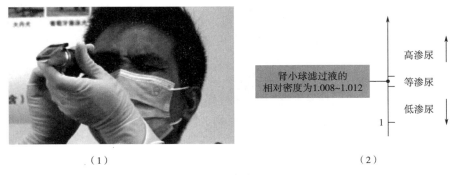

高渗尿

肾小球滤过液的
相对密度为1.008~1.012
等渗尿

低渗尿

1

（1）　　　　　　　　（2）

图 3-3　结果判读

三、尿液的化学性质检查

（一）检测方法

1. 比色卡读数法

（1）准备材料　烧杯、新鲜尿液样本、尿液检查生化试纸条。

（2）样本检测　取注射器中的尿液样本和一根试纸条，然后将尿液滴加在试纸条上，静置 60s（图 3-4）。将尿检试纸与比色卡进行对比读数，就可以得到尿液化学性质检查的数据（图 3-5）。

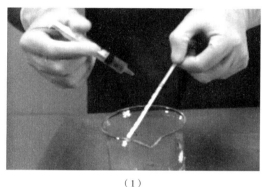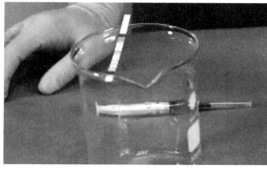

（1）　　　　　　　　　　　　　　　（2）

图 3-4　样本检测

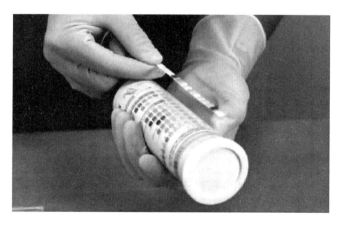

图 3-5　尿检试纸卡与比色卡对比读数

2. 尿液分析仪检测法

首先将尿液滴加在试纸条上，再将试纸条放到尿液分析仪上，点击"启动"按钮开始检测（图 3-6）。

检测结束后，试纸条从仪器退出，同时仪器会打印出测试结果，在测试结果中可以获得葡萄糖、蛋白质、酮体、胆红素等化学成分，进而判断动物是否存在尿糖、蛋白尿和胆红素尿等问题，为疾病诊断提供线索。

 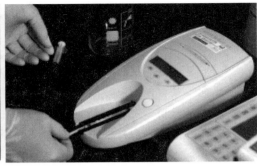

（1）　　　　　　　　　　　　　　（2）

图 3-6　尿液分析仪检测过程

（二）结果判读

1. 酸碱度

大多数健康动物都会因正常代谢而产生各种酸，并且部分经肾脏排泄。尿液 pH 反映机体总酸碱平衡，并受饮食、昼夜变化、疾病状态等因素的影响。在临床工作中，常使用干化学试纸条测量尿 pH。犬、猫尿液 pH 的参考范围为 6.0~7.5。

肉食动物的尿液呈酸性。许多引起代谢性或呼吸性酸中毒的疾病能够使尿液呈酸性，如严重的腹泻、糖尿病酮症酸中毒、肾衰、严重呕吐、蛋白质分解代谢。服用某些药物也能酸化尿液，如呋塞米、甲硫氨酸。在体外环境下能使尿液 pH 降低的原因如下：尿液中能够代谢葡萄糖的细菌过度繁殖并产生酸性代谢产物；用尿液试纸测定时，如果蛋白测试端与 pH 测试端相邻，蛋白测试端的酸性缓冲液可能污染 pH 测试端，导致尿液 pH 假性降低。

以素食为主的动物其尿液往往呈碱性。和碱性尿有关的疾病包括产脲酶细菌（主要为葡萄球菌、变形杆菌属）引发的泌尿道感染、代谢性或呼吸性碱中毒、呕吐、服用碱性药物（如碳酸氢钠）等。在体外环境下能增加尿液 pH 的原因包括产脲酶细菌过度繁殖、由于尿样放置时间过久导致二氧化碳挥发、存放尿样的容器上含有清洁剂残留等。

2. 葡萄糖

葡萄糖的分子质量相对较小，能自由地从肾小球进入超滤液中。近曲小管可重吸收葡萄糖。由于受肾小球血流、肾小管重吸收率、尿液流量等因素的影响，不是所有高血糖的病例都会出现尿糖。若血糖水平超过肾糖阈，动物会出现尿糖。犬的肾糖阈为 180~220mg/dL，猫的为 280~290mg/dL。

高血糖性糖尿的鉴别诊断包括糖尿病、肾上腺皮质功能亢进、急性胰腺炎、强烈应激、嗜铬细胞瘤、胰高血糖素瘤、药物（葡萄糖、糖皮质激素、孕酮）；血糖正常性糖尿的鉴别诊断包括原发性肾性糖尿、范科尼综合征、一过性应激、肾毒性药物（损害肾小管，如氨基糖苷类）等。

3. 酮体

酮体是脂类物质代谢的中间产物，过度脂肪动员也能产生酮体。碳水化合物代谢受阻导致能量生成受阻，从而转变成脂类代谢（利用脂类物质和脂肪酸生成能量）。酮体包括丙酮、乙酰乙酸、β-羟丁酸（3-羟基丁酸），但只有乙酰乙酸和丙酮具有酮类物质的化学结构。酮体通过肾小球滤过和肾小管分泌进入尿液，进入肾小管液中后，只有丙酮能被重吸收。干化学试纸条检测酮体时不能检查出 β-羟丁酸。

尿酮体阳性的鉴别诊断包括碳水化合物利用减少（糖尿病）或丢失（哺乳期、妊娠期、肾性糖尿、发热）、脂肪利用增多、日粮中碳水化合物的摄入量严重不足（高蛋白、高脂肪日粮）。尿中有酮体但无葡萄糖的鉴别诊断包括发热、长期饥饿、糖原贮积症、哺乳、妊娠、碳水化合物摄入受限、测试结果有误等。

4. 蛋白质

正常尿液中含有少量或微量蛋白质，尿液中出现微量蛋白质的原因有很多种，包括小分子血浆蛋白（分子质量低于 $40 \sim 60ku$）、肾小管上皮细胞分泌的蛋白、自然排尿或导尿时远端尿道污染的蛋白，常规检查测量不出的白蛋白等。白蛋白分子质量中等（$65 \sim 70ku$），由于肾小球的选择性滤过作用，正常尿液中往往无白蛋白。近曲小管上皮细胞会重吸收少量流经肾小球的蛋白质，进入超滤液。蛋白质的种类和数量、肾小球滤过、近曲小管上皮细胞的重吸收等因素决定了尿蛋白的含量。

可根据蛋白质的来源对蛋白尿的原因进行分类，包括肾前性蛋白尿、肾性蛋白尿、肾后性蛋白尿和肾小管分泌引起的蛋白尿。

肾前性尿蛋白包括肌肉损伤产生的肌红蛋白、血管内溶血产生的血红蛋白、浆细胞瘤或特定感染产生的本周蛋白（Bence-Jones protein）、炎症或感染引起的急性期反应蛋白。

肾性蛋白尿和肾脏疾病有关，包括肾小球疾病、肾小管疾病、肾间质疾病。肾性蛋白尿可能是暂时性的（如发热引起的蛋白尿），也可能是永久性的；永久性肾性蛋白尿具有临床意义。

肾后性蛋白尿的蛋白可能来源于肾盂后的任何部分（如输尿管、膀胱、尿道），也可能来源于泌尿系统之外（如生殖道）；细菌或真菌引起的感染、自发性炎症、创伤、肿瘤和发情前期引起的出血、前列腺液和大量精子等均可引起肾后性蛋白尿。

蛋白尿要和尿相对密度结合起来判读，稀释尿中"尿蛋白 1+"的临床意义比浓缩尿中的"尿蛋白 1+"更显著。由于干化学试纸条法的敏感性较低，早期肾病时尿蛋白测量值可能较低，可通过测量尿蛋白肌酐比来判读蛋白尿。

5. 潜血

血尿、血红蛋白尿或肌红蛋白尿时，试纸条潜血反应均为阳性；尿液中出现这三种物质的任何一种都是异常的。由于病因差异较大，因此区分这三种形式的潜血非常重要。血尿指尿液中出现了眼观可见或不可见完整的红细胞。红细胞至少达到 $5 \sim 20$ 个/μL，血红素反应才会呈阳性。尿路任何部位出血均可引起血尿。血红蛋白尿源自血管内溶血。肌肉严重损伤（横纹肌溶解）可能会引起肌红蛋白尿。由于肌红蛋白尿和血红蛋白尿的颜色相似，且血红素反应均为阳性，故二者较难区分。肌红蛋白尿时血浆为清亮的，而血红蛋白尿相反。

判读尿潜血时还要注意一些物质能引起假阳性反应（如过氧化物），泌尿道外的出血（尤其是未绝育母犬）也会引起尿潜血阳性。

6. 胆红素

胆红素是红细胞的正常崩解产物。衰老红细胞被脾脏和肝脏中的巨噬细胞吞噬，然后，铁和血红素分离，形成胆红素。非结合胆红素（和白蛋白结合的胆红素，又称间接胆红素）被转运至肝脏后变成结合胆红素（直接胆红素），然后排入胆管，最后被排入肠道。只有结合胆红素是水溶性的，可以经肾小球自由地滤过。高胆红素血症（结合或非结合性的）和胆红素尿的原因包括溶血、梗阻性或功能性胆汁淤积（胆红素不能进入胆管树）。由于犬的胆红素肾阈值较低，所以胆红素尿可能先于高胆红素血症出现。

7. 尿胆原

结合胆红素进入肠道后，大部分被肠道微生物转化为尿胆原，然后排出。少量尿胆原被重吸收入门静脉，经肝细胞转运后排泄入尿液。尿胆原是无色的。尿胆原是胆红素的代谢产物，并不稳定，在酸性环境中容易被氧化成尿胆素。另外，尿样受到紫外线照射时，尿胆原也可能转变为尿胆素，使尿样发绿。

由于大多数人用尿液干化学试纸条含有尿胆原这一项目，因此对动物进行尿液分析时也常有这项检查。犬溶血发作 3d 后进行尿液检查时，可能会发现尿胆原升高。其他种类的动物发生溶血时，一般不会出现尿胆原升高。多数研究者认为犬、猫的尿胆原检查结果不可靠。

常见的尿液检查干化学试纸条还可能有尿相对密度、亚硝酸盐、白细胞等项目，由于这些检查结果在犬、猫尿液分析中不准确，此处不进行相关分析讨论。

四、尿沉渣检查

尿沉渣检查主要观察细胞、结晶、管型、微生物等有形成分，需同时检查未染色样本和染色样本，未染色的尿沉渣样本利于观察结晶等成分，而染色样本利于观察微生物。需要注意镜检未染色尿沉渣时需将光线调暗并调低聚光镜。先在低倍镜视野下评估尿沉渣的大体构成，观察较大物质的结构，再用高倍镜辨认其他物质结构。

尿沉渣检查是尿液分析的最后一步，这一部分要求操作者具备较高的专业水平。最好采用新鲜尿液制备尿沉渣，但若无法及时进行尿检，可进行适当保存（主要为冷藏）。由于低温会使无定形结晶增多，故检查冷藏尿样前，须将尿样恢复至室温。

（一）检查方法

（1）准备材料 滴管、离心管、盖玻片、载玻片、烧杯、新鲜尿液样本、离心机、显微镜等。

（2）使用滴管将尿液样本转移至离心管中，每管装至 2mL 左右。

（3）将离心管中的尿液对称放入离心机内，设置转速为 1000~2000r/min，时间为3~5min，点击启动，开始离心。这里采用低转速离心，是为了防止离心过程中高转速将脆弱的有形成分破坏掉。

（4）离心结束，打开离心机，取出离心后的尿液。

（5）用滴管将离心后尿液的上清液去掉，留 0.3~0.5mL，用滴管将剩余部分吹打混匀。取干净的载玻片，吸取一滴尿沉渣混合液滴至载玻片上，盖上盖玻片（图 3-7）。将制备好的尿沉渣载玻片放到显微镜上，调节物镜至低倍镜，进行 "S"形扫查。

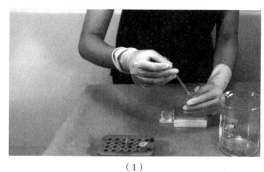
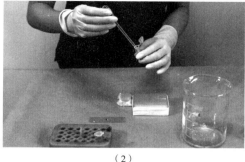

（1）　　　　　　　　　　　（2）

图 3-7　尿沉渣玻片制备

（二）结果判读

1. 细胞

正常动物的尿液中仅含有非常少量的细胞成分，根据尿液采集方式的不同，可能含有少量鳞状上皮细胞、移行上皮细胞，罕见红细胞和白细胞，而疾病状态下，动物的尿液中可能会含有大量的细胞成分。

（1）红细胞　未染色的尿沉渣中，红细胞呈双凹圆盘状。浓缩尿样中，红细胞由于脱水变小形成皱缩或形状不规则的红细胞。相反，稀释尿液中的红细胞吸水膨胀直至破裂，形成"影细胞"。犬猫尿沉渣检查中，每个高倍镜视野下少于 5 个红细胞都是正常的。膀胱穿刺造成医源性出血，可引起尿液中非病理性的红细胞数目增多。

（2）白细胞　犬、猫在健康或大多数疾病状态下，尿液中出现的白细胞以中性粒细胞为主，也可见其他种类的白细胞。尿闭猫的尿样常伴有大量出血，可能会见到淋巴细胞、单核细胞等。每个高倍镜视野下白细胞多于 5 个被认为异常，提示潜在的泌尿系统感染。

（3）上皮细胞　由于泌尿生殖道的上皮细胞老化脱落后会随尿液排出，所以尿沉渣中出现少量上皮细胞是正常的。尿沉渣中的上皮细胞主要为鳞状上皮细胞、移行上皮细胞和肾小管上皮细胞。

鳞状上皮细胞源于泌尿生殖道（尿道和阴道），接尿、导尿获取的尿液中均可出现，是正常组织细胞的更新脱落。正常尿沉渣中鳞状上皮细胞是最大的细胞，呈扁平状，有一个细胞核，富含细胞质，单独出现或聚集成簇。移行上皮细胞比鳞状上皮细胞小，出现的概率比后者小。这类细胞来源于部分尿道、膀胱、输尿管和肾盂，部分前列腺腺体表面也有分布。这类细胞在尿沉渣中形态不一，可能呈圆形、卵圆形、尾状和多面体形。尿液中移行细胞增多可继发于感染性和非感染性炎症及息肉导致的膀胱移行上皮增生，也可能是移形细胞癌。癌变的移形细胞呈簇分布，细胞和细胞核大小不一、双核或多核、多核仁、核仁大小和/或形态不一、可见有丝分裂象。

肾小管上皮细胞在尿沉渣中并不常见，由于它们通过肾小管时会发生退化，因此难以辨认。其形态取决于肾小管生成部位，通常为小立方形。

2. 管型

沉渣中含有管型的尿液称为管型尿。管型两侧平行，宽度一致，反映了肾小管的管腔结构，故称为管型。由于远曲小管和集合管的尿浓度较高，所以管型多形成于这些部位。动物出现一些潜在疾病时，管型也可在其他部位形成。管型可按其内容物进行分类，种类繁多。尿中盐浓度增加、酸性环境、存在蛋白质基质和小管液滞留等因素均利于管型的形成。

（1）细胞管型　细胞管型主要包括红细胞管型、白细胞管型和上皮细胞管型。当肾小球病变、受损或者肾内出血时，红细胞和蛋白质可漏出，进入滤液。尿液中出现游离红细胞提示泌尿生殖道（肾盂和其后的器官）出血，而出现红细胞管型则提示出血发生在肾单位；肾小管发生严重的炎症时，可能会形成白细胞管型；上皮细胞管型是肾小管上皮细胞退化的产物。随着尿液潴留时间的延长，管型内容物可退化成粗糙或细小的颗粒样物质。上皮细胞管型提示坏死、中毒、重度炎症、灌注不良或缺氧导致的急性肾小管损伤。

（2）颗粒管型　颗粒管型的质地多种多样。粗颗粒管型和细颗粒管型在尿沉渣中较常见。颗粒管型的临床意义类似于上皮细胞管型，提示潜在的肾小管损伤。健康动物的尿沉渣中偶尔可见少量（<2 个/LPF）颗粒管型。在无尿的急性肾衰病例中，尿液潴留会阻止管型和细胞物质的排出，所以即使没有颗粒管型或细胞管型也不能排除肾小管损伤。

（3）蜡样管型　颗粒管型在肾小管停留时间过长时，颗粒崩解加快，管型基质随之变为蜡样外观。蜡样管型呈灰色、黄色或无色。折光性强、易碎、有不规则的裂缝，有些已经断裂。尿液长时间潴留会形成蜡样管型，据推测，蜡样管型的基质是由细胞性或颗粒性透明管型退化而成的。蜡样管型与肾小管损伤引起的尿潴留有关。

（4）脂肪管型　在黏蛋白基质内含有脂滴或卵圆形脂质小体的管型称为脂肪管型，它在亮视野里有很高的折光性。由于肾小管上皮细胞中含脂质，因此脂肪管型的出现可能提示肾小管损伤。

（5）透明管型　透明管型是无色半透明、两端钝圆的管型。观察透明管型时最好将视野亮度调暗，透明管型不含细胞，偶尔也能见到单个细胞或颗粒。透明管型是尿液中最常见的管型。出现病理性蛋白尿时，沉渣中透明管型的数量会增加。

3. 结晶

在尿沉渣中可存在各种结晶，一些结晶有一定的临床意义，但大多数结晶并非病理性的。

结晶由溶质沉淀物，特别是无机盐、有机化合物或医源性化合物构成，容易在浓缩尿液中形成。低温也会导致结晶析出，所以冷藏尿样中通常会有结晶析出，从而掩盖了具有临床意义的尿沉渣成分。为了避免这种体外干扰，冷藏尿液应恢复室温再进行检查。新鲜接取的尿样中出现结晶与尿样浓缩程度有关。

犬、猫尿液检查如视频 3-1 所示。

视频 3-1
犬、猫尿液检查

项目思考

1. 不同尿液样本采集方法有何区别？

2. 哪种方法采集到的尿液样本最适用于细菌培养？

3. 导尿采样操作中，难点在哪里？

4. 雄性动物和雌性动物的导尿操作哪个更难一些？

5. 当发现动物出现红色尿液时，是不是一定出现了血尿？

6. 尿液样本在保存过程中应注意什么问题？

7. 尿液中检出有葡萄糖时一定是糖尿病吗？

8. 围产期奶牛尿液中检出有酮体时提示何种疾病？

项目二　粪便检查技术

思政目标

1. 培养科学严谨的工作作风。
2. 认识粪便检查对其他医学检查的重要性，培养良好的团队协作意识。
3. 探索新的检测方法和技术，培养勇于探索的学习精神。
4. 培养不怕脏、不怕累的吃苦耐劳的优良品质，树立正确的劳动观和择业观。
5. 认识到自己的工作对社会公共卫生的贡献，培养社会责任感。

知识目标

1. 了解动物粪便检查内容。
2. 了解不同动物粪便的特点。
3. 掌握粪便样本采集的方法和保存的注意事项。
4. 掌握粪便潜血检查方法。
5. 掌握粪胆素检查方法。
6. 掌握粪便显微镜检查方法。
7. 掌握直接涂片法和富集法的优缺点。

技能目标

1. 能根据粪便颜色、形状等物理学检查结果判断正常与否。
2. 会使用 pH 试纸完成粪便 pH 的检测。
3. 能完成粪便潜血的检测，并能根据检测结果判断粪便潜血是否阳性。
4. 能完成粪胆素的检测。
5. 能通过直接涂片法和富集法完成粪便显微镜检查。
6. 能在显微镜下识别粪便中的常见虫卵。

必备知识

一、粪便采集与物理学检查

粪便检验是消化系统病理变化的一种辅助方法，主要用于协助诊断消化道疾病，包括粪便的物理检查、化学检验及显微镜检查。其检查目的在于了解消化道及与消化道相通的肝、胆、胰等器官有无炎症、出血、寄生虫感染等，了解胰腺和肝胆系统的消化与吸收功能状况。如肠道感染性疾病，粪便检验可了解消化道有无炎症。粪便的潜血检验是消化道出血性疾病必不可少的内容。粪便显微镜检查，对分析腹泻的原因和肠道寄生虫病的诊断具有重要价值。

（一）粪便样本的采集

检验样品应采集新鲜粪便，不得被混有尿液、水或其他物质污染，最好于排粪后立即采集没有接触地面的部分，盛于洁净容器内，必要时可由直肠直接采集。采集粪便应从粪便的内外各层采取，标本采集后一般情况应于1h内检查完毕，否则可能因pH及消化酶等导致有形成分破坏。如不能及时检验，应将标本放在阴凉处或冰箱内，但不能加防腐剂。

（二）粪便物理学检查

1. 硬度及形状

健康马、骡粪便成球，约含75%的水分，有一定的硬度，落地后有一部分破碎。牛粪比马粪软，有时呈糊状，含有85%的水分，正常时落地呈叠饼状。羊粪小而硬，呈粒状，含水分约55%。猪粪呈圆柱状。所有杂食动物与犬的粪便与猪粪相类似。病理情况下，粪便稀软，甚至呈水样，见于肠炎等；粪便硬固，粪球干小，见于发热性疾病、便秘及排粪迟滞等。根据粪便的性状组成，也可间接地判断胃肠、胰腺、肝胆系统的功能状况。

2. 颜色

粪便颜色因饲料种类及有无异常混合物而不同。根据粪便的外观、颜色、粪胆色素测定，有助于判断黄疸的类型。粪便常见颜色鉴别要点如表3-1所示。

表3-1　　　　　　　　　　　　　　粪便常见颜色鉴别要点

颜色	饲料或药物	病理情况
黄褐色	谷草、大黄	含未变化的胆红素
黄绿色	青草饲料	含胆绿素或产色细菌
灰白色	白陶土	阻塞性黄疸、犊牛和仔猪白痢
红色或鲜红色	红色甜菜或酚酞	后部肠管出血
黑色	木炭末、硝酸铋或硫酸亚铁等	前部肠管出血

3. 气味

草食动物粪便无恶臭气味。肉食动物因主食肉类和脂肪，故粪便有特异的恶臭。草食动物患消化不良或胃肠炎及粪便长期停滞时，由于肠内容物剧烈发酵和腐败，粪便有难闻的酸臭或腐败臭。

4. 混合物

粪便成分主要有未被消化的饲料残渣，如淀粉颗粒、肉类纤维、植物细胞、植物纤维等；已被消化但未被吸收的食糜；消化道分泌物，如胆色素、酶、黏液和无机盐等；分解产物，如靛基质、粪臭素、脂肪酸和气体；肠壁脱落的上皮细胞、细菌（大肠杆菌、肠球菌和一些过路菌）等。在病理情况下，粪便中可见血液、脓液、寄生虫及其虫卵、包囊体、致病菌、胆石或胰石等。正常粪便表面有微薄的黏液层。黏液量增多，表示肠管有炎症或排粪迟滞。在肠炎或肠阻塞时，黏液往往被覆整个粪球。粪便中混有脓汁，见于直肠内脓肿破溃时。粪便含有多量粗纤维及未消化谷粒，多由于咀嚼或反刍不全、消化不良的结果。有时粪便中还含有砂石及寄生虫等，也应予以注意。

二、粪便化学检查

（一）粪便的酸碱度检查

1. 检查方法

粪便的酸碱度检查常用 pH 试纸法，取 2~3g 粪便置于试管内加蒸馏水 10mL，混匀。取试纸浸入粪便水溶液，取出与标准比色板对比读数。也可以用酸度计检测。

2. 酸碱度变化及临床意义

粪便酸碱度与饲料成分及肠内容物的发酵或腐败过程有关。一般草食动物的粪便偏碱性（马的粪便内部常呈弱酸性），肉食动物的粪便偏酸性。胃肠炎症时，胃肠内蛋白质分解腐败旺盛时产生游离氨而使粪便呈较强的碱性；胃肠卡他时，胃肠内食物发酵过盛时粪便呈较强的酸性。

（二）粪便的潜血检查

1. 检查方法

用竹签或竹制镊子在粪的不同部位各取一小块，于干净载玻片上涂成两分硬币大小的范围（如粪便太干燥时，可加少量蒸馏水，调和涂布）。然后将玻片在酒精灯上缓慢通过数次（破坏粪便中的酶类），待玻片冷后，滴上 1% 联苯胺冰醋酸液和过氧化氢液 1~2mL，将加试剂的玻片轻轻摇晃数次，放在白纸上观察。结果判定参考表 3-2。

表 3-2　　　　　　　　　　　　　粪便潜血阳性判定

蓝色出现时间	5s	15s	30s	60s	5min 内不显蓝或绿
结果	++++	+++	++	+	−

2. 临床意义

胃肠道各部位的出血均表现为粪便潜血检查阳性结果，因此见于各种原因引起的胃肠出血马肠系膜动脉栓塞、牛创伤性网胃炎、犬钩虫病等。消化道出血鉴别，如隐血试验持续阳性提示有异物损伤或恶性肿瘤。肉食动物应禁食肉类 3d 后检查。

（三）粪胆素定性检验

1. 检查方法

取少量粪放入试管中，加入氯化高汞饱和液 10mL，用玻棒搅匀，然后加热煮沸3min，或在室温下放置 24h，观察反应并判定结果。结果判定参考表 3-3。

表 3-3　　　　　　　　　　　　　　　粪胆素定性结果判定

颜色变化	红色	粉红色	不显红色	绿色
结果判定	++（+++）	+	-	有胆红素

2. 临床意义

健康家畜，粪中仅有少量粪胆素（+）；溶血性黄疸时，粪便中的粪胆素增多，呈强阳性（+++），同时出现尚未还原的胆红素，这时为暗红色；实质性黄疸时，粪胆素为阳性（++）；阻塞性黄疸时或胆汁分泌停止时，粪胆素为阴性。

三、粪便显微镜检查

粪便检验找到寄生虫或其虫卵即可确诊肠道寄生虫感染。

（一）直接涂片法

1. 涂片

首先使用注射器抽取适量生理盐水，滴 1~2 滴生理盐水于玻片上，将棉签上的粪便涂于载玻片上有生理盐水的位置，均匀摊开，如果粪便较稀可以不滴加生理盐水。用注射器针头去除大块粪渣，并调整涂片的厚度，调整至透过片子可见报纸上的字（图 3-8）。

（1）

（2）

图 3-8　将粪便均匀涂到玻片上

2. 镜检

盖上盖玻片，将玻片放到显微镜上，先用低倍镜对样品区进行"S"形扫查。发现可疑目标时，可以转换成高倍镜再进行观察（图 3-9）。

（二）富集法

需要使用到实验材料有棉签、烧杯、饱和食盐水、纱布、试管、滴管、载玻片、盖玻片等（图 3-10）。

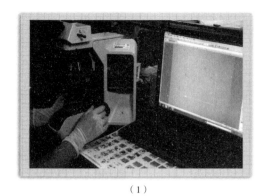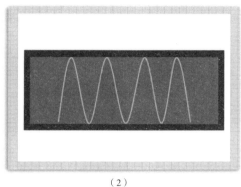

（1）　　　　　　　　　　　　（2）

图 3-9　用低倍镜对样本区进行"S"形扫查

图 3-10　富集法所需器材

1. 制备待观察玻片

用棉签挑取 2g 粪便放入小烧杯中，然后向小烧杯中加入 10~20mL 饱和食盐水，用棉签将两者混合至没有大的粪便团块。用 1~2 层纱布盖住小烧杯，然后将处理过的样品进行过滤，将滤液转移至试管中。用滴管吸取饱和食盐水将试管补满，使试管内的液体满而不溢。在试管的上面轻轻盖上玻片，静置 10~20min，等待虫卵富集到盖玻片上（图 3-11）。

（1）　　　　　　　　　　　　（2）

图 3-11　富集法制备待观察玻片

2. 镜检

静置之后，小心地从正上方移开盖玻片，并将它湿面朝下放到载玻片上，然后进行显微镜检查。

🖋 项目思考

1. 粪便样本采集有哪些方法？
2. 常见的异常粪便颜色有哪些？
3. 当粪便颜色为白色的时候提示什么？
4. 当粪便颜色为红色的时候提示什么？
5. 黑粪症通常提示消化道前端还是后段出血？
6. 粪便颜色为红色的时候还需要做潜血试验吗？
7. 进行粪便中寄生虫卵的检查主要有哪几种方法？
8. 漂浮法和直接涂片法哪个检出率更高？为什么？
9. 漂浮法和沉淀法分别适用于哪种寄生虫的检查？
10. 粪便样本保存时应注意什么？

影像学检查技术

项目一　X射线检查技术

一、X射线的产生与特性

X 射线在 1895 年 11 月 8 日由德国物理学家伦琴发现，其后许多医学技术很快被设计出来用在新仪器或者检查上。X 射线诊断是利用 X 射线的特性使机体内部组织结构和器官成像，借以了解机体的影像、解剖结构与生理功能状态以及病理变化，以达到诊断和治疗的目的。随着影像诊断学的发展，X 射线诊断已越来越多地用于动物临床，对骨骼、关节及内脏器官疾病诊断具有重要意义。

（一）X 射线的产生

X 射线是由高速飞驰的电子流撞击到金属原子内部，使原子核外轨道电子发生跃迁而产生的电磁波，称为 X 射线。X 射线产生必须具备三个条件，即电子源、高速运动的电子流和接受电子撞击的障碍物。

电子源是由阴极的灯丝通电加热时产生活跃的电子，在阴阳极电场作用下形成向阳极高速运动的电子流。

电子流运动速度决定了 X 射线能否产生及 X 射线的能量大小，当电子流能量较低时，只能使障碍物原子的外层电子发生激发状态，产生可见光或紫外线；只有当电子流速度足够高时，它的动能才能够把原子的内层电子击出，发生轨道电子跃迁，产生 X 射线。

障碍物的性质与 X 射线的能量也有重要关系，根据计算得知，低原子序数的元素内层电子结合能小，高速电子撞击原子内层电子所产生的 X 射线波长太长，即能量太小；原子序数较高的元素如钨，其原子内层结合能大，当高速电子撞击了钨的内层电子，便产生了波长短、能量大的 X 射线。现在用于 X 射线诊断与治疗的 X 射线管多用钨靶，也有部分用钼制成，钼原子序数比钨低，其产生的 X 射线能量相对较低，常称为"软射线"，用于乳腺等软组织的摄影检查。

（二）X 射线的吸收与减弱

1. X 射线的吸收

X 射线通过组织时的光电吸收，使得 X 射线不能穿透组织，最终导致胶片不能感光或荧光屏不能产生荧光。那些没有被吸收而穿透组织的 X 射线可以到达胶片或荧光屏，使其感光或产生荧光。胶片接收到 X 射线越多的部分表现越黑，接受 X 射线越少的部分表现越白，黑色和白色的阴影构成了机体的 X 射线影像，代表了组织的结构与成分。体内不同组织及同一组织在生理和病理状态下对 X 射线吸收程度不同，最终导致到达胶片的 X 射线的量不同，从而在胶片上形成灰度不同的 X 射线影像，反映了机体的情况。影响 X 射线吸收的因素有以下几个方面。

（1）被检查组织结构的原子序数　研究表明，光电吸收的概率与吸收物质原子序数的三次方成正比，两种物质光电吸收的概率比越大，其 X 射线图像的对比程度也越高。骨与肌肉的光电吸收概率比为 $(13.8/7.4)^3 = 6.49$，因此在 X 射线影像上能清晰地显示出骨与软组织的对比影像；脂肪和肌肉的光电吸收概率比仅为 $(6.3/7.4)^3 = 0.62$，因此很难显示出它们影像密度上的差异。机体组织和其他物质的有效原子序数见表 4-1。

表 4-1　　　　　　　机体组织和其他物质的有效原子序数

机体组织	有效原子序数	其他物质	有效原子序数
动物肌肉	7.4	钡	56

续表

机体组织	有效原子序数	其他物质	有效原子序数
脂肪	6.3	碘	3
骨	13.8	空气	7.6
肺	7.4	水泥	17
		钨	74
		铅	82

（2）X 射线能量大小　实验表明，X 射线的穿透能力与其光子所含能量有关，光子所含能量越大，其穿透能力越强，越不易被光电吸收；随着光子能量减小，X 射线在物质中发生的光电吸收比例逐渐增大，光电吸收主要发生于低能量 X 射线。

（3）被检物质的密度　密度是单位体积物质的质量，反映了物质分子结构的紧密程度。X 射线通过物质时，密度大的物质与 X 射线发生作用的机会多，对其的阻挡效应更强。骨的密度比脂肪、肌肉等软组织密度几乎大两倍，当 X 射线与骨和肌肉组织发生作用时，即使无原子序数不同的影响，X 射线对密度大的骨比密度小的肌肉发生作用的机会要多。肺和肌肉的原子序数都是 7.4，但肺内含有空气，密度较低，而肌肉的密度比肺大 3.1 倍，这样两者对 X 射线的吸收出现差异，肌肉对 X 射线的吸收能力明显大于肺脏。部分组织、物质的相对密度见表 4-2。

表 4-2　　　　　　　　　　　部分组织、物质的相对密度

机体组织	相对密度	其他物质	相对密度
动物肌肉	1.00	钡	3.5
脂肪	0.91	碘	4.93
骨	1.85	空气	0.001293
肺	0.32	水泥	2.35
		钨	19.3
		铅	11.35

（4）被检物质的厚度　X 射线穿过的组织越厚，发生光电吸收的机会越多；同时，过厚的组织也会使 X 射线有较大的减弱。因此，摄片时必须提高电压来增强 X 射线的能量，减少过多的光电吸收，利于影像的形成。

2. X 射线的减弱

X 射线在通过物质时发生光电吸收、康普顿散射和连续散射，使得 X 射线穿过物质后所剩余的原射线束在总体数量上减少很多，这称为 X 射线的减弱。X 射线的减弱与穿透物质的厚度呈指数曲线下降，下降多少只能用百分数来计算，无法用具体数值来表示。例如，10000 条光子束的 X 射线，穿透 5cm 厚的组织时，如果每厘米使 X 射线减弱 50%，则通过 1cm 时，X 射线就剩下 5000 条光子束；通过 2cm 时剩下 2500 条，依次递减（图 4-1）。从理论上讲，X 射线的减弱永远不会使到达胶片的 X 射线成为 0。

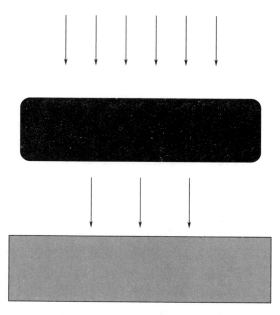

图4-1　X射线减弱示意图

（三）X射线的特性

X射线属于电磁波，其波长范围在 0.0006 ~ 50nm，诊断用射线波长为 0.008 ~ 0.031nm（相当于管电压为 40 ~ 150kV）。居于 γ 射线和紫外线之间，比可见光的波长短，肉眼看不见，主要有以下几种特征。

1. 穿透作用

X射线的穿透作用是 X 射线成像的基础。X 射线波长短，能量大，具有很强的穿透能力，能透过可见光不能透过的各种不同密度的物质，并在穿透过程中受到一定程度的吸收。X 射线的穿透性与 X 射线管电压、被穿透物质的密度和厚度有关。X 射线管电压越高，产生的 X 射线波长越短，其穿透力越强；反之越弱。被检物质的密度越高、厚度越厚，X 射线越不易穿透。

2. 荧光效应

X射线的荧光效应是透视检查的基础。X 射线是肉眼看不见的，它只有照射在某些荧光物质（如铂氰化钡、硫化锌和钨酸钙等）上时，激发其产生肉眼可见的荧光，根据荧光的部位和强弱判定穿透 X 射线的部位和强弱。

3. 感光效应

感光效应是 X 射线影像的基础。X 射线可使摄影胶片的感光乳剂中的溴化银感光，经化学显影、定影后，使银离子（Ag^+）还原成黑色的金属银沉淀于胶片内膜。未感光的溴化银在定影及冲洗过程中，从 X 射线片上被冲洗掉，胶片呈现片基的透明本色。依据金属银沉积的多少，在 X 射线片上产生了由黑至白的影像。

4. 生物学效应

X射线照射到机体都会产生电离作用，引起活组织细胞和体液发生一系列理化性改变，而使组织细胞受到一定程度的抑制、损害，以至生活功能破坏。机体所受损害的程度与 X 射线量成正比，微量照射，可不产生明显影响，但达到一定剂量，将会引起明显改变，导致不可恢复的损害。不同的组织细胞，对 X 射线的敏感性也不同，有些肿瘤组织特别是低分化者，对 X 射线极为敏感，X 射线治疗就是以其生物学效应为依据。同时因其有损害作用，又必须注意对 X 射线的防护。

（四）X 射线诊断的原理

由于 X 射线具有穿透作用、荧光作用、感光作用和生物学效应等特性，而动物机体器官和组织又有不同的密度和厚度，当 X 射线通过动物体时，被吸收的 X 射线也必然会有差别，导致到达荧光板或胶片上的 X 射线数量发生差别。这种差别就可以形成黑白明暗不同的阴影。通过这些阴影，我们看到动物机体内部某些器官、组织或病变的影像，进行疾病的诊断。由此可以说明，X 射线形成影像的基础是密度和厚度的差别，这种差别称为对比。

1. 阻线性

X 射线片是一个不同阻线性物体阴影形成的影像。一个物体密度越大，阻止射线通过的能力越强。物体阻止 X 射线通过的能力称为放射阻线性，通过 X 射线引发而成照片的黑化度来量度。X 射线容易到达的部位，胶片冲洗之后表现为黑色；X 射线被阻挡而不能到达的部位，胶片经冲洗后将显示为白色。在这两个极端之间是各种明、暗、灰结合形成的区域。因此放射阻线性决定于物体密度大小，物体密度越大，到达胶片的射线越少，该区域颜色越白；物体密度越小，到达胶片的射线越多，该区域颜色越黑。阻止大部分射线通过的结构为不透射线的。透射线性缺陷是指一个阻线性降低的区域，相对这个区域的物体其密度也是降低的。有五种阻线性：金属、骨与矿物质、软组织和液体、脂肪、气体（空气）。

（1）金属 金属物质密度非常高，一般是引入机体的，比如作为造影剂、外科植入物和异物，它们可以阻止所有射线通过。金属在 X 射线片上表现为白色（不透射线）。

（2）骨与矿物质 骨骼含有 65%～70% 的钙质，相对密度高，但没有金属密度高，X 射线通过时多被吸收，在 X 射线片上显示为浓白色的骨影像。

（3）软组织和体液 体液比气体的阻线性强，但比骨骼小；由于软组织组成成分大部分为液体，与体液相似，所以它们之间密度差别很小，缺乏对比，在 X 射线片上皆显示为灰白色阴影。如腹部的各种器官和组织，就不能清楚地看到它们的各自影像。

（4）脂肪 密度低于软组织和体液，阻线性介于体液和气体之间，在 X 射线片上呈灰黑色。脂肪有利于衬托出不可见的结构，如皮下脂肪阴影、肾周围的脂肪可以提供与肾组织密度的对比而将肾脏显示出来。

（5）气体（空气） 密度最低,呈黑色。如胸部照片可以清晰地看到两肺，甚至肺内的血管由于气体的衬托，可以显示出肺纹理，就是存在自然对比的结果。

2. 厚度

物体的厚度也影响 X 射线的吸收，被检物体越靠近胶片其轮廓越清楚，物体离胶片远会导致影像放大和某种程度的失真及模糊，如很厚的软组织表现的阴影密度也可以大于很薄的骨组织。

3. 对比

对比意味着差别。不同的组织密度决定着不同的放射阻线性，某种物质只要与周围物体具有对比，就可在 X 射线片上与周围结构区别开来。即只有某种物体与周围组织具有不同的放射阻线性才能在 X 射线片上看到。如果物体相互之间放射阻线性相同则不能显示。如果某种物体周围是放射阻线性物体，则其表现为相对的透射线性；如果其周围是透射线性物体，则其表现为相对的阻射线性。

二、 X 射线机的基本构造与使用

（一）X 射线机的基本构造及其类型

1. X 射线机的基本构造

任何 X 射线机不论其结构简单或复杂，都是由 X 射线管、变压器和控制器三个基本部分组成，此外还有附属的机械和辅助装置，模式图如图 4-2 所示，图中各部件说明见表 4-3。

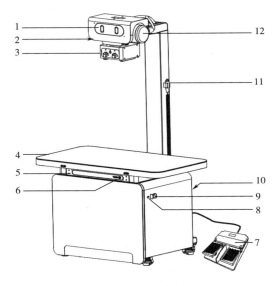

图 4-2 X 射线机模式图

表 4-3 X 射线机模式图各部件说明

序号	名称	说明
1	曝光指示灯	指示系统的工作状态
2	语音曝光功能	内置麦克风，用于语音操作控制（部分厂家具备）
3	限束器	调整被照部位的照射野尺寸
4	固定式浮动诊断床	用于放置动物进行摄影检查

续表

序号	名称	说明
5	内置平板探测器	接收 X 射线并成像
6	电源开关及指示灯面板	开启/关闭系统 指示系统的运行状态
7	脚踏开关	左键控制操作诊断床面浮动，右键控制操作曝光
8	USB 接口	连接 USB 设备
9	急停开关	当遇到紧急情况时，按急停开关终止曝光，电源指示灯持续闪烁；旋动急停开关，开关迅速弹起，曝光功能恢复，待完全启动后，电源指示灯停止闪烁并保持常亮
10	图像采集工作站主机	安装操作台控制软件，对动物及图像信息进行管理
11	曝光手闸	用于控制系统曝光
12	X 射线管	发射 X 射线

2. X 射线机的类型

按机动性将 X 射线机分为便携式、移动式和固定式三类。

（1）便携式 X 射线机　也称手提式 X 射线机，管电流 10~15mA，管电压 60~75kV，体小量轻，机动灵活，适用于动物诊所或出诊使用。

（2）移动式 X 射线机　管电流 20~50mA，管电压 70~85kV。其结构有立柱和底座滚轮，性能优于携带式 X 射线机，较适宜于动物诊所或动物医院手术室内使用。

（3）固定式 X 射线机　管电流 200~500mA，性能高，清晰度好，大型动物医院最常用（图4-3）。

（二）X 射线机的使用

各种类型的 X 射线机都有一定的性能规格与构造特点，为了充分发挥 X 射线机的设计效能，拍出较满意的 X 射线片，必须掌握所用 X 射线机的特性；同时必须严格遵守使用说明和操作规程。

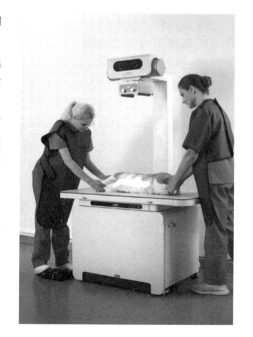

图4-3　固定式 X 射线机

1. 摄影检查方法

摄影检查是把动物要检查的部位摄制成 X 射线片后，然后再对 X 射线片上的影像进行研究的一种方法。X 射线片上的空间分辨率较高、影像清晰，可看到较细小的变化，对病变的发现率诊断的准确性均较高，且 X 射线片可长期保存，便于随时研究、比较和复查时参考，是兽医临床中最常用的影像诊断方法。

（1）摄像检查的器材设备

①增感屏：摄影检查时，由于组织对 X 射线的致弱作用，使得到达胶片的 X 射线量大为减少，仅有约 5% 的 X 射线使胶片感光。为提高 X 射线对胶片的感光利用率，可使用增感屏。增感屏表面涂有荧光物质，能把接收到的 X 射线转换成可见光，使胶片曝光，可大大提高曝光效率。增感屏有前后两片，分别粘贴在片盒的上、下两内侧面。增感屏表面的荧光物质有钨酸钙、硫酸铝钡、氟氯化钡铈等。根据荧光物质颗粒的大小不同，可将增感屏分为低速增感屏、中速增感屏和高速增感屏；颗粒越小，增感效率低，成像清晰度高，反之，清晰度低。

②片盒（暗盒）：是装载 X 射线胶片进行摄影的扁盒，盒面是铝板或塑料板，盒底用其他金属制成，外面设有弹簧扣或弹性固定板，以便固定盒底并使增感屏与胶片紧贴，防止影像模糊。暗盒的大小规格与胶片相同。

③聚光筒：也称遮线筒、遮光筒、集光筒，为圆锥形或圆筒形的金属筒，是由铅或其他重金属或含铅的塑料制成，装在机头或管头的放射窗上，用以限制照射视野范围的大小，提高照片的影像清晰度和分辨率，减少散射线的数量。

④测厚尺：测厚尺是木制或铝制卡尺，用以测量被检部位的厚度，作为确定摄像曝光条件的根据。

⑤滤线器：其形状如一块平板，是由很多薄铅条和能透过 X 射线的物质如塑料、木条或铝条相间构成的铅栅。它的作用如同一个过滤器，只允许由 X 射线管射来的原发 X 射线通过铅条间隙而到达胶片。从其他方向射来的散射线，则遇到铅条而被吸收，滤去了对诊断无用而有害的散射线，使照片得到清晰的影像。

⑥铅号码：铅号码包括铅制的数字、年、月、日、左、右、性别、宠物种类等，摄影时用以标记照片的日期和编号等。

⑦CR 或 DR 系统：CR（computed radiography）系统是市面上出现的第一个数码影像系统，CR 的片盒外观上与底片片盒相似，CR 片盒里不含有增感屏或 X 射线底片，而是含有一个光激发磷光体（photostimulable storage phosphor，PSP）的可弯曲成像板，拍片后，将成像板插入 CR 阅读器进行数据提取，并在电脑上显示影像，经过灰度调整、测量、标记等处理后进行存储、打印。DR（digital radiography）系统中，帧检器取代了片盒，在拍片几秒之后即可成像，数字影像直接显示在工作站屏幕上，可以直接进行处理和打印或传送。

（2）X 射线摄影的步骤

①各按钮归位：操作前，先将各开关和调节器拨到零位处。

②预热机器：闭合电源闸，接通电源，调节电源调节器于标准位，机器预热。

③确定投照体位：根据检查目的和要求，选择正确的投照体位。

④测量厚度：测量投照部位的厚度（图 4-4），以便查找和确定投照条件。

⑤安放照片标记：将铅字号码标记安放在 X 射线片盒边缘或投照区边缘。

⑥摆放位置对中心线：依投照部位和检查目的摆好体位，使 X 射线管、被检机体和片盒三者在一条直线上，X 射线束的中心应在被检机体和片盒的中央。

⑦设置曝光参数：根据投照部位的位置、厚度、生理情况、病理情况和机器条件，设置焦点、管电压（kV）、管电流（mA）、时间（s）和焦点到胶片的距离（FFD）（图 4-5）。

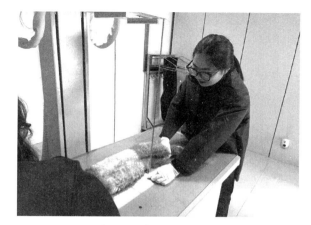

图 4-4　测量投照部位厚度

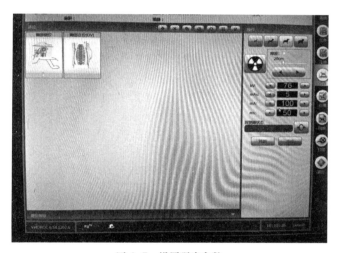

图 4-5　设置曝光参数

⑧曝光：观察在动物呼吸间隙或安静的瞬间，迅速按压至 2 档按钮，过程中避免动物发生移位（图 4-6）。

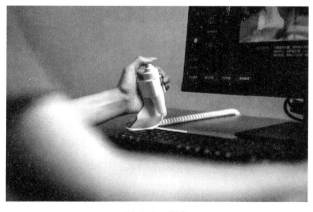

图 4-6　曝光

⑨洗片或打印：曝光后的胶片到暗室进行冲洗，如为 CR 或 DR 则打印胶片。

⑩关闭电源：使用完毕后，各开关和调节器归零，切断电源。

（3）摄影参数的调节　在进行 X 射线摄影时，根据投照对象的情况如动物种类、摄影部位、机体的厚度等选择 X 射线管的管电压、管电流、曝光时间和焦点-胶片距离，以保证胶片得到正确曝光，获得最佳质量的 X 射线片。管电压决定 X 射线的质，即 X 射线的穿透力，影响照片密度、对比度以及信息量，对感光效应影响较大。管电流决定了 X 射线产生的量，曝光时间也与到达胶片的 X 射线量有关，常把两者的乘积作为 X 射线量的统一控制因素来表示，对感光效应影响较大。焦点-胶片距离对 X 射线的感光效应影响明显，距离越远、感光效应越低。其具体关系如下：

$$感光效应 = \frac{管电流（mA）\times 曝光时间（s）\times [管电压（kV）]^n}{[焦点-胶片距离（FFD）]^2}$$

由公式可知，提高管电流、曝光时间、管电压和改变焦点-胶片距离都可以改变感光效应；同时，也可以通过改变 X 射线的量、质和焦点-胶片距离来达到相同的感光效应。例如，拍摄某部位需用 10mAs，原管电流 100mA、曝光时间 0.1s，现管电流改为 200mA，则曝光时间应改为 0.05s；原焦点-胶片距离为 140cm，现改为 70cm，则曝光量为原来的 1/4；管电压应随组织厚度的改变而变化，如果其他条件不变，其变化规律为 80kV 以下、组织厚度每增加 1cm 需增加 2kV；80～100kV、组织厚度每增加 1cm 需增加 3kV；100kV 以上，组织厚度每增加 1cm 需增加 4kV；此外，管电压的改变对曝光量影响见表 4-4。

表 4-4　　　　　　　　　　　　　　曝光量减半或加倍时管电压的补偿

管电压峰值范围/kV	40～50	50～60	60～70	70～80	80～90	90～100	100～110
管电压量/kV	±4	±6	±8	±10	±12	±14	±16

不同 X 射线机，其性能不尽相同，在临床实际操作中，应先对机器的曝光性能进行测试，对确定的部位，采用不同电压、不同曝光量进行测试，以筛选出最佳的曝光条件；对不同组织和厚度进行曝光条件的测试，总结出其规律，小动物组织厚度与管电压、管电流、曝光时间关系见表 4-5，实际使用时，可以此为参考进行调整。

表 4-5　　　　　　　　　　　组织厚度与管电压、管电流、曝光时间关系

组织厚度/cm	管电压/kV	曝光量/mAs	管电流/mA	曝光时间/s	滤线器
5	60	2.4	30	0.08	—
6	60	3.0	75	0.04	—
7	60	4.0	50	0.08	—
8	60	4.5	75	0.06	—
9	60	4.5	75	0.06	—
10	70	2.4	30	0.08	—
11	70	3.0	75	0.04	—
12	70	4.0	50	0.08	—

续表

组织厚度/cm	管电压/kV	曝光量/mAs	管电流/mA	曝光时间/s	滤线器
13	70	4.5	75	0.06	—
14	70	4.5	75	0.06	—
15	80	4.5	75	0.06	+ (5:1)

2. X射线机操作注意事项

（1）严禁随意操作　严禁非操作者随意拨动控制台和摄影台的各旋钮和开关。

（2）调节电压　X射线机是要求电源供电较严格的电器设备，使用前必须调整电源电压于标准位置。

（3）不可临时调节按钮　在曝光过程中，切不可临时调节各按钮，以免损坏机器。

（4）注意机器异常　在使用过程中，注意各仪表的数值和工作声音，有无异味，避免机器长时间工作。

（5）保持整洁　保持工作环境和机器清洁，避免水分、潮湿空气和化学物品的侵蚀。

（三）X射线的防护

X射线的生物学作用，对人体可产生一定程度的损害，其中一部分是累积性的，在长期以后仍可发生影响。故必须增强防护意识和采取有效的防护措施。

1. 采用屏蔽

铅是制造防护设备的最好材料，一定厚度的铅板可以防护一定千伏电压的X射线，X射线室的周围全部用铅板覆盖，不能让射线泄漏造成环境污染，且要在X射线室门口放置警示标识，防止人员误入（图4-7）。拍摄时的保定人员必须穿铅制的防护服，包括铅衣、帽子、围脖和手套等（图4-8）。

图4-7　X射线室警示标识

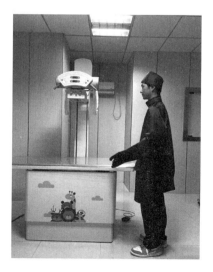
图4-8　X射线防护服

2. 适当距离

工作人员和 X 射线管之间的距离应该最大化，因为辐射暴露和距离平方成反比，增加一倍的距离，人体所接受的暴露减少为原来的四分之一。应避免将手放在 X 射线投照范围内，因为这会使工作人员直接接受辐射线。适当地使用化学保定、束缚带和沙袋来固定动物的位置或姿势，可以帮助工作人员在暴露过程中离开检查室。

3. 缩短暴露时间

个人剂量与暴露时间有直接关联。对无法配合的病畜可以适当地使用镇静剂，在工作人员熟悉设备的前提下，尽可能缩短曝光时间。适当地旋转 X 射线管球角度也可以有效地减少受检者的曝光范围，进而降低个人辐射剂量。

4. 人员监测

人员监测检查可确认辐射安全程序是否足够，或是否有不当的辐射防护流程，并侦测人员是否有处于严重辐射暴露环境的可能性。辐射胶片佩章为常见的人员辐射剂量计，辐射胶片佩章为一个长 2~3cm 的亚克力盒（图 4-9），并附有一个夹子可以将佩章固定在衣服上。辐射胶片佩章内含一个纸包裹的底片，接受辐射曝光后，可从底片黑化程度推测辐射剂量。另一种人员剂量计为热发光剂量计，热发光剂量计的电子在接受辐射曝光后，会因接受能量而被激发，陷于电子陷阱内，电子陷阱内的电子数量可以被量化，其数量与接受的辐射暴露量有关。辐射胶片佩章应至少执行每季分析，每月分析则最好的，这样才能尽早发现任何曝光过高的问题。在控制区的每一位工作人员的职业曝光应受到监测，并且制定一个合理的剂量限值，而剂量限值则规定不得超过最大允许剂量的四分之一。人员监测系统的建立与评估也应该咨询合格的专家。剂量佩章只能在工作场所工作时佩戴，不可在工作人员接受医疗行为或牙科检查时佩戴。当穿戴防护铅衣时，剂量佩章可以佩戴在铅衣外面作为环境辐射监测，也可佩戴在铅衣内，作为个人的辐射剂量监测。

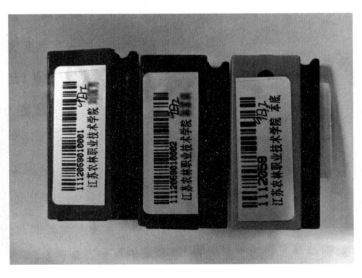

图 4-9 人员辐射剂量计

三、四肢骨检查技术

四肢 X 射线影像是兽医最常操作的 X 射线影像检查之一，相较于取得高品质的脊椎、胸部或腹部的 X 射线影像，取得高品质的四肢 X 射线影像是较容易的，因为四肢比较薄，且定位比较容易。

X 射线摄影时要用解剖学上的一些通用名词来表示摆片的位置和 X 射线的方向，如背腹位、前后位等。方位名称的第一个字表示 X 射线的进入方向，第二个字表示射出方向，如背腹位的背字表示射线从背侧进入，腹字表示射线从腹侧穿出，因此，摆位时 X 射线机的发射窗口要对准动物某一部位的背侧，X 射线胶片则要放在该部位的腹侧。用于表示 X 射线摄影的方位名称：

左（Le）—右（Rt），用于头、颈、躯干及尾；

背（D）—腹（V），用于头、颈、躯干及尾；

头（Cr）—尾（Cd），用于颈、躯干、尾及四肢的腕和跗关节以上；

嘴（R）—尾（Cd），用于头部；

内（M）—外（L），用于四肢；

近（Pr）—远（Di），用于四肢；

背（D）—掌（Pa），用于前肢腕关节以下；

侧位（L），用于头、颈、躯干及尾，配合左右方位使用；

斜位（O），用于各个部位，配合其他方位使用。

（一）肩胛骨

肩胛骨检查采用侧位、后前位投照。侧位投照，动物取侧卧位，患侧朝下。抓住肘部以下的前肢（即贴紧台面的前肢），伸展肘关节使其无法弯曲，向背侧推动，压迫肩胛骨体向背侧位移，以使得肩胛骨体凸出于胸椎背侧棘突。同时，抓住位于上面的前肢，向腹侧和尾侧牵拉，使胸腔轻微旋转，进一步分离肩胛骨体（表 4-6）。后前位投照，患病动物仰卧，尽可能将前肢向前牵引至伸展状态，后肢向后牵引。而将躯体略向健侧转动，使前肢与肩胛骨离开胸廓，摄影时不会产生重叠（表 4-7）。

表 4-6　　　　　　　　　　　　　肩胛骨侧位投照

操作演示	说明
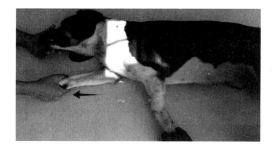	动作要点一：动物侧卧，患肢靠近桌面；头颈向头侧拉伸

续表

操作演示	说明
	动作要点二：前肢非患肢紧贴胸壁向后拉伸以避免与患肢重叠
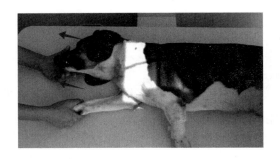	动作要点三：握住患肢桡骨、尺骨保持肘关节伸展，向背侧推动，压迫肩胛骨体向背侧位移，直至肩胛骨嵴出现在胸椎棘突背侧
	投照要点： （1）投射厚度测量　患肢肩胛骨中心至桌面； （2）投射中心　患肢肩胛骨中心； （3）投射范围　肩关节至肩胛骨后缘

表 4-7　　　　　　　　　　　　肩胛骨后前位投照

操作演示	说明
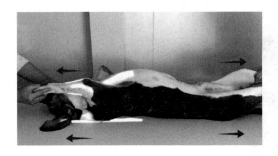	动作要点一：动物侧卧，患肢靠近桌面；头颈向头侧拉伸

续表

操作演示	说明
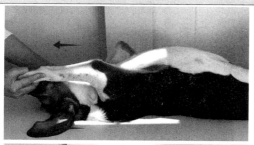	动作要点二：前肢非患肢紧贴胸壁向后拉伸以避免与患肢重叠
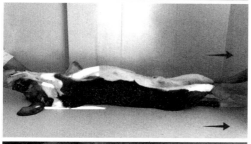	动作要点三：握住患肢桡骨、尺骨保持肘关节伸展，将患肢向动物背侧垂直推
	投照要点： （1）投射厚度测量　患肢肩胛骨中心至桌面； （2）投射中心　患肢肩胛骨中心； （3）投射范围　肩关节至肩胛骨后缘

（二）臂骨

　　臂骨侧位投照，病宠患肢在下侧卧保定，使病肢稍伸展，将上方健肢向后牵引。中心线垂直地对准臂骨中央。投照范围要求包括上下两关节端（表4-8）。后前位投照时，患病动物仰卧，两前肢向前伸展，被检肢尽可能保持与诊断床面平行，以减少失真，头颈部应保持在两前肢之间，以减少身体的重叠和旋转（表4-9）。

表4-8　　　　　　　　　　　　　　臂骨侧位投照

操作演示	说明
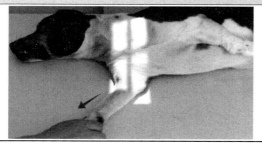	动作要点一：动物侧卧，患肢靠近桌面；头颈微微后仰

续表

操作演示	说明
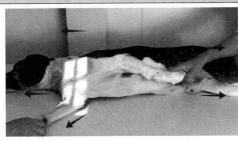	动作要点二：后肢自然伸展；前肢非患肢紧贴胸壁向后拉伸以避免与患肢重叠
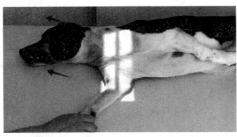	动作要点三：患肢向下往头侧拉伸
	投照要点： （1）投射厚度测量　肱骨前端至桌面； （2）投射中心　肱骨中点； （3）投射范围　肩胛骨后缘至桡骨、尺骨前缘

表 4-9 臂骨后前位投照

操作演示	说明
	动作要点一：动物仰卧，头颈平行于患肢肱骨
	动作要点二：后肢自然伸展，双侧前肢向头侧拉伸

续表

操作演示	说明
	动作要点三：患肢肱骨尽量与桌面平行
	投照要点： （1）投射厚度测量　肱骨前端至桌面； （2）投射中心　肱骨中点； （3）投射范围　肩胛骨后缘至桡骨、尺骨前缘

（三）肘关节

肘关节侧位投照时，动物采用患肢在下的侧卧保定，使病肢肘关节处于正常稍屈曲的状态。上方健肢向后牵引，肘突只有在高度屈曲肘关节时才能显现（表4-10）。前后位投照，取俯卧姿势，病肢稍前伸，注意避免病肘向外转动，如在肘下垫以泡沫垫则有助于防移位，头应转向健侧（表4-11）。

表 4-10　　　　　　　　　　肘关节侧位投照

操作演示	说明
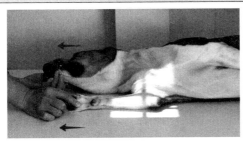	动作要点一：动物侧卧，患肢靠近桌面；头颈微微后仰
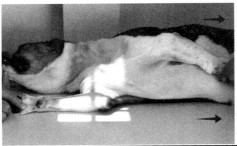	动作要点二：后肢自然伸展；前肢非患肢紧贴胸壁向后拉伸以避免与患肢重叠

续表

操作演示	说明
	动作要点三：患肢向头侧拉伸，使肘关节呈120°伸展状态
	投照要点： （1）投射厚度测量　肱骨远端肘关节最厚处； （2）投射中心　肱骨远端骨节处； （3）投射范围　肱骨下1/3至桡尺骨上1/3

表 4-11　　　　　　　　　　　　　　肘关节前后位投照

操作演示	说明
	动作要点一：动物趴卧；后肢自然体位维持脊柱伸直
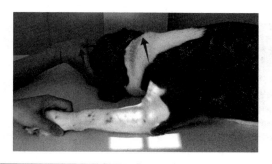	动作要点二：头颈偏向非患肢

续表

操作演示	说明
	动作要点三：将前肢患肢拉伸
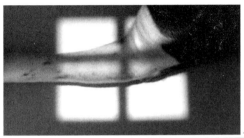	投照要点： （1）投射厚度测量　肱骨远端； （2）投射中心　桡骨、尺骨中心； （3）投射范围　肘关节至腕关节

（四）桡骨和尺骨

桡骨和尺骨侧卧投照时，患病动物侧卧，患肢在投照范围中央，健肢向后牵拉出投照范围（表4-12）。前后位投照时，患肢向前伸展，将桡骨、尺骨放于投照范围中央，将头抬起并远离患侧（表4-13）。

表4-12 桡骨、尺骨侧位投照

操作演示	说明
	动作要点一：动物侧卧；患肢靠近桌面；头颈微微后仰
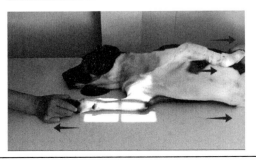	动作要点二：后肢自然伸展；前肢非患肢紧贴胸壁向后拉伸以避免与患肢重叠

续表

操作演示	说明
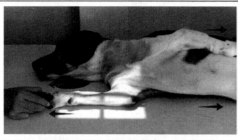	动作要点三：患肢头侧水平伸展，腕关节微微弯曲防止桡骨、尺骨旋转
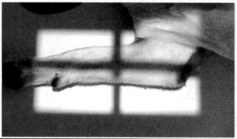	投照要点： （1）投射厚度测量　肱骨远端； （2）投射中心　桡骨、尺骨中心； （3）投射范围　肘关节至腕关节

表 4-13　　　　　　　　　　　　　桡骨、尺骨前后位投照

操作演示	说明
	动作要点一：动物趴卧；后肢自然体位维持脊柱伸直
	动作要点二：头颈偏向非患肢
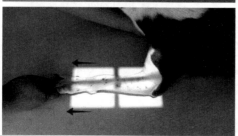	动作要点三：将前肢患肢拉伸

续表

操作演示	说明
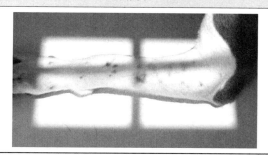	投照要点： （1）投射厚度测量　肱骨远端； （2）投射中心　桡骨、尺骨中心； （3）投射范围　肘关节至腕关节

（五）腕关节

　　腕关节投照可采用侧位、背掌位和斜位。侧位投照时，患肢在下的侧卧保定，且将患肢伸展向前牵引，上方健肢向后牵引，以减少重叠（表4-14）。背掌位投照时，动物俯卧保定，病肢腕部置于诊断床，头转向健肢，为防止患肢发生转动（表4-15）。

表 4-14　　　　　　　　　　　　　　腕关节侧位投照

操作演示	说明
 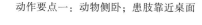	动作要点一：动物侧卧；患肢靠近桌面
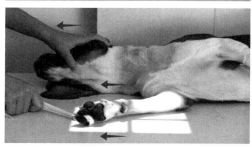	动作要点二：头颈微微后仰；后肢自然伸展
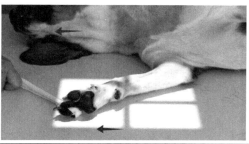	动作要点三：前肢非患肢向后拉伸；患肢向头侧拉伸

续表

操作演示	说明
	投照要点： （1）投射厚度测量　腕关节； （2）投射中心　腕关节； （3）投射范围　桡骨、尺骨远端 1/3 至指尖

表 4-15　　　　　　　　　　　腕关节背掌位投照

操作演示	说明
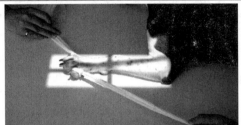	动作要点一：动物趴卧；后肢自然体位维持脊柱伸直
	动作要点二：头颈偏向非患肢
	动作要点三：将前肢患肢拉伸
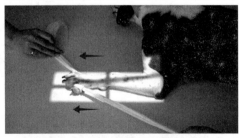	投照要点： （1）投射厚度测量　腕关节； （2）投射中心　腕关节； （3）投射范围　桡骨、尺骨远端 1/3 至指尖

（六）骨盆

骨盆侧位投照时，患病动物侧卧，头颈维持自然伸展，前肢向头侧伸展并固定，后肢交错伸展，靠近桌面一侧后肢在头侧，离桌面较远后肢在尾侧，双后肢股骨皆平行于桌面（表4-16）。骨盆腹背位投照时，患病动物仰卧，前躯卧于槽形海绵垫内，使身体两侧相对称，将后肢伸展，并使后肢与桌面相平行，将膝关节向内转使髌骨位于股骨髁之间，使骨盆的长轴与桌面相平行（表4-17）。骨盆偏斜，会造成诊断困难。为了诊断髋关节发育不良，要保持上述正确的位置。中心线对准耻骨联合前缘。照片的范围应包括骨盆与股骨。如果动物因损伤等不愿伸展后肢，也可使两后肢屈曲、外展。必须注意保持两侧和骨盆的长轴不得倾斜。

表4-16　　　　　　　　　　　　　　　　骨盆侧位投照

操作演示	说明
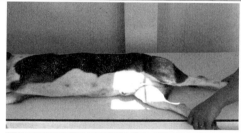	动作要点一：动物侧卧；头颈维持自然伸展
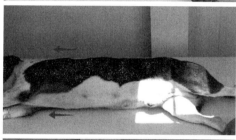	动作要点二：前肢向头侧伸展并固定
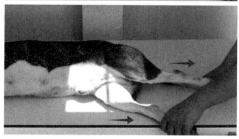	动作要点三：后肢交错伸展，靠近桌面一侧后肢在头侧，离桌面较远后肢在尾侧；双后肢股骨皆平行于桌面
	投照要点： （1）投射厚度测量　大转子至桌面； （2）投射中心　大转子； （3）投射范围　髂骨翼向前一个椎体至坐骨后缘且至少包括1/3股骨

表 4-17　　　　　　　　　　　　　　　骨盆腹背位投照

操作演示	说明
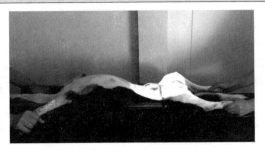	动作要点一：动物仰卧；头颈维持自然体位
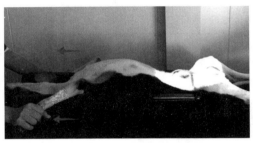	动作要点二：前肢向头侧拉伸固定
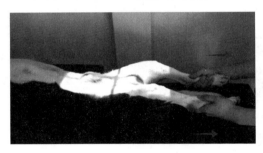	动作要点三：双侧后肢平行伸展，皆平行于脊柱，股骨内旋使髌骨处于股骨滑车沟正中
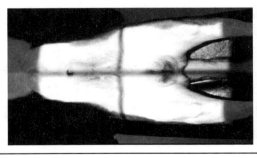	投照要点： （1）投射厚度测量　髋关节最厚处； （2）投射中心　耻骨后部分中线处； （3）投射范围　髂骨翼到膝关节

（七）股骨

股骨投照可采用侧位和前后位。侧位投照时，患病动物病侧横卧，将后肢非患肢外展，暴露患肢，中心线垂直对准病肢股骨的中点（表 4-18）。前后位投照时，动物仰卧，将两后肢向后牵引，使股骨与诊断床面平行，膝关节向内转动，中心线对准病肢股骨中点（表 4-19）。

表 4-18　　　　　　　　　　　　　　　　股骨侧位投照

操作演示	说明
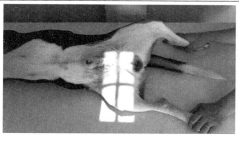	动作要点一：动物侧卧，患肢靠近桌面
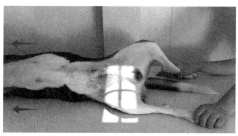	动作要点二：头颈自然伸展；前肢向头侧拉伸固定
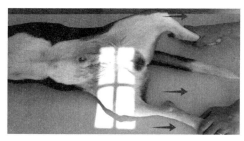	动作要点三：将后肢非患肢外展，暴露患肢；患肢拉伸并固定
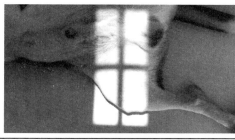	投照要点： （1）投射厚度测量　股骨中心； （2）投射中心　股骨中心； （3）投射范围　完整的单侧髋关节至膝关节

表 4-19　　　　　　　　　　　　　　　　股骨前后位投照

操作演示	说明
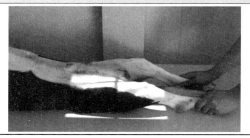	动作要点一：动物仰卧；头颈维持自然体位

续表

操作演示	说明
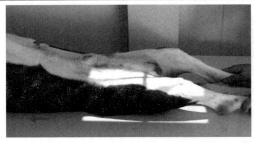	动作要点二：前肢向头侧拉伸固定
	动作要点三：双侧后肢平行伸展，皆平行于脊柱，股骨内旋使髌骨处于股骨滑车沟正中
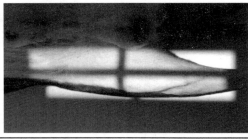	投照要点： （1）投射厚度测量　股骨中心； （2）投射中心　股骨中心； （3）投射范围　完整的单侧髋关节至膝关节

（八）膝关节

膝关节采用侧位投照时，患病动物侧卧，患肢靠下，头颈自然伸展，前肢向头侧拉伸固定，将后肢非患肢外展，暴露患肢，患肢拉伸但尽量维持膝关节自然状态，以膝关节为投照中心（表4-20）。采用后前位投照时，患病动物趴卧，前肢向头侧伸展固定，后肢非患肢外展，下垫泡沫砖便于固定，患肢向后拉伸，中心线穿过关节间隙（表4-21）。

表4-20　　　　　　　　　　　　　膝关节侧位投照

操作演示	说明
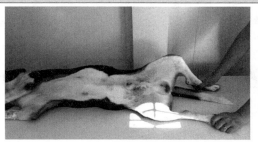	动作要点一：动物侧卧，患肢靠近桌面

续表

操作演示	说明
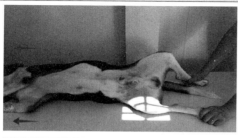	动作要点二：头颈自然伸展，前肢向头侧拉伸固定
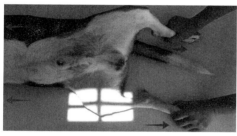	动作要点三：将后肢非患肢外展，暴露患肢，患肢拉伸但尽量维持膝关节自然状态
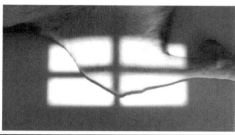	投照要点： （1）投射厚度测量　股骨远端； （2）投射中心　膝关节中心； （3）投射范围　股骨远端 1/3 至胫腓骨近端 1/3

表 4-21　　　　　　　　　　膝关节后前位投照

操作演示	说明
	动作要点一：动物趴卧，头颈维持自然体位
	动作要点二：前肢向头侧伸展固定

续表

操作演示	说明
	动作要点三：后肢非患肢外展，患肢向后拉伸
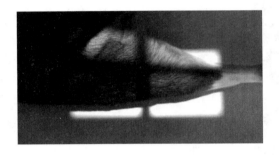	投照要点： （1）投射厚度测量　股骨远端； （2）投射中心　膝关节中心； （3）投射范围　股骨远端 1/3 至胫腓骨近端 1/3

（九）胫骨和腓骨

胫骨和腓骨采用侧位投照时，动物侧卧保定，患肢贴近诊断床面，膝关节轻微屈曲并保持端正的侧位，将后肢非患肢外展，暴露患肢，投照中心为胫腓骨中心，投照范围包括膝关节、胫骨、腓骨和跗关节（表 4-22）。采用后前位投照时，患病动物趴卧，前肢向头侧伸展固定，后肢非患肢外展，下垫泡沫砖便于固定，患肢向后拉伸，使胫骨和腓骨为端正的后前位，髌骨位于两股骨髁之间，投照中心为胫腓骨中心（表 4-23）。

表 4-22　　　　　　　　　　　　胫骨、腓骨侧位投照

操作演示	说明
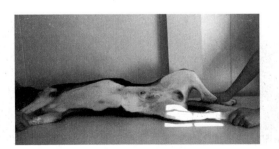	动作要点一：动物侧卧，头颈维持自然体位

续表

操作演示	说明
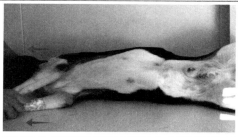	动作要点二：前肢向头侧伸展固定
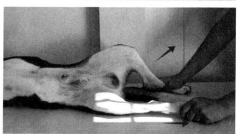	动作要点三：后肢非患肢外展，患肢向后拉伸
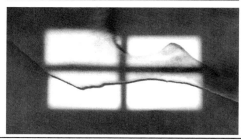	动投照要点： （1）投射厚度测量　股骨远端； （2）投射中心　胫腓骨中心； （3）投射范围　股骨远端 1/3 至胫腓骨近端 1/3

表 4-23　　　　　　　　　　胫骨、腓骨后前位投照

操作演示	说明
	动作要点一：动物趴卧，头颈维持自然体位
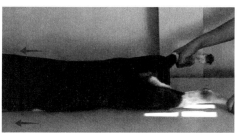	动作要点二：前肢向头侧拉伸固定

续表

操作演示	说明
	动作要点三：后肢非患肢外展；患肢向后拉伸
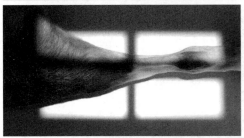	投照要点： （1）投射厚度测量　胫腓骨中心； （2）投射中心　胫腓骨中心； （3）投射范围　膝关节至踝关节

（十）跗关节

跗关节侧位投照时，将患犬侧卧，病肢在下，将后肢非患肢向背侧外展，暴露患肢；患肢自然拉伸状态，将跗关节置于投照中心（表4-24）。后前位投照时，患病动物趴卧，前肢向头侧伸展固定，后肢非患肢外展，下垫泡沫砖便于固定，患肢向后拉伸，投照中心为跗关节（表4-25）。

表 4-24　　　　　　　　　　　　　跗关节侧位投照

操作演示	说明
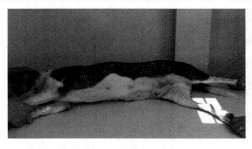	动作要点一：动物侧卧，患肢靠近桌面；头颈自然伸展
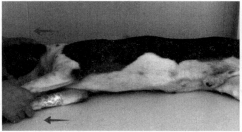	动作要点二：前肢向头侧拉伸固定

续表

操作演示	说明
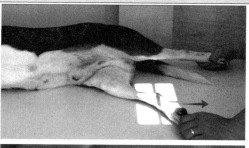	动作要点三：将后肢非患肢向背侧外展，暴露患肢；患肢自然拉伸状态
	投照要点： （1）投射厚度测量　跗关节； （2）投射中心　跗关节； （3）投射范围　胫腓骨远端 1/3 至趾尖

表 4-25　　　　　　　　　　　跗关节后前位投照

操作演示	说明
	动作要点一：动物趴卧，头颈维持自然体位
	动作要点二：前肢向头侧拉伸固定
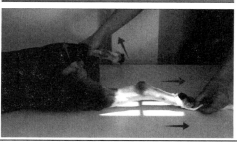	动作要点三：后肢非患肢外展；患肢向后拉伸

续表

操作演示	说明
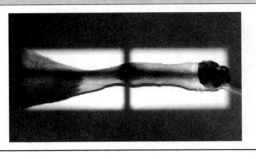	投照要点： （1）投射厚度测量　跗关节； （2）投射中心　跗关节； （3）投射范围　胫腓骨远端 1/3 至趾尖

四、头部与脊椎检查技术

（一）头部检查

头部检查常用的有背腹位、腹背位和侧位三种方法。背腹位检查时，将动物伏卧，头颈成一直线，身体纵轴不允许旋转，下颌骨、额窦和头部其他组织结构对称成像，适合于下颌骨、颞颌关节、颧弓、颅脑侧壁和中脑检查（表 4-26）。腹背位检查时，应镇静或麻醉后进行，动物仰卧躺在一"V"形槽上，并以胶带辅助固定头部，以防止由于头部扭转而发生形状的改变（表 4-27），主要用于下颌骨、颅脑、颧弓和颞颌关节的检查。侧位检查时，动物患侧在下横卧保定，如患侧有损伤时，则向上；头与颈下置楔形泡沫垫，使鼻部稍抬高而下颌与暗盒相互平行，中心线通过耳、眼连线中心的垂线与颧弓水平线相交处而达胶片，光束的范围不超过头与第 1、第 2 颈椎（表 4-28）。

表 4-26　　　　　　　　　　　头部背腹位投照

操作演示	说明
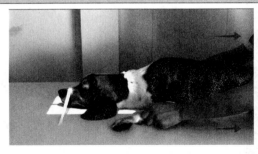	动作要点一：动物趴卧；后肢自然伸展，必要时可用沙袋固定
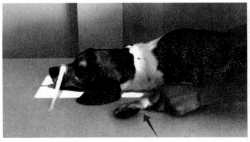	动作要点二：前肢向后紧贴躯干，或自然伸展，但须在投射范围以外

续表

操作演示	说明
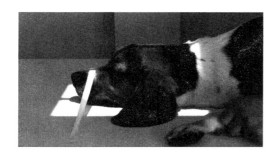	动作要点三：头颈伸展，可在颈部放置沙袋，但需防止窒息；保证鼻中隔垂直于桌面（可使用胶带辅助固定）
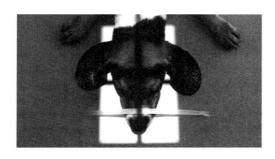	投照要点： （1）拍摄厚度测量　颅骨最高点（外眼角后侧）； （2）投射中心　颅骨最高点； （3）投射范围　鼻尖至枕骨突隆

表 4-27　　　　　　　　　　　　头部腹背位投照

操作演示	说明
	动作要点一：动物仰卧；后肢自然伸展，必要时可用沙袋固定，前肢向后紧贴躯干，使用软垫垫高颈部使硬腭与桌面平行； 动作要点二：用胶带辅助使头部紧贴桌面并保持颅骨中线与桌面垂直
	投照要点： （1）拍摄厚度测量　颅骨最高点（外眼角后侧）； （2）投射中心　外眼角腹侧连线中点； （3）投射范围　鼻尖至枕骨突隆

表 4-28 头部侧位投照

操作演示	说明
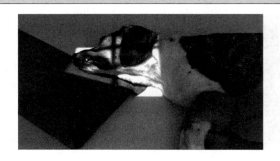	动作要点一：动物侧卧，重点观察位点靠近桌面一侧； 动作要点二：后肢自然伸展，可用沙袋固定，前肢向后拉伸紧靠胸壁； 动作要点三：摆位使动物下颌骨与桌面平行（将软垫放置在腹侧颈椎处以及下颌骨头侧以防头颈活动），可使用沙袋放置于颈部之上，但应避免动物窒息
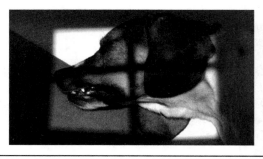	投照要点： （1）拍摄厚度测量　颧骨弓最高点； （2）投射中心　外眼角与下颌连线中点； （3）投射范围　鼻尖至枕骨突隆

（二）脊椎骨检查

1. 颈椎

颈部腹背位检查时，动物仰卧，头颈处于自然体位，勿使颈过度伸展，以免引起颈椎屈曲。鼻竖直，动物仰卧于"V"形槽中，以免体位移位，选择 C4 作为投射中心（表 4-29）。颈部侧位检查时，动物侧卧，在颈中部垫一块毛巾卷或海绵卷，可抬高颈中部，调整头部和肩部的高低，使颈椎与桌面平行（表 4-30）。X 射线照射视野要求包括头颅的后部与第 1 胸椎。中心线根据需要可通过第 1 颈椎和第 3、第 4 颈椎之间。颈部气管、食管等软组织器官也可采用此摆位方法投照。

表 4-29 颈部腹背位投照

操作演示	说明
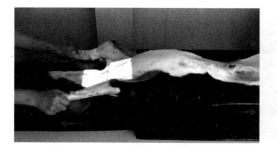	动作要点一：动物仰卧，后肢自然伸展，前肢向后拉伸； 动作要点二：头颈处于自然体位，尽量与桌面平行； 动作要点三：动物胸骨与胸椎保持同一平面垂直于桌面，保持棘突位于椎体正中央

续表

操作演示	说明
	投照要点： （1）拍摄厚度测量　C6 靠近胸骨柄处； （2）投射中心　C4； （3）投射范围　头基底部至肩关节

表 4-30　　　　　　　　　　颈部侧位投照

操作演示	说明
	动作要点一：后肢重叠向后拉伸；前肢重叠向前拉伸，前肢之间可以垫入海绵垫
	动作要点二：调整头部和肩部的高低，使颈椎与桌面平行
	动作要点三：尽量保持两侧寰椎翼形成平面垂直于桌面
	投照要点： （1）拍摄厚度测量　肩胛骨嵴最高点（保障C6，但可能造成曝光过度）； （2）投射中心　C4； （3）投射范围　头基底部至肩胛骨嵴

2. 胸椎

胸椎侧位检查时，动物侧卧保定，胸骨部略微抬高，使胸椎平行。如前三节胸椎投照，则向后牵引前肢，以免与肩胛骨重叠。如第三节以后胸椎侧位投照，则向前牵引前肢（表4-31）。X 射线中心对准可疑部位。如为常规检查，则可以 T6—T7 椎间隙为中心。必须在呼气结束后做一次短的曝光，以免发生呼吸引起的模糊。胸椎腹背位检查时，患病动物仰卧，前肢向前牵引，置于颈旁，使用"V"形槽，来使脊柱呈一条直线（表4-32）。大型犬胸椎腹背位投照时，可做适度（约5°）倾斜，以避免与胸骨重叠。X 射线中心线对准 T6—T7 椎间隙。

表 4-31　　　　　　　　　　　　　　　胸椎侧位投照

操作演示	说明
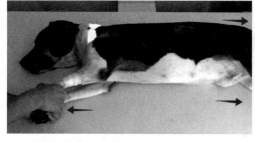	动作要点一：动物侧卧；后肢重叠向后拉伸
	动作要点二：前肢重叠向前拉伸；头颈维持自然体位
	动作要点三：保持胸骨与胸椎形成平面与桌面平行；胸椎双侧横突重叠
	投照要点： （1）投射厚度测量　胸腔最高点； （2）投射中心　T6—T7 椎间隙或肩胛骨后缘； （3）投射范围　C7 至 L1，肩关节前缘至第 13 肋后缘

表 4-32 胸椎腹背位投照

操作演示	说明
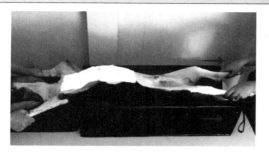	动作要点一：动物仰卧；后肢向后拉伸
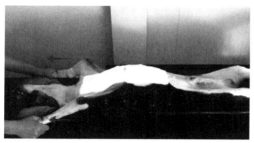	动作要点二：前肢向前拉伸；头颈自然伸展
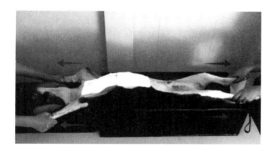	动作要点三：胸骨与胸椎形成平面与桌面垂直；胸椎棘突在椎体正中央
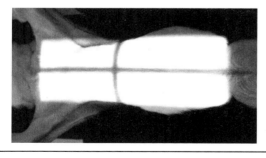	投照要点： （1）投射厚度测量 胸骨后缘至桌面； （2）投射中心 T6—T7 椎间隙处或肩胛骨后缘与胸椎连线交点； （3）投射范围 C7 至 L1，肩关节前缘至第 13 肋后缘

3. 腰椎

　　腰椎侧位检查时，患病动物侧卧，后肢重叠向后拉伸至完全伸展，前肢重叠向前拉伸，头颈维持自然体位或稍稍向前拉伸，胸骨与胸椎形成平面与桌面平行，投照中心在 L4 位置（表 4-33）。腰椎腹背位检查时，患病动物仰卧于"V"形槽内，前肢向前拉伸，头颈自然伸展，后肢向后拉伸，胸骨与胸椎形成平面与诊断床面垂直，投照中心位于 L4 位置（表 4-34）。

表 4-33   腰椎侧位投照

操作演示	说明
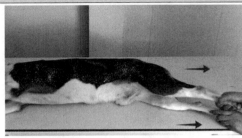	动作要点一：动物侧卧；后肢重叠向后拉伸至完全伸展
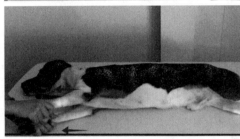	动作要点二：前肢重叠向前拉伸；头颈维持自然体位或稍稍向前拉伸
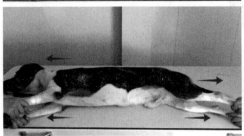	动作要点三：胸骨与胸椎形成平面与桌面平行
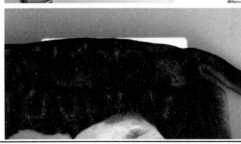	投照要点： （1）投射厚度测量　L1 至桌面； （2）投射中心　L4； （3）投射范围　T12 至 S1，第 13 肋最前缘至大转子前缘

表 4-34   腰椎腹背位投照

操作演示	说明
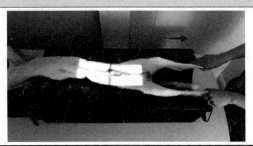	动作要点一：动物仰卧；后肢向后拉伸

续表

操作演示	说明
	动作要点二：前肢向前拉伸；头颈自然伸展
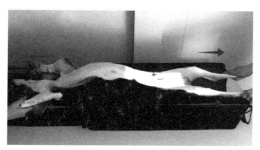	动作要点三：胸骨与胸椎形成平面与桌面垂直；腰椎棘突在椎体正中央
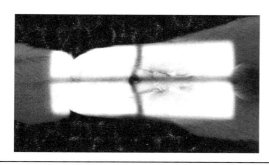	投照要点： （1）投射厚度测量　L1 处至桌面； （2）投射中心　L4； （3）投射范围　T12 至 S1，第 13 肋最前缘至大转子前缘

五、胸、腹部检查技术

（一）胸部检查

胸部检查摆位方法较多，常用的有侧位、背腹位和腹背位。胸部侧位检查时，患病动物侧卧，两前肢前伸以减少臂三头肌与前肺野重叠。颈部适度的伸展以防胸部气管的偏斜。如果有条件可以在胸下置楔形海绵垫，尽可能地使胸骨、胸椎棘突与台面之间为等距离，两后肢向后伸展。投照中心位于肩胛骨后缘，第 5~6 肋间，投射范围从胸腔入口至第 1 腰椎椎体（表 4-35）。在充分吸气时进行曝光，曝光时间尽量地短。胸部背腹位检查时，患病动物俯卧保定，头颈部轻微伸展，可将颈部轻微垫高以保持颈椎与胸椎呈一条直线，前肢向前拉伸并外旋，保证肘关节和肩胛骨在肺部投射范围以外，胸骨与胸椎形成的平面垂直于桌面，维持后肢自然体位拍摄厚度测量，投照中心位于肩胛骨后缘的中心点或第 5~6 肋间，投射范围从胸腔入口至第 1 腰椎椎体（表 4-36）。在该位置时，心脏在胸腔内近乎正常的悬吊姿势，可估计心脏的大小。胸部腹背位检查时，患病动物仰卧于"V"形槽内，防止躯体发生转动。两前肢前伸，并使肘关节向内转，胸骨与胸壁两侧保持等距离。投照中心位于胸骨最高点或第5~6肋间连线中点，投射范围从胸腔入口至第1腰椎椎体（表4-37）。在充分吸气时进行投照，位置正确的照片，胸骨与胸棘突应叠合，两侧胸廓应对称。

表4-35 胸部侧位投照

操作演示	说明
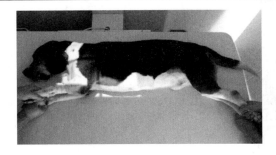	动作要点一：动物左侧卧；头部保持自然姿势，可使用沙袋固定颈部，但应防止窒息
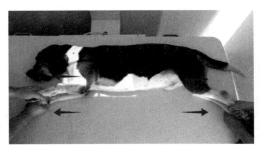	动作要点二：前肢向前尽量伸展，并保持胸骨与脊柱形成平面与桌面平行；后肢向后伸展，可适当使用沙袋固定
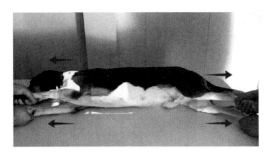	动作要点三：胸腔吸气末端拍摄
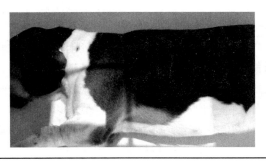	投照要点： （1）拍摄厚度测量　肩胛骨后缘靠近胸腰椎最高处； （2）投射中心　肩胛骨后缘，第5~6肋间； （3）投射范围　胸腔入口至第1腰椎椎体

表 4-36　　　　　　　　　　　　　胸部背腹位投照

操作演示	说明
	动作要点一：动物趴卧；头颈部轻微伸展，可将颈部轻微垫高以保持颈椎与胸椎呈一条直线
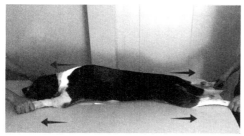	动作要点二：前肢向前拉伸并外旋，保证肘关节和肩胛骨在肺部投射范围以外
	动作要点三：胸骨与胸椎形成的平面垂直于桌面；维持后肢自然体位
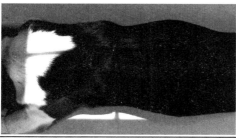	投照要点： （1）拍摄厚度测量　肩胛骨后缘最高处； （2）投射中心　肩胛骨后缘的中心点或第 5~6 肋间； （3）投射范围　胸腔入口至第 1 腰椎椎体

表 4-37　　　　　　　　　　　　　胸部腹背位投照

操作演示	说明
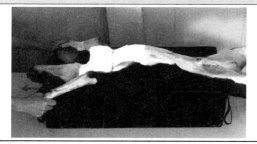	动作要点一：动物仰卧；头颈部轻微伸展

续表

操作演示	说明
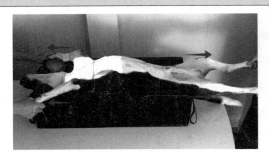	动作要点二：前肢尽可能向前拉伸，鼻中隔处于两前肢连线正中，胸骨与胸椎形成的平面垂直于桌面；维持后肢自然体位
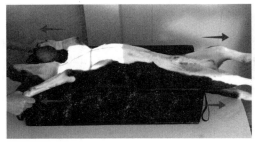	动作要点三：胸腔吸气末端拍摄
	投照要点： （1）拍摄厚度测量　胸骨最高点； （2）投射中心　胸骨最高点或第5~6肋间连线中点； （3）投射范围　胸腔入口至第1腰椎椎体

（二）腹部检查

腹部检查时常用的标准体位为侧位（包括左侧位、右侧位）和腹背位，这样胃肠道中的气体会因为动物姿势左右侧躺转换，而改变原本的分布方式，借此能够获得更多具有诊断价值的信息。背腹位不常用，因为该体位会造成动物机体脏器受到挤压而造成不规则移位。腹部侧位检查时，患病动物左或右侧卧，右侧卧时在胃底部可见到气体，左侧卧在幽门窦可见到气体。使患病动物处于正常的较舒服的位置，两前肢前伸，两后肢稍向后拽。投照中心位于第13肋最高点后缘与L2—L3连线交点，投照范围包括完整的膈（约T7之后）以及完整的髋关节（表4-38）。腹背位检查时，患病动物仰卧于"V"形槽内，以保持动物稳定与躯体两侧相对称，拍摄时后肢保持自然体位，轻微伸展。中心线垂直地通过腹中线，相当于胸骨切迹与耻骨联合之间连线的中点，投射中心位于腹中线与第13肋后缘连线交汇点，投照范围包括完整的膈（约T9之后）以及完整的髋关节（表4-39）。

表 4-38　　　　　　　　　　　　　　腹部侧位投照

操作演示	说明
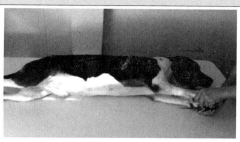	动作要点一：动物侧卧；头颈部维持自然体态；前肢向前拉伸
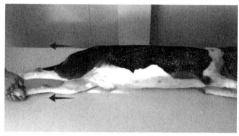	动作要点二：后肢向后拉伸，避免后肢肌肉重叠影响膀胱和前列腺判读
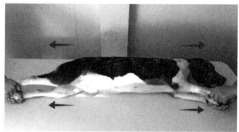	动作要点三：胸骨与胸椎形成的平面平行于桌面；后肢间可以垫入海绵垫以防摇摆转动
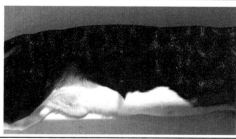	投照要点： （1）拍摄厚度测量　第 13 肋最高点； （2）投射中心　第 13 肋最高点后缘与 L2—L3 连线交点； （3）投射范围　包括完整的膈（约 T7 之后）以及完整的髋关节

表 4-39　　　　　　　　　　　　　　腹部腹背位投照

操作演示	说明
	动作要点一：动物仰卧；头颈部轻微伸展

续表

操作演示	说明
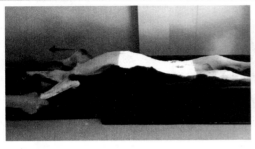	动作要点二：前肢尽可能向前拉伸，鼻中隔处于两前肢连线正中，胸骨与胸椎形成的平面垂直于桌面
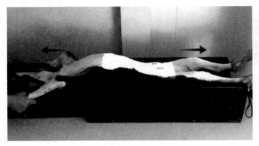	动作要点三：维持后肢自然体位，轻微伸展
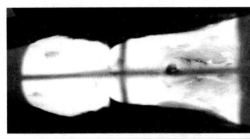	投照要点： （1）拍摄厚度测量　第13肋后缘与脐孔连线； （2）投射中心　腹中线与第13肋后缘连线交汇点； （3）投射范围　包括完整的膈（约T9之后）以及完整的髋关节

六、 X射线片的读片及常见异常

（一）X射线读片

读片是对X射线片上的信息进行判读，了解体内组织器官的结构形态，从而进行疾病诊断。

1.读片装置

X射线片的阅读需要在适宜的条件下进行。室内灯光柔和，X射线片放在具有荧光的观片灯上进行观察，观片灯可给整个X射线片提供均匀的照明强度。对于较暗的X射线片，应准备一个亮光灯用于观察。如使用可以调节灯光强度的观片灯，则不需准备亮光灯。当在大的观片灯上看较小的X射线片时，可用黑纸板自制遮挡物，以减少周围的光线对读片的影响。为便于细小病变的观察，有时要使用放大镜，这在观察骨骼结构时尤其重要。增加观察者与X射线片间的距离，有利于散在病灶或微小病变的判读。如果是采用CR或DR系统，只需打开读片软件，并点击旋转、翻转、放大等功能键即可实现以上操作，甚至可以通过调节对比度、亮度使X射线片更便于判读。读片时，一般将正位片上动物的左侧与观察者右侧相对放置，侧位片时将动物的头侧与观察者的左侧相对。每次按此规则观察 X 射线片可使观察者很容易地辨别动物的解剖结构。

2. 读片过程

首先，识别 X 射线片上出现的所有结构，注意这些结构是否出现异常；其次，详细列出出现异常现象的可能原因；再次，将 X 射线片的结果与临床征象和其他的辅助诊断结果相结合；最后，列出可能的诊断结果，按可能性大小排列，要把所有的因素都考虑进去，即进行鉴别诊断。

3. 读片方法

读片时应采用循序读片的方式，这种读片方法能保证在任何情况下整张 X 射线片都能被观察到，而非只观察认为存在病灶的部位。有意义的病变可能不在预想的区域，如果观察者不按顺序进行观察可能就会遗漏病灶，为了保证应该显示的结构确实都观察到，必须循序读片。

（1）区域式读片 在拍片时将怀疑的病变部位置于胶片中央，在中央部位影像的形态失真最小，两边的结构也可观察到。由于 X 射线片的中央部位最易吸引人的注意力，所以最好先从周边开始观察，然后循序观察中央。看到的每个结构都应注意其位置正常或异常，最后观察 X 射线片的中央。如果先观察到 X 射线片中央的明显病灶，就会出现一种倾向，即对其他部位不作认真地观察，特别是在所见的病灶与假设诊断相一致时更会如此。

（2）器官系统式读片 列出并确认各器官，从而发现异常阴影。首先，观察脊椎、胸部及腹内结构；然后，从实质性脏器如肝脏、脾脏、肾脏和膀胱等开始观察，确认显影的胃肠道；最后，确认不常见阴影和不常显影的器官，评价所见征象，列出鉴别诊断表。

4. 读片小结

任何观察方法只要是能将 X 射线片观察全面就是可接受的方法。最好的放射诊断是将正常的放射解剖学知识与生理学、病理学、病理生理学、临床学以及其他诊断结果和经验要素相结合的过程。必须注意的是机体对病理过程的反应只有那么几种方式，不同的疾病可产生相同的 X 射线变化，相同的疾病不可能总是以一种方式表现出来。一种病理过程可能会掩盖另一种病理过程。在理解病理过程的前提下，就能非常容易地解读 X 射线片。所见支持诊断的 X 射线征象越多，完成诊断的可能性越大。不能仅凭见到一个或两个特殊征象，或根据以前见到的一种状况马上做出诊断。

（二）常见疾病 X 射线诊断

1. 骨骼和关节疾病的诊断

（1）骨骼和关节的正常 X 射线解剖 骨骼分为长骨、短骨、扁骨和不规则骨，长骨一般有密质骨、松质骨、骨髓腔和骨膜组成，未成年动物还包括骨骺、骺板（生长板）和干骺端。关节分为不动关节、微动关节和能动关节，四肢关节多为能动关节，由两个或两个以上关节骨端、关节囊、关节腔组成。

（2）常见骨骼疾病的 X 射线影像表现

①骨折：平片显示骨连续性中断，骨折线明显，骨小梁中断、扭曲、错位，骨骼发生分离移位、水平移位、重叠移位、成角移位或旋转移位等变形情况，同时并发软组织肿胀的征象（图 4-10）。

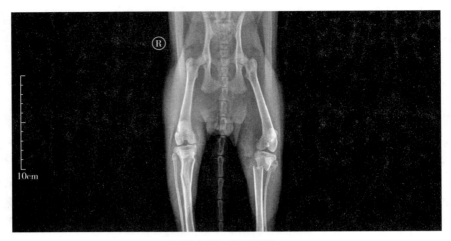

图 4-10　胫骨骨折

②关节脱位：关节不全脱位时，关节间隙宽窄不一或关节骨位移但关节面之间尚保持部分接触；全脱位时，相对应的关节面完全分离移位，无接触（图 4-11）。

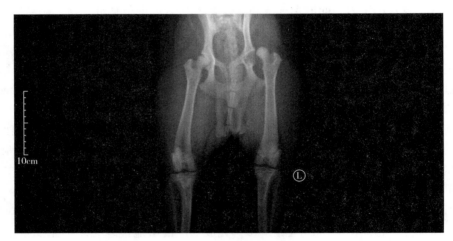

图 4-11　髋关节脱位

2. 胸部疾病的诊断

（1）胸部正常 X 射线解剖　胸部由软组织、骨骼、纵隔、横隔、胸膜等组成，是呼吸和循环系统的中心，含有肺、心和大血管等，组织结构复杂，层次丰富。胸部检查常用侧位片和正位片，可对胸部食道、气管、肺、心脏、胸腔疾病进行诊断。犬胸部正常 X 射线投照见图 4 - 12 至图 4-15。

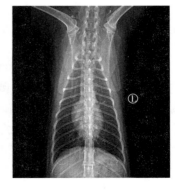

图 4-12　胸部腹背位投照

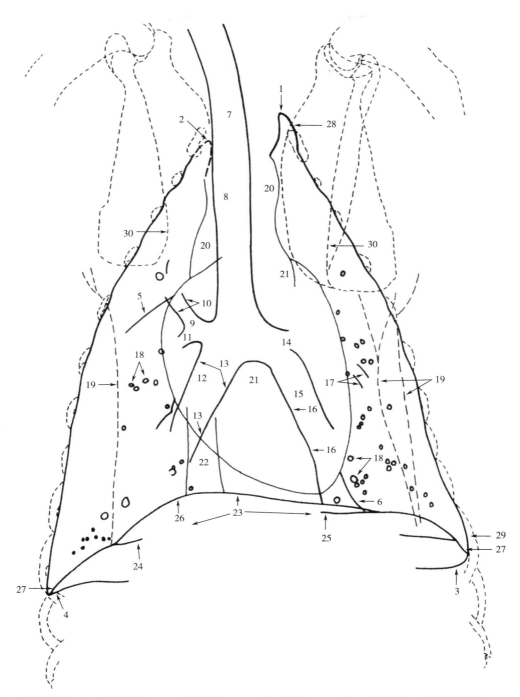

1—左前叶前界；2—右前叶前界；3—左后叶后界；4—右后叶后界；5—右前叶后界增厚、纤维化的胸膜组织；
6—膈心包韧带，标示后纵隔的腹侧部；7—胸腔入口处的气管腔；8—中线右侧处前纵隔内的气管腔；
9—右前叶支气管腔；10—右前叶支气管壁；11—右中叶支气管腔；12—右后叶支气管腔；13—右后叶支气管壁；
14—左前叶后部支气管腔；15—左后叶支气管腔；16—左后叶支气管壁；17—线性高密度阴影，标示进入
左前叶后部的部分支气管壁；18—圆形高密度阴影，标示支气管壁的断面观；19—皮褶引起的肺野外侧区的阴影；
20—前纵隔；21—心影，包括前缘的主动脉弓；22—后腔静脉；23—膈影；24—右膈脚；25—左膈角；
26—膈顶；27—肋膈隐窝；28—第1肋骨；29—第10肋骨；30—肩胛冈。

图4-13　胸部腹背位投照结构图

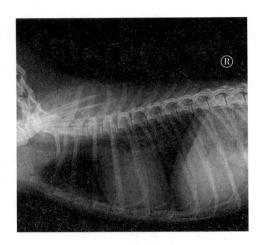

图 4-14　胸部侧位投照

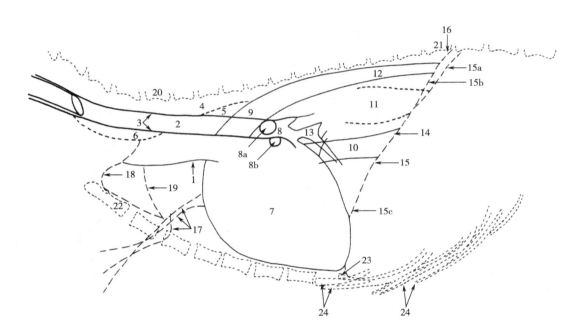

1—前腔静脉腹侧缘；2—气管腔；3—气管壁；4—颈长肌阴影；5—向后延伸的充气食管；6—充气的食管；
7—心影；8—气管水平分叉处；8a—右前叶支气管起始处；8b—左前叶支气管起始处；9—主动脉弓；
10—后腔静脉；11—充液的食管腔；12—降主动脉；13—肺血管；14—后腔静脉，从后腔静脉裂孔进入膈；
15—膈影；15a—左膈影；15b—右膈影；15c—膈顶；16—腰膈隐窝；17—与胸腔重叠的腹侧皮褶；
18—左前叶的前界；19—右前叶的前界；20—第 1 腰椎；21—第 12 腰椎；22—胸骨柄；
23—剑突；24—钙化的肋软骨。

图 4-15　胸部侧位投照结构图

（2）常见胸部疾病的 X 射线影像表现

①支气管扩张：早期轻度支气管扩张在平片上可无明显表现，严重时才会有直接或间接征象的变化，主要表现为肺纹理增多、紊乱或呈网状，扩张含气的支气管表现为粗细不均的管状透明影，扩张而有分泌的支气管则表现为不规则密度增高阴影；肺内炎症时，可见在增多、紊乱的肺纹理中伴有小斑片状模糊影；肺不张时，病变区可有肺叶或肺段不张，表现为密度不均三角形致密影，多见于中叶及下叶，肺膨胀不全可使肺纹理聚拢（图 4-16）。

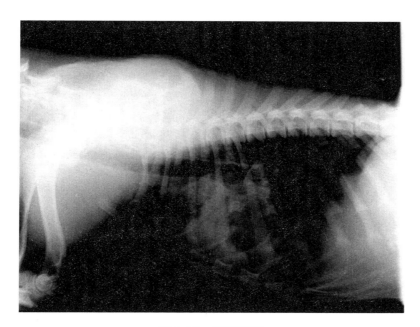

图 4-16　支气管扩张

②大叶性肺炎：大叶性肺炎病理过程具有典型的分期，其对应的影像征象也较为明显。充血期时，肺内有浸润和水肿，无明显征象或仅表现为肺纹理增加、增重或增粗，肺部透亮性稍降低。肝变期分为红色肝变期和灰色肝变期，但 X 射线检查不能区分；肝变期时肺野的中、下部显示大片广泛而均匀致密的阴影，其形态可呈三角形、扇形或其他不规则的大片状，与肺叶的解剖结构或肺段的分布完全吻合，边缘一般较为整齐而清楚，但有的则较模糊。消散期时，由于吸收的先后不同，X 射线表现常不一致。吸收初期可见原来的肺叶内阴影，由大片浓密、均质，逐渐变为疏松透亮淡薄，其范围也明显缩小。而后显示为弥散性的大小不等、不规则的斑片状阴影，最后变淡消失（图 4-17）。

③气胸：气胸时，肺野显示萎陷肺的轮廓、边缘清晰、密度增加，吸气时稍膨大，呼气时缩小。萎陷肺轮廓之外，显示比肺密度更低的、无肺纹理的透明气胸区，一侧性大量气胸时，纵隔可向健侧移位，肋间隙增宽，横膈后移（图 4-18）。

④胸腔积液：极少量游离性胸腔积液在 X 射线片上不易发现。游离性胸腔积液较多时，站立侧位水平投照胸腔下部显示均匀致密的阴影，其上缘呈凹面弧线；心脏、大血

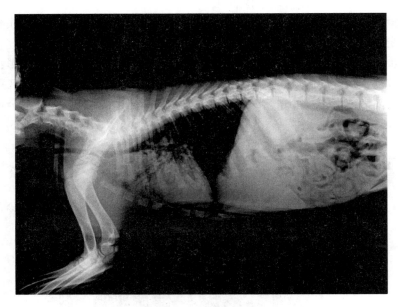

图4-17　大叶性肺炎

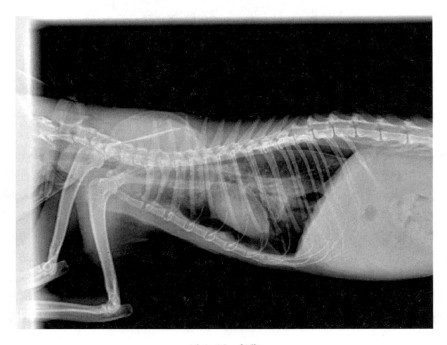

图4-18　气胸

管和中下部的膈影均不可显示。侧卧位投照时，心脏阴影模糊、肺叶密度广泛增加，在胸骨和心脏前下缘之间常见三角形高密度区。包囊性胸腔积液时，表现为圆形、半圆形、梭形、三角形，密度均匀一致的阴影。间叶积液，显示梭形、卵圆形、密度均匀的阴影（图4-19）。

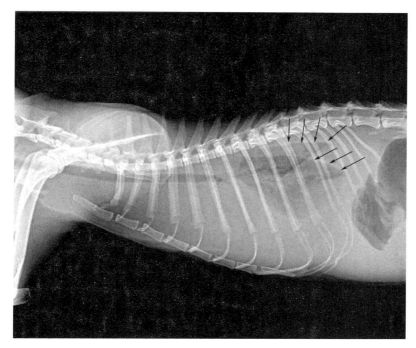

图 4-19　胸腔积液

（箭头所指为肺回缩边缘。）

3. 腹部疾病的诊断

（1）腹部正常 X 射线解剖　正常腹腔内器官多为实质性或含有液、气的软组织脏器，多为中等密度，其内部或器官之间缺乏明显的天然对比，故除普通平片外，通常需进行造影检查。正常犬腹部 X 射线投照见图 4-20 至图 4-23。

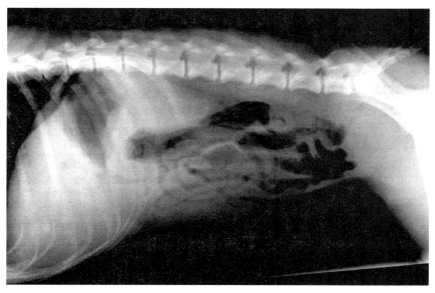

图 4-20　腹部侧位投照

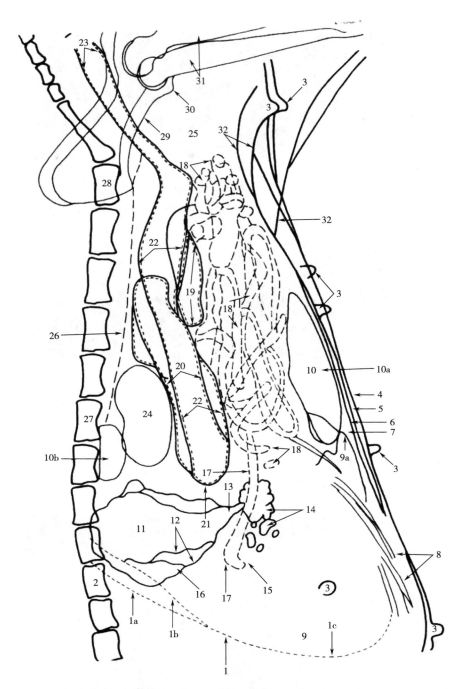

1—膈影；1a—左膈脚；1b—右膈脚；1c—膈顶；2—第11胸椎；3—软组织密度的乳头阴影；4—皮肤边缘；
5—皮下脂肪；6—腹直肌；7—腹膜内脂肪；8—钙化的肋软骨；9—软组织密度的肝脏阴影；9a—肝脏的后腹侧缘；
10—脾脏；10a—腹侧端；10b—背侧端；11—胃底内的气体；12—胃黏膜；13—胃体；14—胃影的幽门部、窦和管；
15—幽门的位置；16—胃贲门的位置；17—十二指肠影；18—空肠和回肠；19—盲肠影；20—升结肠；21—横结肠；
22—降结肠；23—直肠；24—左肾；25—膀胱区；26—腰下肌；27—第2腰椎；28—第7腰椎；
29—髂骨体；30—髂耻隆凸；31—股骨体；32—皮褶。

图4-21　腹部侧位投照结构图

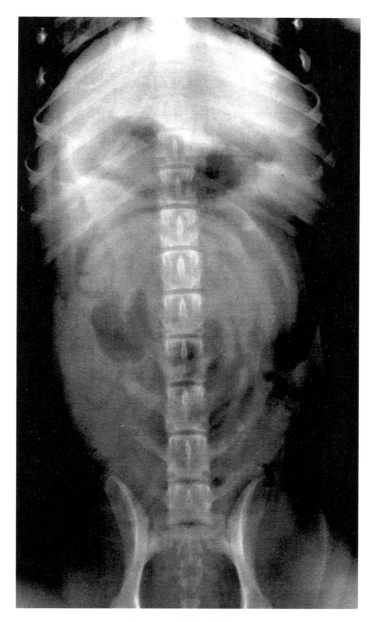

图 4-22　腹部腹背位投照

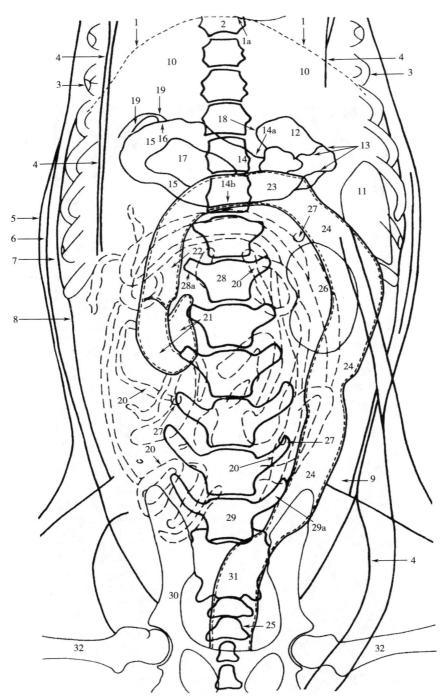

1—膈影；1a—膈顶；2—第 8 胸椎；3—第 8 肋骨；4—皮褶；5—皮肤边缘；6—皮下脂肪；7—腹外斜肌；
8—与后部肋骨外表面重叠的非常细薄的脂肪层；9—腹膜内脂肪；10—软组织密度的肝脏阴影；11—脾脏背侧端；
12—胃底；13—胃黏膜；14—胃体；14a—胃小弯；14b—胃大弯；15—胃影的幽门部、幽门窦和管；
16—幽门、幽门括约肌；17—胃腔内的食糜；18—胃贲门的位置；19—十二指肠影；20—空肠和回肠；
21—盲肠影；22—升结肠；23—横结肠；24—降结肠；25—直肠；26—左肾；27—软组织密度的乳头阴影；
28—第 2 腰椎；28a—横突；29—第 7 腰椎；29a—横突；30—髂骨体；31—荐骨；32—股骨体。

图 4-23　腹部腹背位投照结构图

（2）常见腹部疾病的 X 射线影像表现

①胃肠道内异物：高密度不透射线异物在腹部平片易于显示，并可显示出异物的形状、大小及所在的位置（图 4-24）。低密度异物可通过造影进行检查。

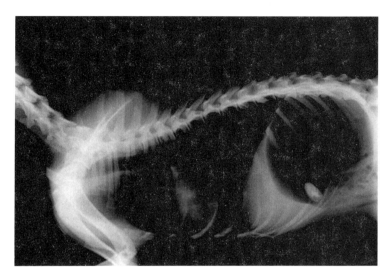

图 4-24　胃肠道内异物

②膀胱（尿道）结石：阳性结石时，可见膀胱和/或尿道内有形状、数量、大小不等的高密度阴影（图 4-25）。

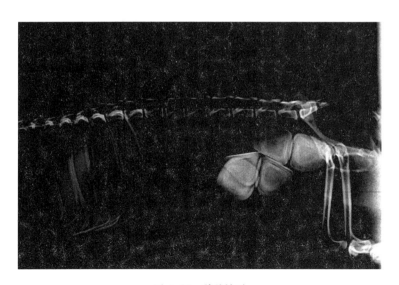

图 4-25　膀胱结石

③腹水：X 射线片显示腹部膨大，全腹密度增大影像模糊，腹腔器官影像被遮挡，有时可见充气肠袢浮集于腹中部，浆膜细节丢失（图 4-26）。

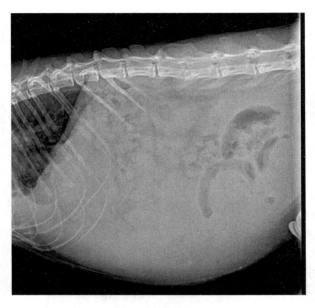

图 4-26　腹水

项目思考

1. 工作中 X 射线检查产生的辐射是哪种辐射？是否对人体有害？
2. X 射线产生的辐射是否可以阻挡？
3. 在 X 射线检查中，密度越高的组织显得越亮还是越暗？
4. 在临床一定要严格按照项目中要求的摆位姿势才能拍摄吗？为什么？
5. 在拍摄胸片的时候如何设定参数会使 X 射线片的质量更高？
6. 为什么胸腔疾病和骨骼疾病更适合进行 X 射线诊断？
7. 如果一个病例的胸片中发现明显的肺回缩和肺叶间裂隙，提示什么疾病？
8. 在 X 射线片中骨折的典型特征是什么？
9. 健康猫的腹部 X 射线片为什么比健康犬的腹部器官轮廓更清晰？

项目二 超声检查技术

【思政目标】

1. 培养严谨的工作态度和高尚的职业道德。
2. 认识超声检查对其他医学检查的重要性，培养良好的团队协作意识。
3. 深刻认识医学影像技术的不断更新，树立终身学习的意识。

【知识目标】

1. 了解超声波的产生及成像原理。
2. 基本掌握超声检查仪器的基本构造。
3. 掌握超声诊断仪增益调节等键盘知识。

【技能目标】

1. 能识别超声伪影。
2. 能进行肝、胆、脾、肾、膀胱、子宫等器官的超声检查。
3. 会判读膀胱结石、腹腔积液、子宫蓄脓等异常超声影像。

【必备知识】

一、超声波概述

超声波是指振动频率超过人类耳朵听阈的声音。超声波的产生是根据压电效应原理，在适当的媒介物（如压电晶体）中产生的。当电脉冲施加于晶体，压电效应导致晶体变形，进而产生振动，超声波由此产生。超声检查是一种无组织损伤、无放射性的诊断方法，使用灵活又操作安全，在兽医临床上广泛使用。

（一）超声波的一般性质

用于诊断的超声波是纵波，其主要物理性质如下。

1. 频率与周期

频率是指每秒重复的次数。一个声波或一个周期起始于压力正常时，接着压力逐渐升高，再降低至低点（通过正常值），再回复至正常（图4-27）。周期定义为一个完整的压缩与舒张过程。频率以赫兹（hertz，Hz）表示，1Hz 代表一秒内有一个周期，在诊断超声波的使用中，频率通常介于 2~15MHz。人类听觉范围的声音频率是 20~20000Hz，低于 20Hz 的声音为次声波（infrasound），大于 20000Hz（0.02MHz）即为超声波。

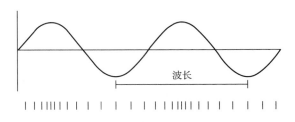

图4-27 超声波

［正弦波（上）和一系列压缩及舒张（下）的声波。］

2. 波长

波长是声波在一个周期内行进的距离，在超声波学中，波长以符号 λ 表示，以毫米（mm）为单位表示，波长对于影像分辨率极为重要。

3. 速度

速度是声波穿越介质时的速率，它是由传输介质的物理密度（单位体积内的质量）和刚度（硬度）等特性决定。当物理密度保持不变，速度随刚度增加而增加；当刚度保持不变，速度随着物理密度增加而降低。一般来说，声音在介质中的速度由高至低依次是固体、液体、气体。固体内的分子是紧密联系在一起，因此声波在固体内的传播速度最快；气体分子相距甚远，因此声波在气体内的传播最慢。临床上，声音在骨头中传播速度最快，最慢则是在充满气体的肺部。声波速度与频率和波长相关的公式如下

$$声波速度（mm/\mu s）=频率（MHz）\times 波长（mm）$$

当声波速度固定时，频率和波长呈反比关系，因此随着频率增加，波长减少，反之亦然。软组织中，平均声速为 1.54mm/μs（1540m/s），在软组织中的声音速度是很重要的，因为超声仪器使用此速度进行所有计算。与诊断有关介质声速见表4-40。

表 4-40 与诊断有关介质声速

媒介名称	声速/(mm/μs)	媒介名称	声速/(mm/μs)
空气	0.331	肾脏	1.561
脂肪	1.450	血液	1.570
水	1.540	肌肉	1.585
软组织	1.540	晶状体	1.620
肝脏	1.549	骨骼	4.080

4. 声阻抗

介质对声波传播的抵抗性称为声阻抗，其等于介质密度（g/cm³）与声速（m/s）的乘积，即声阻抗=密度（ρ）×声速（C）。纵波传播速度与介质密度的平方根成反比，因此介质密度越大，其声阻抗就越大。常见物质及机体组织声阻抗见表4-41。

表 4-41　　　　　　　　　　　　　常见物质及机体组织的声阻抗

介质名称	密度/(g/cm³)	声速/(m/s)	声阻抗/[×10⁴ (Pa·s)/m]
空气（0℃）	0.00129	343	0.00004424
血液	1.005	1570	1.577
羊水	1.013	1474	1.493
肝脏	1.050	1570	1.648
肌肉（平均）	1.074	1568	1.684
软组织（平均）	1.016	1540	1.564
脂肪	0.955	1470	1.403
颅骨	1.658	约4080	7.958

（二）超声波的传播与衰减

超声波在介质行走的过程中会衰减（attenuation），或可以理解为强度减损，超声波的衰减量取决于声波的移动距离和声波的频率。声波在一次往返距离下，每兆赫兹（MHz）声波的衰减量约为0.5decibels（dB）/cm；如果探头内的反射器是3cm，往返的距离为6cm，声波衰减即为3dB/MHz。

1. 反射与折射

超声在传播过程中，如遇到两种不同声阻抗物体所构成的声学界面时，一部分超声波会返回到前一种介质中，称为反射；另一部分超声波在进入第二种介质时发生传播方向的改变，即折射。声波的反射与折射如图4-28所示。

超声波反射的强弱主要取决于形成声学界面的两种介质的声阻抗差值，声阻抗差值越大，反射强度越大，反之则小。两种介质的声阻抗差值只需达到0.1%，超声就可在其界面上形成反射，反射回来的超声称为回声。

入射角是声波遇到介质的角度。如果入射角是垂直于反射体，部分声波以相对初始入射方向180°的反方向反射，部分声波则

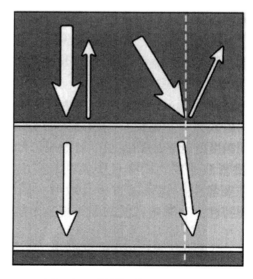

图4-28　声波的反射与折射示意图

沿相同的方向继续传输。如果不以垂直入射，则反射角等于入射角，而折射的角度与介质 A 和介质 B 的声阻抗差异有关，折射发生于超声入射角倾斜时，超声的折射定律与光波的折射定律相同。

入射波若与分界面垂直，回声就可返回到同一探头，在示波屏上呈现一个回波。相反，如果不垂直而呈一倾斜角度时，虽有回声，但由于入射角等于反射角，所以就不可能返回到同一探头上，也就收不到。超声之所以应用于医学上作为一种诊断疾病的手段，就是利用其反射特性。通过反射，可以对机体进行如下诊断：根据不同脏器的回声距离，可判断脏器的位置、大小、深度及厚度等；根据脏器内回声的多少，可了解脏器的均匀程度，判断其正常与否；根据回声的强弱，可判断介质的密度，如钙化、结石、骨等反射强；根据无回声的平段（或称暗区），可了解体内液体存在的情况；鉴别体内气体存在的情况。

根据反射特性，为了达到诊断的目的，在进行超声检查时，探头必须使用耦合剂，适当加压，以保证探头与皮肤密贴面不留空隙，使超声能全部进入体内，以获得满意图像。此外还应侧动探头，使其和探查深部脏器的平面垂直，以得到返回的声波。

超声在动物体内传播时，由于脏器或组织的声阻差异，界面的形态不同，各脏器间又有密度较低的间隙，各种正常脏器有不同的反射规律，进、出脏器均有强烈反射，形成正常脏器回声图或声像图。当发生病变后，原来的声阻发生了改变，回声图或声像图也随着发生变化。兽医临床超声探查借此作为分析疾病、判断疾病的根据。

2. 透射

超声穿过某一介质，或通过两种介质的界面而进入第二种介质内，称为超声的透射。透射能力程度与介质之间的声阻抗差异有关，当两种介质差异相近时，超声能量全部透过而不发生反射。除介质外，决定超声透射能力的主要因素是超声的频率和波长。超声频率越大，波长越短，其透射能力越弱，探测的深度越浅；超声频率越小，波长越长，其穿透力越强，探测的深度越深。因此，临床上进行超声探查时，应根据探测组织器官的深度及所需的图像分辨力选择不同频率的探头。

3. 绕射

超声遇到小于其波长 1/2 的物体时，会绕过障碍物的边缘继续向前传播，称为绕射，也称衍射。实际上，当障碍物与超声的波长相等时，超声即可发生绕射，只是不明显。根据超声绕射规律，在临床检查时，应根据被探查目标的大小选择适当频率的探头，使超声的波长比探查目标小得多，以便超声在探查目标时不发生绕射，把比较小的病灶也检查出来，提高分辨力。

4. 散射与衰减

超声在传播过程中除了反射、折射、透射和绕射外，还会发生散射。

散射是超声遇到物体或界面时沿不规则方向反射或折射。

超声在介质内传播时，会随着传播距离的增加而减弱，这种现象称为超声衰减。引起超声衰减的原因有两点。第一，超声束在不同声阻抗界面上发生的反射、折射及散射等，使主声束方向上的声能减弱。第二，超声在传播介质中，由于介质的黏滞性、导热系数和温度等的影响，使部分声能被吸收，从而使声能降低。声能衰减与超声频率和传播距离有关。超声频率越高或传播距离越远，声能的衰减，特别是声能的吸收衰减越大；反之，声能衰减越小。动物体内血液对声能的吸收最小，其次是肌肉组织、纤维组织、软骨和骨骼。

二、超声诊断仪的使用与维护

超声诊断仪的种类和型号繁多，但无论何种均是由探头、主机、信号显示、编辑及记录系统组成。超声诊断仪的正确使用和维护可以提高诊断的准确性、延长诊断仪的使用寿命。

（一）超声诊断仪的构造

1. 探头

探头也称换能器，是能将不同形式的能量互相转换的装置，在超声成像中，探头将电流转换为声波，反之亦可。完成这种转换是借由压电晶体（piezoelectric crystal）（图4-29、图4-30）的辅助，当高频交变电荷被施加到压电晶体时，材料发生高频形变和震动，从而产生声波，相反的，当声波施加到压晶体管，即产生电讯号。因此，同样一块晶体可以用于发送和接收声波，但是这两种过程不能同时发生。它与仪器的灵敏度和分辨力等有密切关系，是任何类型超声仪都必备的重要部件。

1—声学匹配层；2—声透镜；3—背衬元件；4—压电元件（换能器）。

图4-29　压电晶体位置

传统PZT陶瓷

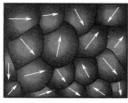

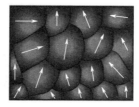

（1）通电前　　　　　　　　　　（2）通电后

图4-30　压电晶体通电前后示意图

对于典型的超声波来说，探头发出声波只占用不到1%的时间，而接收声波却使用了99%以上的时间。超声波探头具有许多形状和尺寸。探头的选择取决于其物理性质和欲成像区域的解剖特性。一套完整的超声波探头由插座、线缆和声头组成,声头内部构造非常的精密,由外到内由声透镜、匹配层、压电晶体、背衬材料几部分构成(图4-31)。

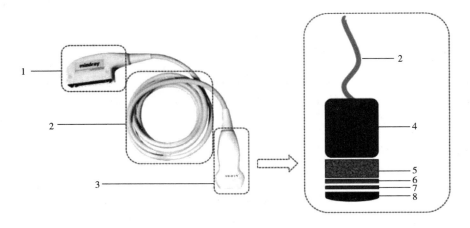

1—插座;2—线缆;3—声头;4—手柄外壳;5—背衬(垫衬);6—压电晶体;7—匹配层;8—声透镜。

图4-31 探头构成

声头即电子换能器(electronic transducers),也称为阵列换能器(array transducers),是由数十个甚至上百个阵元组成不同的排列,可以直线或矩形排列(线性阵列),或以曲线排列(曲形阵列),或以同心圆排列(环形阵列)。组成探头的这些阵元以各种序列排序,借由电讯号的刺激产生不同形状的影像或将声束聚焦在特定深度。两种常见的基本影像为阵元以扇形排列,形成的影像为扇形(图4-32);阵元以线性方式排列,影像则是矩形(图4-33)。探头的声透镜取决于与病畜接触的幅度,扇形影像通常由具有较小声透镜的探头产生,而线性探头通常有较大的声透镜。对于胸部部位,因为必须获得肋间影像,可使用扇形探头。对于腹部成像,使用线性探头或扇形探头则取决于超声波医师的个人喜好,在大多数情况下,单一检查通常使用不止一种探头。

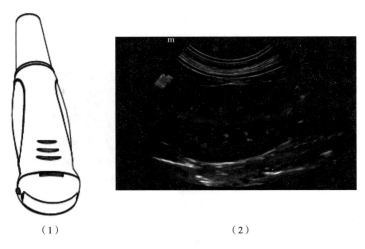

(1)　　　　　　　　　　　(2)

图4-32 扇形阵列与扇形影像

（1）

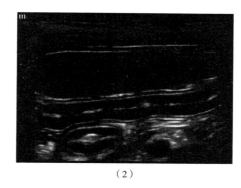
（2）

图4-33　线性阵列与矩形影像

随着现代超声技术的发展，为了满足不同的应用场景需求，发展出品种繁多，技术越来越先进的探头。这些探头按照应用类型可以分为腹部探头、浅表探头、心脏探头、经食道探头、腔内探头、术中探头（图4-34）。

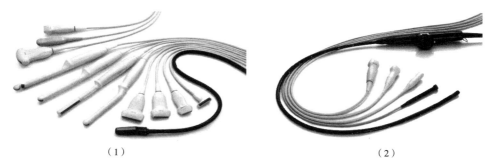
（1）　　　　　　　　　　　　　　　　　（2）

图4-34　各种应用类型的探头

现今超声诊断设备使用脉冲模式（pulsed mode）成像，这意味着超声机器只发送几个周期的声波到组织中，其余时间均用于接收反射的回音。脉冲重复频率（pulse repetition frequency，PRF）表示在一秒内以脉冲模式发送和收集声波的次数，一个脉冲的空间长度就称为空间脉冲长度（spatial pulse length，SPL）。如果声波的波长为0.5mm，并且每次发送3个脉冲，则空间脉冲长度为1.5mm。空间脉冲长度对于轴向分辨率（axial resolution）极为重要。

分辨率是超声机器辨别回音的能力，建立在空间、时间和强度的基础上。分辨率越好，异常组织就越有概率被辨别出来，同时分辨率随着频率增加而提升。使用探头时应使用其可达到的最高频率，以获得最佳分辨率。轴向分辨率是在声波行进方向上，可以分辨两个反射体的能力，其值等于一半的空间脉冲长度。如前所述，空间脉冲长度是指行进的声波脉冲的空间长度。当两个反射体之间的距离大于空间脉冲长度的一半时，其两者的回声并不重叠，回音返回到探头时将被解释为两个独立的回音；如果反射体之间的距离小于空间脉冲长度的一半，返回的回音将重叠，并被认定为一个回音。由于更高频率的探头有较短的空间脉冲长度，因此轴向分辨率也会提高。

横向分辨率（lateral resolution）是垂直于声波行进方向上分辨两个单独的反射体的能力（图4-35、图4-36），由超声波束的宽度所决定，超声波束的宽度必须小于物体之间的距离，才能区分出两个不同物体，超声波束的宽度随着频率增加而减小。在聚焦式超声中，波束宽度是有所限制的，横向分辨率最佳之处是在超声波束的聚焦点，因为这是波束最狭窄的部分。

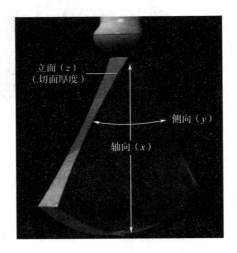

图4-35　超声探头发出的超声波束的三个维度

（轴向分辨率沿着 x 轴，当超声在 y 轴和 z 轴宽度最窄时，具有很好的横向分辨率，
而最窄处便是超声波束的聚焦区。）

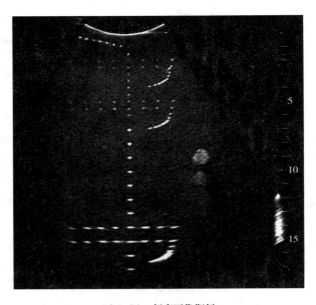

图4-36　超声图像靶标

（超声设备厂家通常会用标准的超声图像靶标来测试超声图像是否达到设计要求的性能，
包括横向分辨率、纵向分辨率、穿透力等参数。）

　　声波穿透的深度与频率成反比，高频率的探头适用于观察靠近表面的结构，低频探头则适用于观察深层结构。超声波探头的选择随医师的经验有所不同，通则是一开始可使用高频探头，因为它具有较好的分辨率，接着切换至低频探头，使更深层的结构得以成像。

宽频宽（bandwidth）技术可使探头发出较宽的频率范围，因此使用者可从同一个探头选择不同的频率，早期窄频宽的探头中，4MHz 的探头可能发出 3.8~4.2MHz 的频率，而现在的 4MHz 宽频宽的探头，其发射频率介于 1~7MHz。使用宽频宽的探头，频谱中的高频可提高近场（near-field）的分辨率，低频部分则可提高远场（far-field）分辨率。此外，因为探头使用较短的空间脉冲长度，轴向分辨率因而得到提升。

谐波（harmonic）成像提高了正常组织和病变的鉴别度，谐波的频率是发射的超声脉冲时间间隔的倍数，如果发射频率（基频或第一谐波，first harmonic）是 4MHz（F），第二谐波是 8MHz（2F），声波第三谐波的频率为 12MHz（3F），第四谐波以此类推。声波和组织相互作用时，在谐波频率处易产生微弱的回音，因此通常只使用第二谐波频率，因更高的频率容易被组织吸收。当超声机器以谐波模式运行，会使用带通滤波器（bandpass filter）排除特定范围的频率，其功能为去除基频，让第二谐波的频率得以通过，最终可提高影像质量。其原理为以下三个基本因素：第一，使主声波束变窄以提高横向分辨率；第二，因为多余的声波束强度不足以产生谐波，因此可以减少栅瓣伪影（grating lobe artifacts）的形成；第三，谐波声波束产生的深度可避免产生许多伪影问题，从而减少发生影像劣化的情形。

空间复合（compounding）是组合多种结构的声波束形成的混合影像，不同结构的声束来自不同角度，在不移动探头的情况下，声波可被导引至不同方向发射，可以增加声波以 90° 撞击反射体的概率，此现象将提升对比度和不同组织的边界判断，但是角度一旦增加，会需要更多时间来收集数据，因而容易降低影像分辨率和时间分辨率，而声波增强（acoustic enhancement）及阴影伪影（shadowing artifacts）可能会减少，某些情况下这是一个潜在的缺点。犬和猫的超声成像会使用空间复合技术，其混合影像的对比分辨率和边界的定义能力皆有所提升，且相较于非复合影像其信号噪声比（signal-to-noise ratio）增加。

2. 主机

超声诊断仪的主体结构主要为电路系统组成。电路系统主要包括主控电路、高频发射电路、高频信号放大电路、视频信号放大器和扫描发生器等。超声诊断仪按照外形大致可以分为台式超声（图 4-37）和便携式超声（图 4-38）。下面以台式超声为例介绍主机各部分构成（图 4-39、表 4-42）。

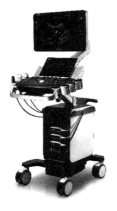

图 4-37 台式超声

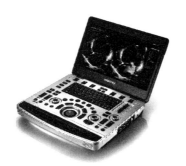

图 4-38 便携式超声

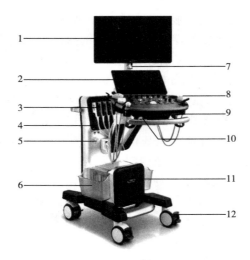

图 4-39　主机构成

表 4-42　　　　　　　　　　　　　主机各部位名称及功能

序号	名称	功能
1	显示器	超声扫查时显示图像和参数等
2	触摸屏	触摸式人机接口，可进行操作控制
3	探头接口	连接探头与主机的接口
4	前 I/O 面板	连接 ECG 导联、USB、音频输入输出等
5	喇叭	PW/CW/TVD 等模式时输出频谱声音
6	储物篮	用于临时放置物品，如耦合剂、剃毛刀、纸巾、病历本等
7	显示器支撑臂	支撑和调节显示器的位置和角度
8	探头	用于对动物进行超声检查，根据应用不同有多种类型的探头
9	标准键盘	标准键盘（隐藏式），用于输入字符或打开相关功能
10	控制面板调节拨杆	控制面板升降和旋转的调节开关
11	超声主机	超声发射板主机箱，用于生成及控制超声波发射
12	脚轮	用于移动设备

3. 显示及记录系统

显示系统主要由显示器、显示电路和有关电源组成。超声信号可以通过记录器记录并存储下来。由于 B 超诊断仪的功能有限，许多 B 超诊断仪还配有 B 超诊断工作站，可以将超声诊断的声像图通过图像采集系统存储于电脑中，然后可对画面进行编辑、测量、传送、打印等操作。

（二）超声检查步骤

（1）检查前准备好超声设备，调整好超声设备操作面板高度、屏幕角度。准备好动物用的超声检查垫子和酒精、耦合剂、纸巾等耗材（图 4-40）。

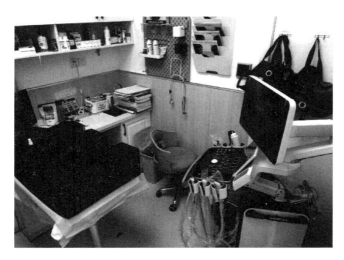

图4-40　检查前超声设备及其他物品准备

（2）打开超声电源，在启动完成后，点击"信息"按键并输入动物信息（图4-41）。开机使用详见视频4-1。

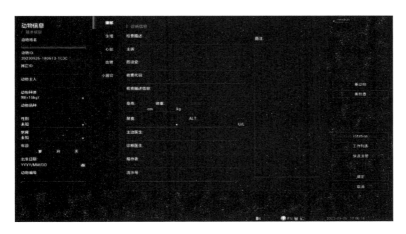

视频4-1
超声仪器的开机使用

图4-41　输入动物信息

（3）动物保定，检查部位剪毛、涂布耦合剂。

（4）在触摸屏点击"探头"，根据动物种类和检查部位选用合适的探头和图像参数（图4-42）。

（5）扫查　操作者根据诊断目的进行超声扫查，并可以切换不同的检查模式达成特定的检查目的，如M模式、C模式、D模式。

（6）基本的超声仪器控制　超声生产厂家一般会预置好不同种类动物、不同检查模式的图像参数，操作者一般不再需要调节控制面板上的参数或者仅作个别参数的微调，大大提高了操作效率。但是操作者仍然需要掌握一些基本参数，以便更好地理解超声应用，相关参数调节详见视频4-2。

图 4-42 探头和检查模式的选择

视频 4-2
超声仪器的参数调节

①功率控制（power control）：可调整施加到压晶体管的电压大小，进而可改变声波输出的强度。增加功率会导致返回的回音振幅均匀增加，从而提高了整体影像的回音强度（亮度），然而保持较低的功率有助于提升影像分辨率，且有助于减少伪影产生。

②增益效应（gain affects）：指接收到的回音强度的放大倍数。增加或减少增益将增大或减小荧幕上显现的影像亮度，如果增益太低，实质组织的细节将容易被忽略，如果增益过高，影像太亮将导致对比分辨率下降。常将超声仪器的增益旋钮比喻为 MP3 播放器上的音量控制键，在低音量时，轻微的音乐变化将不能被听到，一旦设置为高音量，音乐则会令人非常不快。由于声波在组织中行走时，强度会减弱（衰减），从深层组织返回的回音比接近探头的组织的回音弱，因此为了使亮度均匀，深层组织的回音增益程度需大于浅表组织的回音增益。

③时间增益补偿（time gain compensation，TGC）：可让使用者在影像上选定的区域，根据回音到达探头的时间调整增益大小，通常深层组织产生的回音需要较长时间才能回到探头。超声机器具有一系列的滑动轴，能控制不同深度的回音增益。最顶端的滑动器控制近场区域的增益，而底部滑动器则控制远场的增益，应先调整总增益，特定影像区域再使用时间增益补偿。

④深度（depth）：操作者根据图像检查需要调节图像显示区域的深度，一般让被检查目标的大小占据图像显示区域范围的 1/3 ~ 1/2。

⑤频率（frequency）：指超声的发射频率。超声频率越高分辨率越高，相应穿透力会减弱，在对小动物或者对浅表部位做检查时，一般选择用高频；超声频率越低穿透力越好，但是分辨率会相对下降，在对中大型动物或者对深部器官做检查时，一般选用低频。要根据动物体型大小和检查深度来灵活调节探头频率。

⑥焦点位置（focus）：焦点是超声聚焦的位置，就像拍照时要对焦一样，超声焦点位置的图像分辨力最好，所以在检查时要把焦点位置调整在图像重点观察区域。超声设备可以设置多个焦点，这样可以获取多个位置的清晰图像，但是焦点数量越多，图像显示帧率会下降，尤其是对动态图像检查时，所以一般设置单焦点即可。随着超声技术的发展，一些高端彩超可以实现域聚焦技术，实现了全图像区域的聚焦，从而不再需要焦

点。大大提高了图像的清晰度，也省去了调节焦点的步骤。

（7）冻结图像，存储、编辑、打印　在检查过程中，获得典型声像图时，可对画面进行冻结（freeze frame），也可对扫查内容进行录像，便于后期的回放和进一步诊断。对所获取的具有诊断意义的声像图进行标识，对检查结构的距离、面积、周长、角度等测量、编辑，最后可打印给出诊断报告。

（8）关机，断电源。

常见超声的控制面板如图 4-43 所示。控制面板上按键名称及功能见表 4-43。

图 4-43　常见超声控制面板

表 4-43　　　　　　　　　　　　控制面板上按键名称及功能

序号	英文符号	名称	功能
1	—	电源开关	电源开关，开启/关闭超声设备
2	A. Power	声输出	按压：在声功率和音量调节方式中切换；旋转：调节声功率或者音量
3	—	参数菜单键（6个）	调节触摸屏对应位置的参数
5	PW	PW 模式	按压：开启/关闭 PW 模式；旋转：调节 PW/CW 增益
6	C	Color 模式	按压：开启/关闭 Color 模式；旋转：调节 Color/Power 增益
7	M	M 模式	按压：开启/关闭 M 模式；旋转：调节 M 增益
8	CW	CW 模式	按压：开启/关闭 CW 模式
9	PD	Power 模式	开启/关闭 Power 模式
10	B	B 模式	按压：进入单 B 模式；旋转：调节 B 增益
16	Depth	深度	用于调节图像深度
18	iTouch	一键优化	按压：进入图像优化状态，并优化图像，如果继续按压，进一步优化图像。长按：退出图像优化状态

续表

序号	英文符号	名称	功能
19	Save	存储	存储单帧图像
20	Freeze	冻结	按压：冻结/解冻屏幕图像
23	Bodymark	体位图	按压：开启/关闭体位图模式
24	ABC	注释	按压：开启/关闭注释模式
25	Clear	清除	按压：清除上一步测量标注信息；长按：清除当前屏幕所有测量标注信息
26	Cursor	光标	按压：开启/关闭光标
27,28	—	确认（Set）	功能根据具体场景决定，比如上一个/下一个，或某些特殊模式下的特殊指令
29	Measure	应用测量	开启/关闭应用测量模式
30	Caliper	常规测量	开启/关闭常规测量模式
31	Update	切换	多窗口模式下切换当前活动窗口
32	—	轨迹球	移动光标或者回放多帧图像
33	—	电源指示灯	—

（三）超声诊断仪使用注意事项

（1）超声诊断仪应放置平稳，防潮防尘，且应与其他可能对超声检查造成干扰的仪器分开。

（2）避免频繁的开关机，开关机前应将仪器各键复位。

（3）探头应轻拿轻放，不可撞击。使用时涂耦合剂，不可用油剂或腐蚀性溶剂替代。每次使用后应用软布将探头擦拭干净，放置平稳。

（4）超声检查前应将动物保定，剃毛，用酒精擦拭皮肤去除油脂，待酒精挥发后涂耦合剂进行检查。检查应针对动物选择适当的探头及超声类型。注意频率、增益及焦点的调节以获得更为清晰的图像。

（5）超声检查前应对动物触诊，以便获得更直观的印象。

（6）动物的超声检查除对怀疑病变的脏器检查外，还要对其他脏器及大血管进行检查。有时有些病变不表现明显临床症状或被掩盖，广泛检查会有意外发现。

（四）超声诊断仪的维护

（1）仪器应放置平稳、防潮、防尘、防震。

（2）超声检查室最好有良好的通风。仪器暂时不使用时需要进入"冻结"状态以便切断主机和探头的供电，这样可以延长探头使用寿命。仪器在较长时间不使用时可以进入休眠状态。在完成一天超声检查工作后需要关闭超声仪器并拔除电源线。

（3）开机和关机前，各操作应归复原位。

（4）探头应轻拿轻放，切不可撞击，切不可与腐蚀剂或热源、磁源接触。每次检查完后需要用软纸巾轻轻擦拭探头声透镜和外壳，避免耦合剂残留。若仍有顽固污渍，可用清水或中性肥皂水冲洗探头、声头，除去所有异物，也可以使用氨基甲酸乙酯软海绵来擦拭探头、声头。禁止使用刷子，因为可能会损坏探头。擦拭/冲洗完毕后，使用无菌布或纱布擦去探头上的水分，自然风干。禁止通过加热的方式烘干探头。

（5）可以使用浸有温和清洁剂的软布擦掉探头连接器外壳以及探头电缆上的污渍。探头导线不应折曲、损伤，应避免动物咬坏探头导线。

（6）应经常开机使用，避免长期不用，可能导致内部短路等故障。

（7）不可反复开关电源。

（8）配件连接或断开前必须关闭电源。

（9）仪器出现故障应请专业人员进行排查和修理。

三、超声检查方法

（一）超声扫查方式

超声扫查常用的有直接扫查法和间接扫查法。直接扫查法是将探头发射面连同耦合剂直接与被探测部位紧密接触后进行扫查。间接扫查法是用垫声块置于探头和扫查部位之间进行扫查的方法（图4-44），多用于浅表部位的检查，如眼球、软组织包块、脾脏、膀胱壁等。

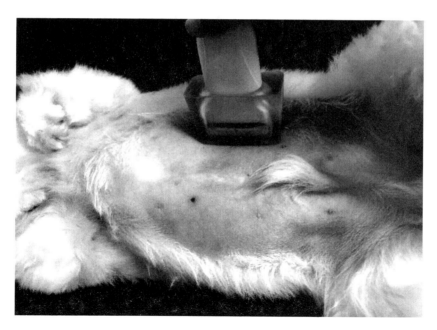

图4-44　间接扫查法

（二）动物的摆位及切面方位

动物B超检查时，一般将诊疗台置于B超诊断仪的右侧，动物躺于诊疗台上，头部位于检查者的前方，尾部朝向检查者的后方。根据检查对象的不同，可仰卧或侧卧保定，特殊情况下也可站立保定。

　　B超检查时，超声可做各个方向的切面检查，一般包括矢状面扫查、横断面扫查、冠状面扫查和斜向扫查。矢状面扫查是超声切面与动物长轴相平行，把动物体分为左、右两部分［图4-45（1）］。矢状面扫查时，相对声像图的左侧代表身体头侧，图像右侧代表身体尾侧，图像上方代表临近探头的身体浅部，图像下方代表远离探头的身体深部。横断面扫查是超声切面与动物长轴相垂直，把动物体分为前、后两部分［图4-45（2）］。横断面扫查时，相对声像图的左侧代表身体右侧，图像右侧代表身体左侧，图像上方代表临近探头的身体浅部，图像下方代表远离探头的身体深部。冠状面扫查是超声波切面与动物长轴相平行，把动物体分为背、腹两部分［图4-45（3）］。冠状面扫查时，相对声像图的左侧代表身体头侧，图像右侧代表身体尾侧，图像上方代表临近探头的身体浅部，图像下方代表远离探头的身体深部。

　（1）矢状面扫查　　　　　　　（2）横断面扫查　　　　　　　（3）冠状面扫查

图4-45　动物的切面方位

（三）扫查方法

　　扫查方法是指探头或者声束的移动方向所构成的扫查平面。

　　（1）线性扫查或滑行扫查　探头发射面与被检部位皮肤之间借耦合剂密切接触，并使探头接触皮肤的同时在体表作滑行移动，以观察脏器的大小、边界、范围和结构状态，常用于动物肝脏等脏器的探查，此法较准确可取（图4-46）。

　　（2）扇形扫查　使探头置于一点作各种方向的扇形摆动，声束呈90°角以内的扫查，多用于妊娠诊断、小器官的检查及肝脏等器官检查，以便寻找胎儿和全面地观察病变，也可用于避开肠内气体或体表声窗有限时的器官扫查（图4-47）。

　　（3）放射状扫查　向四周做360°空间的扫查［图4-48（1）］。

　　（4）弧形扫查　探头或声束呈弧形移动［图4-48（2）］。

　　（5）圆周扫查　指围绕肢体或躯干周围扫查一周［图4-48（3）］。

（6）复合扫查　以上方法中的两种同时运用［图4-48（4）］。

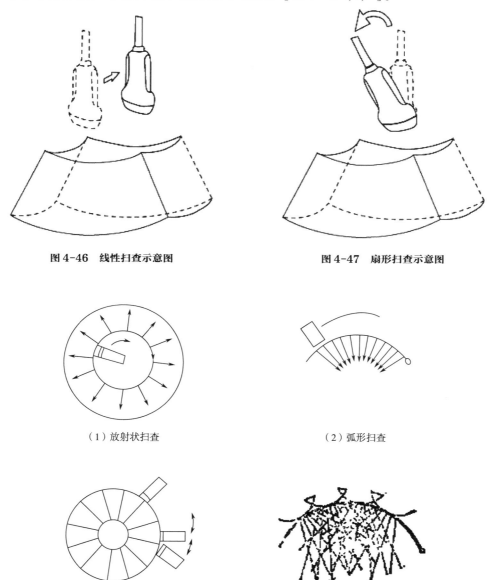

图4-46　线性扫查示意图　　　　　　　　　图4-47　扇形扫查示意图

（1）放射状扫查　　　　　　　　　　　　（2）弧形扫查

（3）圆周扫查　　　　　　　　　　　　　（4）复合扫查

图4-48　各种扫查法示意图

（四）超声观察的基本内容

超声诊断的基本原则是仔细观察，认真分析，结合其他检查，综合判断。根据超声扫查所获得的声像图的特点和规律，阐明超声回声的生物物理学原理，提出病变的物理学性质或病变性质，以及生理功能和病理生理状态。扫查时，应从以下几个方面进行观察。

（1）定位　确定脏器或病变的方位。

（2）大小　扫查器官或病变的大小。

（3）外形　圆形、椭圆形、分叶形或不规则形。

（4）边缘轮廓　整齐、不整齐、有否向周围浸润。

（5）内部回声　内部回声包括脏器内部及肿块内部回声的形状、强弱、分布和动态，这与组织结构的性质有关。

（6）后壁及后方回声　后方回声增强、声影。

（7）周邻关系　指要注意周邻及有关脏器是否移位、变形、肿大、扩张和粘连等。

通过上述分析，结合有关资料，最后综合作出包括病变部位、数目及大小，物理性质或病理性质的超声诊断，并通过治疗实践验证诊断。

四、常见超声扫查声像图

B超检查时，显示屏上的切面图像称为声像图。显示屏本底为暗区，回声为光点，从而组成声像图。根据声像图上光点的数目、亮度、形态和分布等进行综合分析，作出概括性判断。

（一）B超声像图的特点

由于受B超扫查范围和成像机制的影响，其声像图具有以下特点。

（1）断面图　由于超声波扫查范围的限制，在监视屏上的声像图只能是超声波扫查到的切面，声像图的形状也随扫描角度变化而变化。

（2）声像图明暗不同的灰度反映了回声的强弱。

（3）实时显示　声像图是体内脏器状态的实时反应，可以检测体内器官的动态变化。

（4）易受气体和脂肪的干扰，影响图像的质量。

（5）显示范围小。

（二）回声强度

（1）弱回声或低回声　指回声光点辉度降低，有衰减现象，如肾髓质［图4-49（1）］。

（2）等回声或中等回声　指回声光点辉度等于正常组织回声，如肝脏组织［图4-49（2）］。

（3）较强回声　较正常脏器或病灶周围组织反射增强，即辉度增大，如脾脏中的结节［图4-49（3）］。

（4）强回声或高回声　反射回声比较强回声明亮，伴有声影［图4-49（4）］或二次、多次重复反射。

（三）回声次数

（1）无回声　无回声的区域构成暗区。

①液性暗区：均质的液体，声阻抗无差别或差别很小，不构成反射界面，形成液性暗区。如血液、胆汁、羊水、尿液等，病理性积液如腹水、肾盂积水和含液体的囊性肿物。加大灵敏度仍无反射，浑浊液体，可出现少数光点。

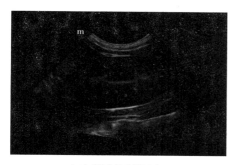

（1）弱回声或低回声

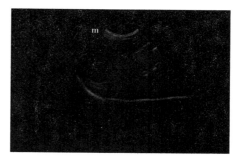

（2）等回声或中等回声

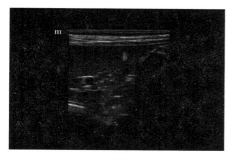

（3）较强回声

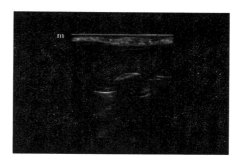

（4）强回声或高回声

图 4-49 不同回声强度

②衰减暗区：肿瘤，由于肿瘤对于超声的吸收，造成明显的衰减而没有明显的回声。

③实质暗区：均质的实质器官，声阻抗差别小，可出现无回声暗区。肾实质、脾脏等正常组织和肾癌及透明性病变组织可表现为实质暗区。

（2）稀疏回声　光点稀少，间距 1cm 以上。

（3）较密回声　光点较多，间距 0.5~1cm 以内。

（4）密集回声　光点密集，间距 0.5cm 以下。

（四）回声形态

（1）光点　细而圆的点状回声。

（2）光斑　稍大的点状回声。

（3）光团　比光斑更大的回声区域。

（4）光片　回声形成片状。

（5）光条　回声细而长。

（6）光带　回声较光条宽。

（7）光环　回声呈环状、边亮中暗，如胎头、钙化肌瘤等。

（8）光晕　结节光团的周围有暗区，常见癌结节的周围。

（9）网状　多个环状回声构成网眼状，见于包虫病。

（10）云雾状　见于声学造影。

（11）声影（acoustic shadow）　由于声能在声学界面（软组织和气体之间，软组织与骨骼、结石之间等）衰减或反射、折射而丧失，声能不能达到的区域（暗区），即特强回声下方的无回声区。

（12）后方回声增强　指液性暗区的下方出现的强回声，多见于囊肿下方。

（13）靶环征（target sign）　在其中心"强回声区"的周围形成圆环状低回声带，见于某些肝脏肿瘤病处的周围。

（五）回声代表的意义命名

（1）二次回声　指两次重复反射，可出现于界面光滑的液性区等。

（2）多次重复回声　重复反射在三次以上，见于空气回声。

（3）周边回声　指脏器或占位性病变的边缘回声。

（4）内部回声　脏器或肿块内部回声。

（六）其他描述

（1）分布均匀、不均。

（2）包膜或边缘光滑、完整。

（3）底边缺如　指脏器或肿块的下沿无反射。

（4）侧边失落　指肿块的周侧边无回声。

（七）常见的超声伪影

伪影是由于成像技术上的某些特性造成结构显示的失真，在放射诊断学中，伪影容易阻碍影像的评估，因此是没有益处的。而在超声成像，伪影并不总是没有益处的，实际上它可能可以提供组织结构更深一步的判别，以增进评估的效率。例如，一个充满液体的结构的超声成像，会因其回声强度较强，而使得其周围的软组织显得比较亮，这称为远端增强（distal enhancement），而如果有一低回声的组织肿块，其影像结构可能会类似充满液体的结构，但周围的组织却没有远端增强的情形。

在讨论特定伪影形态之前，重要的是应记住使用超声时所做的假设前提，这些假设如下：

（1）声波以直线前进；

（2）回音只起源于位于声轴上的物体；

（3）单次反射后，回音返回到探头；

（4）组织中声音的速度是恒定的；

（5）回音的振幅大小直接与物体的反射或散射特性相关；

（6）反射体或散射体的距离或深度与声波的往返时间成正比；

（7）声波的能量均匀衰减。

1. 声影

声影是由于声束遇到强回声界面而产生的，声束反射回到探头，在钙化区域后方无影像形成。声影表现为强回声界面后方的无回声阴影（图4-50）。声影在鉴别结石和组

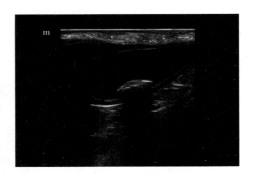

图4-50　膀胱结石后方形成声影（箭头所指）

织内其他钙化时是非常有用的。

2. 回声增强

声束在组织内传播时会发生衰减，操作者可通过增强回声强度来补偿衰减，对远距离的回声更应这样做。当声束穿过含液体结构时衰减降低，结果使在液体结构后方的组织比同等深度的组织回声增强。这种现象在超声诊断中特别有用，因为它可以根据声束衰减程度的不同来区别是含液结构还是固体结构（图4-51）。

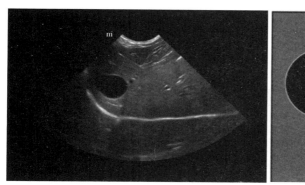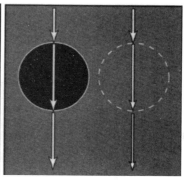

（1）超声影像　　　　　　　　　　　　　　　（2）原理示意图

图4-51　胆囊后方回声增强

在图4-51（1）中，胆囊（黑色圆形结构）内的胆汁衰减声波的程度不如等量的肝组织，造成回声增强的现象（远端胆囊处的亮区）；在四声增强区域的右侧有一黑色的三角形区域，为边缘伪影（edge shadowing artifact）的影响。在图4-51（2）中，左侧声波行进通过肝脏，接着通过胆囊内的胆汁（白色线圆圈），然后继续通过肝脏。右方的声波只通过肝脏，由于左侧声波通过胆汁，造成的衰减比右侧声波少，因此当左侧声波离开胆囊时，具有较高的强度，导致较强的回音返回到探头，形成远端回声增强的现象。

3. 混响

混响由脉冲声束在一个反射界面和探头之间往返弹射而造成，也与仪器的高增益设置有关。声束在反射界面和探头之间来回反射，计算机将这种反射的假回声认为是来自原来反射界面两倍距离的回声。这种来回反射进行数次，其影像表现为一系列的白线，间隔有序，随距离的加深强度渐弱。混响可发生于皮肤与探头界面，这为外部混响。内部混响发生于探头和肌体内部的反射体如气体、骨骼之间（图4-52）。当回声在囊壁之间来回反射时，混响效应也可在囊状结构内发生。识别这种现象对区别真假结构很重要。

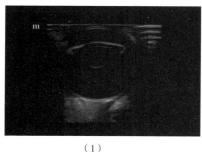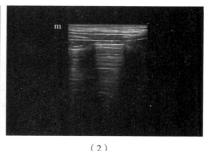

（1）　　　　　　　　　　　　　　　　　　　（2）

图4-52　外部混响与内部混响

4. 镜像伪影

镜像伪影发生于高反射界面组织的结合处，如膈肺界面。在一个正常且为强反射体的对侧出现一相同的结构（图4-53）时，同样违反了单次反射后返回到探头，和声波以直线行进的假设，最常见于肝脏检查时，横膈膜与肺的交界作为高反射性质的结构。两个胆囊明显地显现于对侧，可以用来解释这种伪影的形成原理，正常情况下，向胆囊发送的声波被反射回探头，并将其花费的时间和行走距离记录在荧幕；对于伪影性的胆囊，从探头传输的声波在横膈膜/肺界面反弹向胆囊，然而一部分声波从胆囊往横膈膜/肺界面反射，随后再反射回探头。从横膈膜/肺界面反射的声波需要较长的时间返回到探头，从而在病畜体内显示一个位置不正确的胆囊，这种伪影与膈破裂相似。

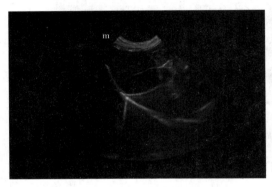

图4-53　胆囊镜像伪影影像

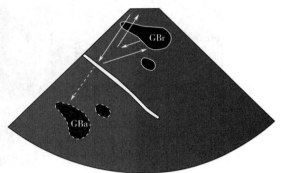

图4-54　胆囊镜像伪影影像模式图

图4-54的胆囊影像中，肺/横膈膜界面产生镜像伪影。真正的胆囊是在近场中，远场处是虚假的胆囊。肺/横膈膜界面是弯曲的，形如一条细白的线，分隔了实际和虚假的胆囊，白色箭头表示了声波造成镜像伪影的路径。由于声波在行进中改变方向无法由超声波机器侦测出，因此机器假设另一个胆囊是低于肺/横膈膜的界面处。

5. 侧边声影

在弯曲的界面上，当声束以切线角度进入弯曲结构的顶端时，声束角度发生折转，导致在顶端没有回声返回探头，并且在原声束通路上没有声波继续传递。其影像表现为顶端成像的缺失和其远场的无回声声影（图4-55）。

6. 切片厚度伪影

当发射的声束宽度超过含液或囊状结构时，切片厚度伪影就会发生。可见来自该区域邻近组织的回声，特别是含液结构内部更明显，产生肿块或沉积表象。这种伪影可在

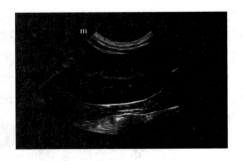

图4-55　肾脏侧边声影

胆囊内见到，有时称为假淤积。改变动物体位时真正沉积也会改变位置，假淤积表面永远与声束垂直，而真正淤积将与动物的水平面呈平行关系（图4-56）。

图4-56（1）犬膀胱的超声影像显示出切片厚度伪影。膀胱（左腹侧）的低回声区

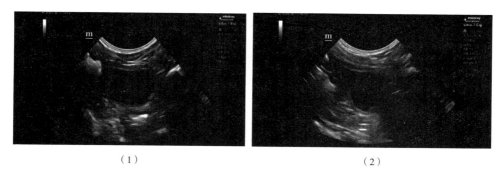

（1）   （2）

图4-56 膀胱切片厚度伪影

是由部分超声波束反映出尿液（无回声）显影，而部分声束反映出膀胱壁的造影（注意声束具有厚度），当两部分结合平均造成低回声区域，这种影像易与沉积物的影像造成混淆。图4-56（2）相同的膀胱稍微改变声学角度后，其超声影像中的伪影可被消除。

7. 旁瓣伪影

超声仪器发出的主声束周围有一些小的声束，称为旁瓣，在其传递过程中也会产生回声，机器识读这些旁瓣的回声也是由中央主声束产生的，并把影像叠加起来，机器的这种误读导致在图像上错误地显示出弱的回声。旁瓣伪影在液性暗区，如膀胱内较易观察到（图4-57）。

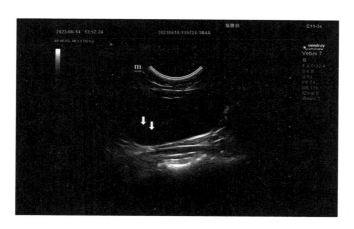

图4-57 旁瓣伪影（箭头所指）

五、肝脏和胆囊超声扫查技术

（一）肝脏超声扫查技术

肝脏后缘左侧通常与脾脏接触，右侧在尾叶肾窝处与右肾接触。犬和猫肝脏由四个叶、四个分叶和两个突起组成：左叶（外侧叶和内侧叶）、方叶、右叶（外侧叶和内侧叶）和尾叶（尾状突和乳头突）。肝叶尾端正常呈尖状。随着肝脏严重肿大，这些尾端变得钝圆。与脾脏相比，正常肝脏实质始终呈低回声，回声质地粗糙。肝脏评估必须包括多个参数，如肝脏大小和外形、肝脏实质回声性、超声波束衰减和异常散布。

　　1. 肝脏纵切面

　　肋弓后透声窗被胃肠影响时，肋间可做透声窗。探头光标指向头侧，置于剑突下方，向肋弓内偏斜左右扇扫、平移观察全部肝脏。图4-58为肝脏纵切面示意图，图4-57为肝脏纵切面声像图，图4-60为扫查手法图。扫查手法视频和超声图像视频分别见视频4-3和视频4-4。

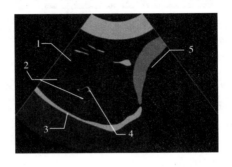

视频 4-3
肝脏纵切面扫查手法

1—肝脏；2—肝静脉；3—膈肌；4—门静脉；5—胃。
图4-58　肝脏纵切面示意图

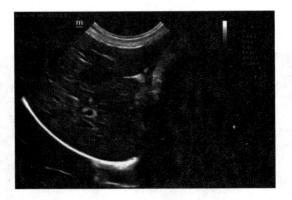

视频 4-4
肝脏纵切面声像

图4-59　肝脏纵切面声像

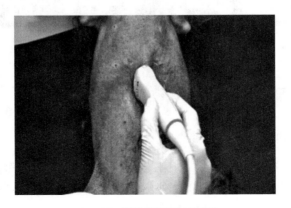

图4-60　肝脏纵切面扫查手法

2. 肝脏横切面

肋弓后透声窗被胃肠影响时，肋间可做透声窗。探头置于剑突下方，光标指向操作者，从腹侧向背侧扇扫观察全部肝脏。注意：肋弓后透声窗被胃肠影响时，肋间可做透声窗。图 4-61 为肝脏横切面示意图，图 4-62 为肝脏横切面声像图，图 4-63 为扫查手法图。

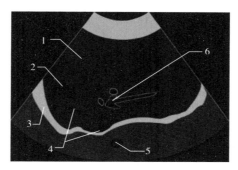

1—肝脏；2—胆囊；3—膈肌；4—肝静脉；5—主动脉；6—门静脉。

图 4-61　肝脏横切面示意图

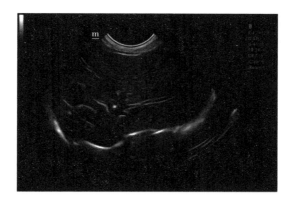

图 4-62　肝脏横切面声像

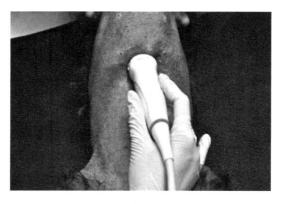

图 4-63　肝脏横切面扫查手法

3. 肝肿大超声影像

肝肿大时，可见边缘变钝，肝缘有结节性凸起。当腹腔内有液体存在时可看到肝脏的分叶，从而可以鉴别细小的病变（图4-64），但是无法通过特征性的超声图像确定组织病理学诊断的病因。若要对可疑变化或不明确的观察结果进行确定可进行细针穿刺或活组织检查。

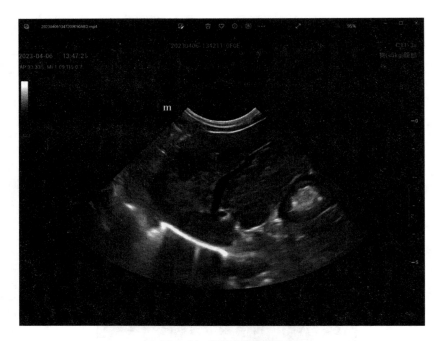

图4-64　肝肿大超声影像
（可见少量液体将肝叶的轮廓清楚呈现，肝回声不均匀。）

（二）胆囊扫查技术

犬和猫胆管系统相对类似。胆囊是胆汁蓄积器，呈无回声泪滴状组织结构，伴随一个圆锥形伸展的胆囊管。不同动物胆囊大小差异明显，厌食动物胆囊会肿大，因此不能单独把胆囊体积作为胆道阻塞的可靠症状。正常胆囊壁薄而平滑，猫胆囊壁厚度小于1mm，犬胆囊壁厚度小于2~3mm，胆泥可积聚于正常胆囊。肝内胆管树由胆小管和较大的胆管构成，在正常患病动物身上看不到。作为连接胆囊管与胆管的胆总管（CBD），在正常猫比正常犬更容易被观察到，正常犬胆总管可达到3mm宽，正常猫胆总管可达到4mm宽。

1. 胆囊纵切面

探头光标指向头侧，置于剑突下方，向右侧轻压探头至出现胆囊，左右扇扫观察全部胆囊切面。注意大小、壁厚、形状易受充盈程度影响。图4-65为胆囊纵切面示意图，图4-66为胆囊纵切面声像图，图4-67为扫查手法图，扫查手法视频和超声图像视频分别见视频4-5和视频4-6。

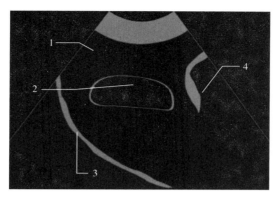

视频 4-5
胆囊纵切面
扫查手法

1—肝脏；2—胆囊；3—膈肌；4—胃。

图 4-65 胆囊纵切面示意图

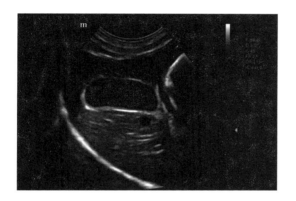

视频 4-6
胆囊纵切面声像

图 4-66 胆囊纵切面声像

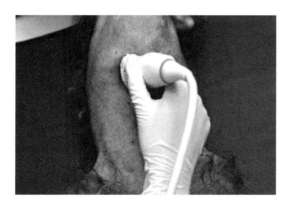

图 4-67 胆囊纵切面扫查手法

2. 胆囊横切面

探头置于剑突下方，光标指向扫查者，向动物右侧轻压探头至出现胆囊影像，从腹侧向背侧扇扫至胆囊影像消失。图 4-68 为胆囊横切面示意图，图 4-69 为胆囊横切面声像图，图 4-70 为扫查手法图。

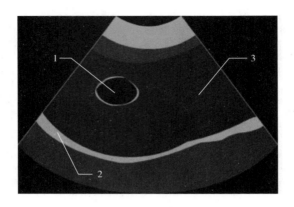

1—胆囊；2—膈肌；3—肝脏。

图 4-68　胆囊横切面示意图

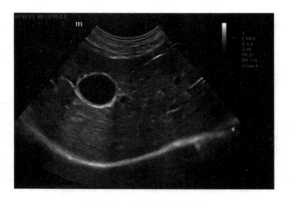

图 4-69　胆囊横切面声像

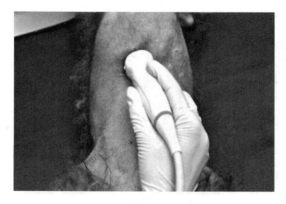

图 4-70　胆囊横切面扫查手法

3. 胆囊炎超声影像

当胆囊炎伴发外周水肿时，胆囊的周围有光晕存在。胆结石在小动物偶见，但是很容易用超声检查出来。图像显示为粒状强回声图像，沉降在胆囊底部，依据胆结石是否钙化，声影或有或无（图 4-71）。犬胆囊黏液囊肿时，胆囊内见猕猴桃切面样、草莓样或星样图案的中等回声图像（图4-72）。

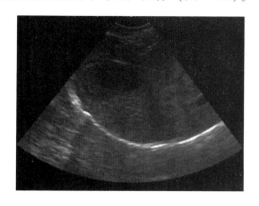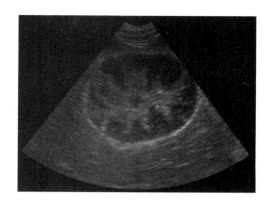

图4-71　胆囊炎

（猫细菌性肝炎引起胆囊壁炎症，表现双重胆囊壁。）

图4-72　胆囊黏液囊肿

（犬胆囊内见猕猴桃切面样结构。）

六、脾脏超声扫查技术

脾脏长轴面呈瘦长的舌状，横断面呈三角形。无论犬脾脏的位置如何变化，脾脏前端（脾头）在最背侧位置，在胃底和左肾之间通常呈钩状。脾脏实质呈现为均质回声，且回声质地精细，有一层薄的强回声包膜。与肝脏和肾脏皮质相比，脾脏通常呈高回声。在脾脏实质中，脾静脉的分支呈无回声的管状组织结构，在脾门处离开脾脏。脾动脉通常不可见。

（一）脾脏头部

犬的脾脏除脾头外，活动性较大，可先大面积扫查腹部确定整个脾脏大致位置，有利于跟踪扫查（后面的脾体、脾尾扫查手法视频仅代表模特犬走向）。检查要领：探头光标指向扫查者，置于左侧最后肋弓处，探头发射面向左肾头前侧偏，可见弯曲的脾脏头部，与肾头紧邻。图4-73为脾脏头部切面示意图，图4-74为脾脏头部切面声像图，图4-75为扫查手法图。扫查手法视频和超声图像视频分别见视频4-7和视频4-8。

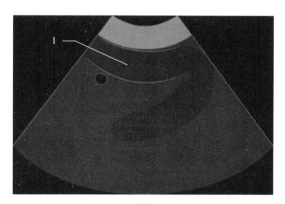

视频4-7
脾脏头部扫查手法

1—脾脏。

图4-73　脾脏头部切面示意图

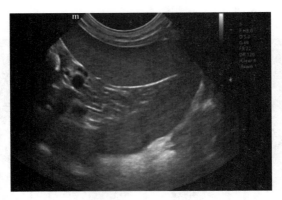

视频 4-8
脾脏头部切面声像

图 4-74　脾脏头部切面声像

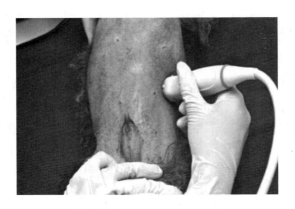

图 4-75　脾脏头部切面扫查手法

（二）脾脏体部

沿脾脏方向跟踪扫查，可见脾脏体部，长轴呈长条形，短轴呈三角形，可通过旋转探头 90°转换。这里以长轴为例（脾脏正中纵切面会看到一排脾静脉）。图 4-76 为脾脏体部切面示意图，图 4-77 为脾脏体部切面声像图，图 4-78 为扫查手法图。

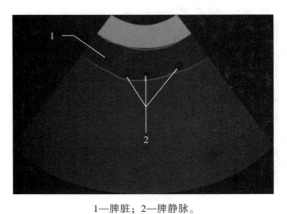

1—脾脏；2—脾静脉。

图 4-76　脾脏体部切面示意图

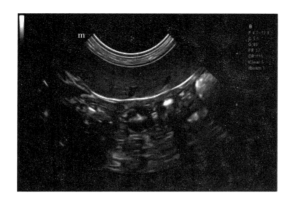

图 4-77 脾脏体部切面声像

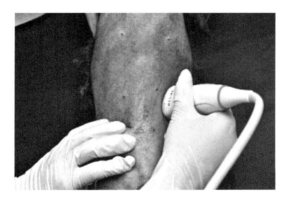

图 4-78 脾脏体部切面扫查手法

（三）脾脏尾部

从脾脏体部继续跟踪，可见纵切面呈牛舌样的脾尾长轴，横切较宽大扁平。这里以长轴为例，很多犬脾脏尾部可达膀胱。图 4-79 为脾脏尾部切面示意图，图 4-80 为脾脏尾部切面声像图，图 4-81 为扫查手法图。

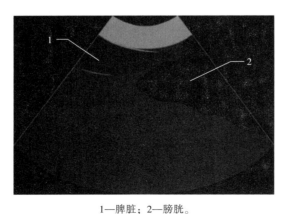

1—脾脏；2—膀胱。

图 4-79 脾脏尾部切面示意图

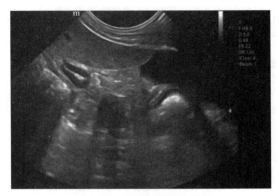

图4-80 脾脏尾部切面声像

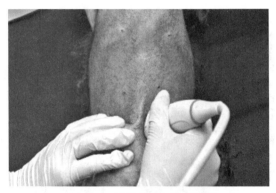

图4-81 脾脏尾部切面扫查手法

（四）脾异常超声影像

肿瘤可能是脾脏最常见的局部性异常，其超声影像外观上变化非常大，但在犬、猫常为均匀的低回声或混合回声，有或无分隔。几种常见的肿瘤包括白血病、淋巴肉瘤、血管瘤、血管肉瘤、纤维肉瘤和平滑肌肉瘤，腹腔内可能有积液，如血液，尤其是在患有血管肉瘤破裂时（图4-82）。

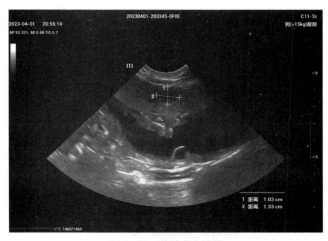

图4-82 脾脏内小结节

七、泌尿与生殖系统超声扫查技术

（一）肾脏

犬和猫的两侧肾脏大小和形态是对称的。猫的肾脏更近似椭圆形，犬的肾脏近似蚕豆型。正常的猫肾脏长度介于 3.0~4.3cm，犬的肾脏长度由于体型大小差异较大。通过超声可探查，肾皮质、髓质和集合系统可以很好地显像。肾髓质相比肾皮质呈低回声，肾皮质与肝实质相比呈低回声或等回声，但通常比脾脏回声低，也有个别肾功能正常的犬和猫，肾皮质回声比肝实质回声强。叶间脉管和憩室边缘的强回声将肾髓质分成数个片状部分。某些动物肾髓质几乎无回声。肾嵴是肾髓质的延伸，与肾盂接触。动脉弓壁在皮髓质交界处可以显现成一对短强回声线，比较粗大的肾内血管、叶间脉管也可以用彩色多普勒或者能量多普勒测量进行评估。在一般情况下，肾动脉和肾静脉每边各一条，从肾门分出后分别进入主动脉和后腔静脉。在正常的犬和猫有时可以观察到肾盂，尤其当动物接受静脉输液治疗或者在使用利尿剂时，肾憩室和输尿管是在膨胀的情况下，且肾盂厚度也低于 2mm。肾盂在入门处被充满强回声脂肪的肾窦所包围，肥胖的猫尤为明显。

1. 左侧肾脏纵切面

探头光标指向头侧，置于左侧最后肋弓处，轻压出现肾脏，若未出现则左右扇扫至肾脏出现，若切面不对称可根据肾脏走向顺/逆时针旋转探头微调至对称。调整好后左右扇扫至肾脏消失，观察全部切面。图 4-83 为左侧肾脏纵切面示意图，图 4-84 为左侧肾脏纵切面声像图，图 4-85 为扫查手法图。扫查手法视频和超声图像视频分别见视频 4-9 和视频 4-10。

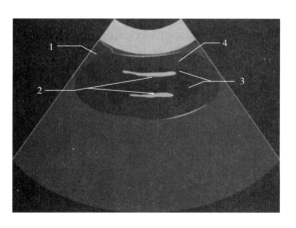

视频 4-9
左侧肾脏纵
切面扫查手法

1—脾脏；2—肾憩室；3—肾髓质；4—肾皮质。

图 4-83　左侧肾脏纵切面示意图

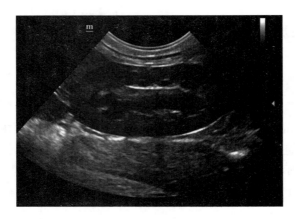

视频 4-10
左侧肾脏
纵切面声像

图 4-84 左侧肾脏纵切面声像

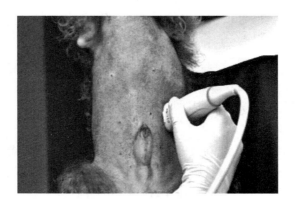

图 4-85 左侧肾脏纵切面扫查手法

2. 左侧肾脏横切面

探头光标指向扫查者，置于左侧最后肋弓处，轻压出现肾脏，前后滑行扫查，观察整个肾脏横切面，肾脏门部呈马蹄形。图 4-86 为左侧肾脏横切面示意图，图 4-87 为左侧肾脏横切面声像图，图 4-88 为扫查手法图。

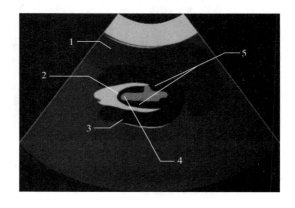

1—脾脏；2—肾盂；3—肾皮质；4—肾嵴；5—肾髓质。

图 4-86 左侧肾脏横切面示意图

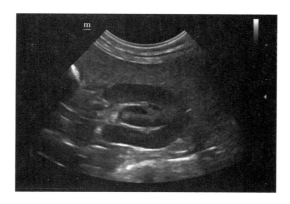

图 4-87　左侧肾脏横切面声像

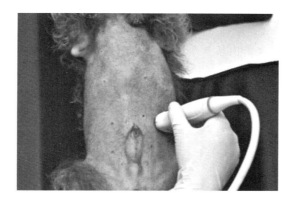

图 4-88　左侧肾脏横切面扫查手法

3. 左侧肾脏冠状面

探头光标指向头侧，置于左侧最后肋弓处，探头发射面长轴与身体冠状面平行开始扫查，调整探头角度，使肾脏呈蚕豆形，图像近场为肾脏凸面，远场为肾脏凹面，凹面中部为肾门。图 4-89 为左侧肾脏冠状面示意图，图 4-90 为左侧肾脏冠状面声像图，图 4-91 为扫查手法图。

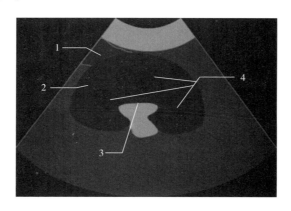

1—脾脏；2—肾皮质；3—肾盂；4—肾髓质。
图 4-89　左侧肾脏冠状面示意图

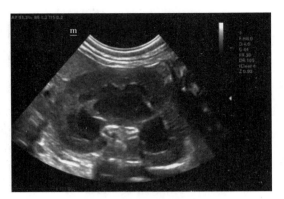

图 4-90　左侧肾脏冠状面声像

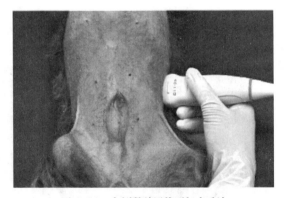

图 4-91　左侧肾脏冠状面扫查手法

4. 右侧肾脏纵切面

　　探头光标指向头侧，置于右侧最后肋弓处，探头向肋弓内偏斜，轻压出现肾脏，若未出现左右扇扫至肾脏出现，若切面不对称可根据肾脏走向顺/逆时针旋转探头微调至对称。调整好后左右扇扫至肾脏消失，观察全部切面。注意大部分犬右肾更靠前，肾头往往在肋弓内，且受肠道影响，不如左肾易扫查，可配合肋间扫查。图 4-92 为右侧肾脏纵切面示意图，图 4-93 为右侧肾脏纵切面声像图，图 4-94 为扫查手法图。

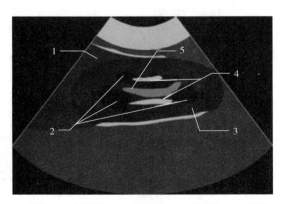

1—肝脏；2—肾髓质；3—肾皮质；4—肾憩室；5—肾峰。
图 4-92　右侧肾脏纵切面示意图

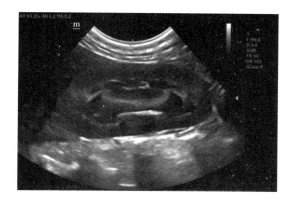

图4-93 右侧肾脏纵切面声像

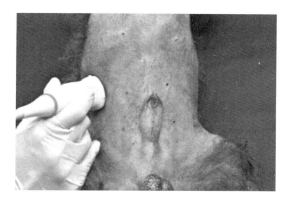

图4-94 右侧肾脏纵切面扫查手法

5. 右侧肾脏横切面

探头光标指向扫查者，置于右侧最后肋弓处，轻压出现肾脏，前后滑行扫查，观察整个肾脏横切面，肾脏门部呈马蹄形。图4-95为右侧肾脏横切面示意图，图4-96为右侧肾脏横切面声像图，图4-97为扫查手法图。

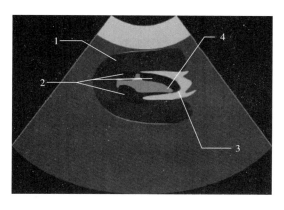

1—肾皮质；2—肾髓质；3—肾盂；4—肾嵴。

图4-95 右侧肾脏横切面示意图

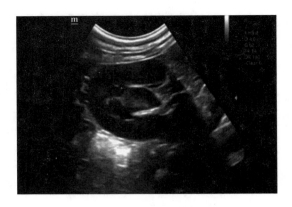

图 4-96　右侧肾脏横切面声像

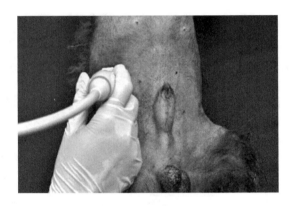

图 4-97　右侧肾脏横切面扫查手法

6. 右侧肾脏冠状面

探头光标指向头侧，置于右侧最后肋弓处，探头发射面长轴与身体冠状面平行开始扫查，调整探头角度，使肾脏呈蚕豆形，图像近场为肾脏凸面，远场为肾脏凹面，凹面中部为肾门。图 4-98 为右侧肾脏冠状面示意图，图 4-99 为右侧肾脏冠状面声像图，图 4-100 为扫查手法图。

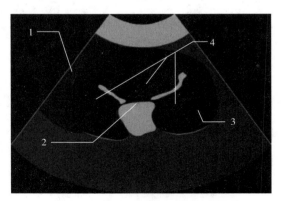

1—肝脏；2—肾盂；3—肾皮质；4—肾髓质。

图 4-98　右侧肾脏冠状面示意图

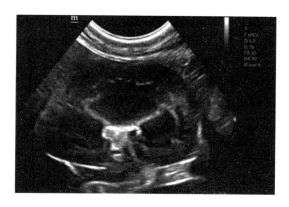

图 4-99 右侧肾脏冠状面声像

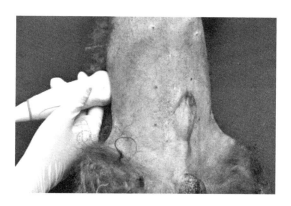

图 4-100 右侧肾脏冠状面扫查手法

7. 常见肾脏异常超声特征

肾囊肿可能为单个或多个，而且尺寸变化很大。肾囊肿具有特征性的超声图像，单纯的囊肿是平整、圆形的无回声区，边缘光滑，有后方回声增强效应。如果囊肿靠近肾包膜，就会影响肾脏轮廓。肾周囊肿表现为肾周围大的无回声区，充满液体（图 4-101）。假如在一侧肾脏检查出囊肿，另一侧的肾也一定要检查。

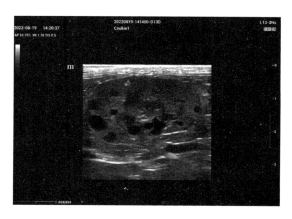

图 4-101 多囊肾超声影像

肾盂肾炎是肾脏的化脓性炎症，超声表现常见肾盂有一定程度的扩张，肾髓质和肾盂回声增强，肾脏大小和形状差异较大。

肾积水是指肾脏的流出通道扩张。超声检查肾盂明显扩张，根据病变的严重程度可见到不同大小的无回声区域。扩张的输尿管呈无回声的管状结构，从肾盂向后到膀胱。如果病程较长，肾脏的结构会逐渐被无回声的液体代替，最后肾脏可能会变成一个充满液体的囊并且有极薄的皮质外环。

肾结石一般位于肾脏中央肾盂部，无论其矿物成分是什么，均为强回声，且后方有明显声影。有时小结石与肾盂的强回声难以区分。

（二）膀胱

膀胱位于后腹部，膀胱壁的四层组织学结构为黏膜层（低回声）、黏膜下层（强回声）、肌层（低回声）和浆膜（强回声），与胃肠道相比，这些层次结构很难用超声探查区分开，随着膀胱容量体积的增加，膀胱壁厚度减小。对犬来说，随着体重的增加，正常膀胱壁厚度可以增加 1mm。对猫来说，膀胱壁厚度的正常变化范围在 1.3~1.7mm。膀胱三角区和膀胱其他部位的分界并不明显，除非膀胱处于膨胀状态，否则看不见输尿管接入膀胱处。如果在膀胱的背侧壁看见输尿管乳头，不要误认为是膀胱壁局灶性异常增厚，在膀胱壁背侧三角区可能看到输尿管尿液涌流。膀胱中的正常尿液是无回声的，但有回声的尿液不一定是有泌尿道疾病的确切特征，尿检能帮助决定这一特征的重要性。另外，膀胱图像容易出现旁瓣伪像和栅瓣伪像，这些伪像可能被误判为出现沉积物的假象。调节增益和使用谐波超声有助于减少这些混乱不清的回声。

1. 膀胱纵切面

探头光标指向头侧，置于骨盆前缘，出现膀胱，左右扇扫至膀胱消失，膀胱较大时，配合前后滑行扫查，将整个膀胱扫查完全。探头一般放在腹中线位置，个别动物位置可能会偏移，找不到时可以在耻骨前缘到后腹部大面积扫查。图 4-102 为膀胱纵切面示意图，图 4-103 为膀胱纵切面声像图，图 4-104 为扫查手法图。扫查手法视频和超声图像视频分别见视频 4-11 和视频 4-12。

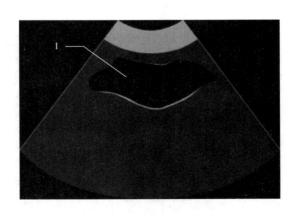

视频 4-11
膀胱纵切面扫查手法

1—膀胱。

图 4-102　膀胱纵切面示意图

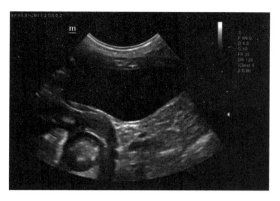

视频 4-12
膀胱纵切面声像

图 4-103 膀胱纵切面声像

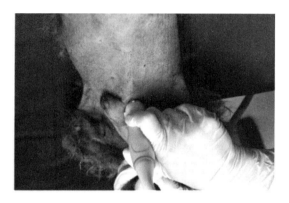

图 4-104 膀胱纵切面扫查手法

2. 膀胱横切面

探头光标指向扫查者，置于骨盆前缘，出现膀胱，自头侧向尾侧平移至膀胱消失。膀胱较大时，配合左右滑行扫查，将整个膀胱扫查完全。一般放在腹中线位置，个别动物位置可能会偏移，找不到时可以在耻骨前缘到后腹部大面积扫查。图 4-105 为膀胱横切面示意图，图 4-106 为膀胱横切面声像图，图 4-107 为扫查手法图。

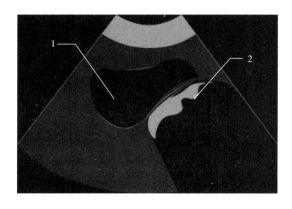

1—膀胱；2—结肠。
图 4-105 膀胱横切面示意图

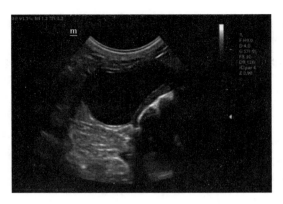

图 4-106　膀胱横切面声像

图 4-107　膀胱横切面扫查手法

3. 膀胱异常超声特征

在膀胱内有时会出现随体位变化而改变的沉淀物，有可能是由于尿路感染或泥沙状结晶。在猫（犬偶见）膀胱内的砂样沉淀物可能是尿石症的表现。尿液中的凝血块可能来自膀胱或肾脏的病变，通常形状不规则且呈低回声性，也会随动物体位变化而改变。

膀胱结石无论组成成分如何，均可用超声检出。结石常表现为膀胱腔内的强回声点或团块，并且有清楚的后方声影（图 4-108）。结石通常会沉降在膀胱的最低部，在冲击触诊腹壁或移动动物时其位置会改变。当有炎症时，结石可能会黏附在膀胱壁上，此时很难与膀胱壁的钙化相区别。偶尔在前列腺尿道内也可检出结石。若结石很小，其后方可能无声影。

膀胱炎时常见膀胱壁广泛性增厚，在前腹侧最明显。膀胱壁回声可增强，甚至在膀胱扩张时黏膜的边缘也不规则。在尿液中可能会出现沉淀物以及血凝块或结石。

膀胱肿瘤只有当足够大时才能够被检出，这也与探头的频率有关，检查时尽量应用高频率的探头。有些病例可以清楚地看到壁上的肿瘤凸入膀胱腔内，呈乳头状或息肉样延伸。而其他的病例则会出现膀胱壁不规则地增厚。为了确定肿瘤的类型，可在超声引导下进行活组织检查。

膀胱破裂单靠超声诊断常是无法确定的。如有相关病史（外伤或尿道阻塞），当腹

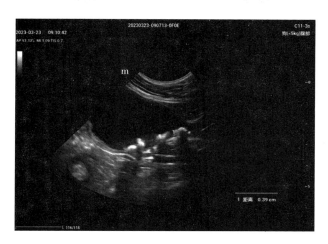

图 4-108　膀胱结石伴后方声影的超声影像

腔内有液体存在或无法确认膀胱，均提示有膀胱破裂的可能性。但多数破裂的膀胱内会有一些尿液，单靠超声检查来确定泄漏的位置是不可能的。同时有腹水存在时，膀胱顶端会产生侧边声影，导致顶端壁层结构不清，可能会被误认为破裂孔。检查时，可向膀胱内注入生理盐水，若膀胱无法充盈或见到有液体进入腹腔，则可确定为膀胱破裂。但即使在超声检查中发现一个明显正常的膀胱，也不排除有膀胱破裂的可能性。

（三）子宫

犬、猫的子宫包括子宫颈、子宫体和双侧的子宫角。子宫体部分位于腹腔内、部分位于骨盆内，而子宫角则完全位于腹腔内。子宫背侧是降结肠和输尿管，其腹侧是膀胱和小肠。

子宫在动物仰卧、侧卧或站立时均可检出。将脐部到耻骨处的被毛剃除，皮肤处理，涂耦合剂。由腹中线开始对腹腔进行全面扫查。充满尿液的膀胱可以作为标识。在检查前应让动物排便，充满粪便的结肠会对子宫的成像有所干扰。

子宫体和子宫角的子宫内膜回声一致，且边缘平滑。子宫壁的厚度取决于发情周期的阶段。通常无法观察子宫腔，若可见子宫腔，腔内的黏液使中心区域呈现高回音性。乏情期的子宫壁最薄，内部无液体存在。发情前期和发情期时，子宫内膜轻度增厚，可能出现少量的低回音性至无回音性的液体。因为黄体素驱使腺体增生，使发情间期的子宫内膜更为增厚。可由两侧分叉处，向前追溯子宫角的位置，并终止于卵巢附近。

妊娠可以通过超声检查子宫内是否有胎囊来判定，胎囊为胎儿组织悬浮在羊水中的囊状结构，通常在第 24～28 天时最先被看到。母犬交配后受孕时间可达 7d，因此估计妊娠日期时可能有误差。所以在做出未妊娠的诊断时一定要慎重，尤其是多次配种时，可以建议一周后再复查一次，以免漏检。一般认为在最后一次交配后 30d 检查比较理想。猫的妊娠时间应从最后一次交配算起，通常在交配后第 15 天就可认定是否妊娠。因为无法同时显现整个子宫，所以用超声检查来确定胎儿数目常有误差。但一般认为第 28～35 天时相对比较准确。最初胎囊为环状无回声结构，内有产回声的胎儿。在羊水中，胎儿看起来像是一个逗号。第34~37天可以看到胎儿运动。在第38~45天可以看到脏器的发育。随着胎儿的增大，可以看到带有声影的强回声骨骼（图4-109）。胎儿的心脏跳动通常是很清楚的，肺脏因没有空气充盈，呈现中等回声。胎儿的肝脏为低至中等回声，占据了腹腔的大部分。胃内通常含有羊水，看起来为一个靠近肝脏的无回声结构。膀胱也是无回声的，位于胃的后方。

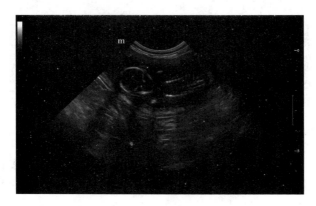

图4-109 妊娠后期超声影像
（羊水减少，可见强回声骨骼图像。）

子宫蓄脓是雌性动物常见的生殖系统疾病，闭合性子宫积脓时，可以通过超声检查在膀胱的前方以及背侧检出扩张并且充满液体的子宫角和子宫体（图4-110）。在开放性子宫积脓时，子宫不大，其切面为无回声的环形组织。通常不可区分开子宫积脓、子宫积血以及子宫积水。由于子宫壁脆弱，穿刺可能导致子宫破裂，因此不建议穿刺。

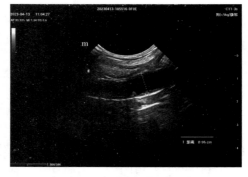

图4-110 犬子宫积脓的超声影像
（子宫角扩大，并有低回声液体。）

（四）卵巢

卵巢位于肾脏后方，右侧卵巢比左侧更靠前。左侧卵巢位于腹壁和降结肠之间大约第3或第4腰椎处。右侧卵巢位于降十二指肠的背侧以及右肾的后腹侧。

在犬、猫，正常的卵巢很难被检查到。动物取侧卧位或背卧位，检查时应先确定肾脏，之后向后方移动来寻找卵巢。

卵巢为卵圆形，中等回声，纹理均匀，卵泡为薄壁环绕的无回声组织。卵巢常被脂肪包裹，长约1cm。卵巢的辨认与机器的分辨率、探头的频率和操作者的经验有关。

较大的卵巢囊肿通常很容易被检查出来。它们通常会下垂到后腹部的中间或是腹侧部。超声检查可见一个规则的、有薄壁的无回声结构，应注意与卵泡区别。

项目思考

1. 超声成像用于疾病诊断的原理是什么？

2. 超声诊断和 X 射线诊断各有什么优缺点？在临床上我们要如何选择？

3. 超声是否像 X 射线检查一样对人或动物机体也有损害？

4. 超声检查更多的是看器官的轮廓还是看器官的切面？

5. 在对动物进行超声扫查时候，要如何选择探头？

6. 超声检查的回声强度受什么影响？

7. 如何尽量减少超声检查中出现的伪影？请举例说明。

8. 在进行膀胱扫查时，发现膀胱腔内有一强回声团块，并且伴有清楚的后方声影，提示何种疾病？

9. 在进行肝胆扫查时，发现胆囊内为猕猴桃切面样、草莓样或星样图案的中等回声图像，提示何种疾病？

临床治疗技术

项目一　投药法

思政目标

1. 培养对生命的尊重和爱护，培养爱心和责任心。
2. 通过反复的实践操作，认识理论与实践的关系，做到知行合一。
3. 培养人与动物和谐共处的意识，提高职业素养。
4. 培养安全意识，科学规范化处理医疗废弃物等。

知识目标

1. 掌握经口、经胃导管、饮水或拌料给药技术的应用范围。
2. 掌握犬、牛、猪等动物开口及经口投药的方法、技巧和注意事项。
3. 掌握牛、羊、猪、犬等动物胃导管插入的方法与技巧。
4. 掌握少量水剂药物、混悬液、糊剂、中药及其煎剂、片剂、丸剂、舔剂等经口给药的方法。
5. 掌握多量水剂药物或不可经口给药的刺激性药物经胃导管给药的方法。
6. 掌握饮水和拌料给药的方法和注意事项。

技能目标

1. 会给牛、羊、猪、犬等动物插入胃导管，并能正确判断是否插入胃内。
2. 会给犬、猫、兔等动物经口给片剂、丸剂和溶液剂。
3. 会使用灌水药瓶、灌药筒等给牛、羊、猪等动物经口给片剂、丸剂和溶液剂。
4. 会使用胃导管给小鼠灌药。
5. 会逐级增量拌料给药。

必备知识

一、经口灌药

经口灌药是指徒手或利用灌角、灌药瓶、不连接针头的注射器等灌药工具将药物直接投入动物口腔内，使其自行将药物吞咽至胃内。经口灌药的方法很多，根据药物的剂型、剂量及有无刺激性和动物种类等选择合理的经口灌药法投药。

（一）马属动物的灌药法

马属动物通常用灌角或灌药瓶。

（1）将马站立保定在柱栏内，用一条软绳从柱栏前方横木穿过，一端制成圆套从笼头鼻梁下面穿出，套在上腭切齿后方，另一端由畜主拉紧将马头吊起，使口角与耳根平行，并令畜主另一手把住笼头。

（2）术者站在前方，一手持装药液的灌角（或灌药瓶），自一侧口角通过门齿、臼齿间的空隙插入口中送向舌根，翻转灌角并提高瓶底将药液灌入，取出灌角，待其自行咽下（图5-1）。

（3）投给片剂、丸剂或舔剂时，术者用一手从一侧口角伸入拇指顶上颚打开口腔，另一手持药片、药丸或用竹片刮取舔剂，自另一侧口角送入舌根部，同时抽出另一手使其闭口，并用右手掌托其下颌骨，使头稍高抬，待其自行咽下。

图5-1 马经口灌药法

（二）牛的灌药法

牛灌药多用长颈橡胶瓶或啤酒瓶，或以竹筒代用。

（1）将牛站立保定在柱栏或牛床上。

（2）一人握鼻中隔或牛鼻钳保定，使头稍稍抬高以固定头颈部。

（3）术者站在斜前方，左手从牛的一侧口角伸入口腔，右手持盛满药液的灌药瓶，自另一侧口角伸入舌背部，抬高瓶底，在牛吞咽时振抖药瓶或挤压橡胶瓶促使药液流入口腔内，在牛反抗明显时放平牛头并停止灌药，以免呛入肺内。

（4）也可以一个人独立完成，左手握鼻中隔或牛鼻钳保定，右手持灌药瓶从口角插入牛口腔灌药。

（5）片剂、丸剂及舔剂的灌药法与马属动物相同。

（三）猪的灌药法

哺乳仔猪、小仔猪通常一个人完成灌药，育肥猪或后备猪由两个人配合完成。

（1）哺乳仔猪、小仔猪灌药时，左手提取仔猪一侧耳朵，右手徒手或借用灌药器具从猪一侧口角开口送药至舌根部，合上口待其自行吞咽。不易开口的猪只可由助手从口角处拉开上腭、下腭开口。

（2）仔猪、育肥猪或后备猪灌药时，助手握住两前肢，使腹部朝外将猪提起，并将后躯夹于两腿之间，或将猪仰卧在猪槽中。灌服片剂、丸剂时用小木棒从口角处将嘴撬开，将药物送入舌根背部，软膏舔剂可用药匙或竹片送入，投入药后使其闭嘴，可自行咽下。灌服溶液剂可用药匙或注射器自口角处插入口腔，徐徐灌入药液。

（四）犬、猫等小动物灌药法

溶液剂一个人灌服，片剂、丸剂通常由两个人配合完成。

（1）灌服片剂、丸剂时助手一手掌心横越鼻梁固定上腭，另一手从下颌固定下腭，将腭部两侧的皮肤包住齿列，上下牵拉打开口腔，给药者持给药器、药勺、长柄镊子、小灌角或徒手将药物送至舌根部。助手托起下颌将嘴合拢；当犬、猫出现吞咽动作，或者用舌舔鼻子时即完成灌药（视频5-1）。

（2）灌服溶液剂时一手固定犬、猫头颈部，使其头部稍抬高，以嘴角不高于耳根为准，另一手持不连接针头的注射器从口角处插入口腔，先推注少量药液刺激犬、猫吞咽，然后顺着其吞咽动作徐徐灌入药液。适口性好的药物或营养剂，可选用注射器缓慢推送给犬、猫舔食（图5-2、视频5-2）。

图5-2　猫经口灌药法

视频5-1
小动物灌药法
（片剂、丸剂）

视频5-2
小动物灌药法
（溶液剂）

（五）注意事项

（1）动物保定时，头部稍抬高有利于灌药，但不超过45°或以口角不高于耳根为宜，否则灌药容易将药物呛入动物呼吸道内。

（2）灌药时动作要缓慢、仔细，切忌粗暴。动物嚎叫时应暂停灌药，待稳定后再灌。每次灌入的药量不宜过多，操作不宜过急，不能连续灌，谨防将药物灌入气管或肺中。

（3）应先灌少量药物刺激动物吞咽，待其适应后边抚摸边灌服。必要时可用手刺激咽喉外部皮肤，促其产生吞咽反射。

（4）灌药过程中动物表现强烈咳嗽时，应立即停止灌药，并使其头部低下，促使药液咳出，安静后再灌。

（5）重病或体质衰弱的动物，不宜灌药，否则容易将药物呛入气管和肺内，甚至造成窒息死亡。

二、胃导管给药

胃导管给药是指先将胃导管通过鼻道或口腔插入动物胃内，然后将药物经胃导管灌入动物胃内。当水剂药量较多，药品带有特殊气味，经口不易灌服时一般都用胃导管给药。插入胃导管也可用于食道探诊（探查其是否畅通）、瘤胃排气、抽取胃液、排出胃内容物及洗胃等，有时也用于人工喂饲。

（一）牛胃导管给药

牛可经口或经鼻插入胃导管（图5-3）。

（1）先将牛保定于柱栏内或牛床上。

（2）给牛戴上木质开口器，固定在牛角后。

（3）将胃导管涂润滑油后，自开口器的孔内送入，尖端到达咽部时，稍刺激咽喉部使牛自然咽下胃导管。

（4）确定胃导管插入食道到达胃内无误后，接上漏斗即可灌药。

（5）灌完药液后堵住胃导管外口慢慢抽出胃导管，并解下开口器。

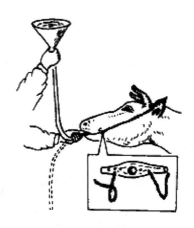

图5-3　牛经胃导管给药法

（二）猪胃导管给药

（1）先将猪根据具体情况采用站立保定、网架保定或侧卧保定。

（2）将猪用开口器水平从口角插入口腔，下压并固定好开口器。也可以用一根中央带孔的木棒代替猪用开口器。

（3）将胃导管沿开口器中间孔向咽部插入，当胃导管前端插至咽部时，轻轻抽动胃导管，引起吞咽动作，并随吞咽插入胃内（图5-4）。

（4）判定胃导管确实插入食道到达胃内后，接上漏斗即可灌药。

（5）灌完药液后堵住胃导管外口慢慢抽出胃导管，并解下开口器。

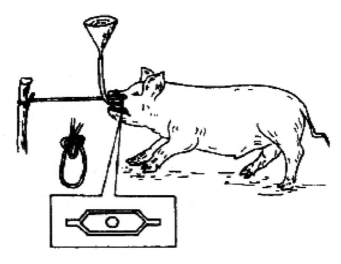

图5-4　猪经胃导管给药法

（三）马属动物胃导管给药

（1）先将马栏柱内站立保定，畜主站在马头左侧握住笼头，固定马头。

（2）术者站于马头稍右前方，用左手无名指与小指伸入左侧上鼻翼的副鼻腔，中指、食指伸入鼻腔，与鼻腔外侧的拇指固定内侧的鼻翼。

（3）右手持胃导管将前端通过左手拇指与食指之间，沿鼻中隔徐徐插入胃导管，并加以固定，防止病畜骚动时胃导管滑出。

（4）胃导管抵达咽部后，诱发吞咽动作，顺势将胃导管插入食道。

（5）确定胃导管插入食道到达胃内无误后，即可投药。

（6）投药之后，再投以少量清水，冲净胃导管内残留的药液，然后堵住胃导管外口将其徐徐抽出。

（四）犬、猫胃导管给药

（1）先将犬、猫俯卧或侧卧保定在诊疗台上。

（2）用纱布带系于上下颌拉开犬、猫口，或用圆形卷纸筒插入口腔并固定。

（3）将胃导管沿开口器中间孔向咽部插入，当胃导管前端插至咽部时，轻轻抽动胃导管，引起吞咽动作，并随吞咽插入胃内（图5-5）。

（4）判定胃导管确实插入食道到达胃内后，接上漏斗即可灌药。

（5）灌完药液后堵住胃导管外口慢慢抽出。

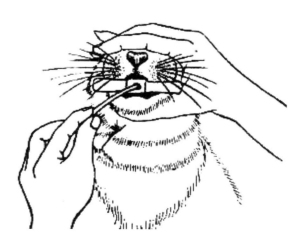

图5-5　猫经胃导管给药法

（五）小鼠胃导管给药

（1）用一次性注射器吸取待灌注的药物，连接小鼠灌胃针。

（2）先将小鼠徒手保定在左手掌心内，头朝上竖直保定。

（3）将灌胃针从小鼠口角入口，下压小鼠长舌并缓慢插入胃导管至咽部，轻轻刺激小鼠吞咽，随吞咽动作插入胃内。

（4）判定灌胃针确实插入食道到达胃内后，推压注射器活塞灌注药物。

（5）灌完药液后慢慢拔出灌胃针。

（六）胃导管插入食道的判断

胃导管投药时，必须判断胃导管是否正确插入食道到达胃内。否则可能将药液误投入气管和肺内，引起吸入性肺炎，甚至造成死亡。投药前可应用各种方法进行综合鉴别，胃导管插入食道或气管的鉴别要点见表5-1。

表5-1　　　　　　　　　　胃导管插入食道或气管的鉴别要点

鉴别方法	插入食道内	误入气管内
手感和观察反应	胃导管前端到咽部时稍有抵抗感，但易引起吞咽动作，随吞咽管进入食道，推送胃导管稍有阻力感，发滞	无吞咽动作，无阻力，有时引起咳嗽，误入的胃导管不受阻
观察食道变化	胃导管前端在左侧食道沟呈明显的波浪式蠕动下移	无
向胃导管内充气反应	随气流进入，左侧食道沟部可见有明显波动，同时挤橡胶球将气排空后，不再鼓起；进气停止而有一种回声	无波动感；压橡胶球后立即鼓气；无回声
将胃导管外端放耳边听诊	听到不规则的"咕噜"声或水泡音，无气流冲击耳边	随呼吸动作听到有节奏的呼出气流音，冲击耳边
胃导管外端浸入水盆内	水内无气泡	随呼吸动作水内出现气泡
触摸颈沟部	手摸颈沟部感到有一坚硬的索头物	无
鼻嗅胃导管外端气味	有胃内酸臭气	无

（七）注意事项

（1）当动物患有鼻炎、咽炎、喉炎、高温或表现为呼吸极度困难时禁用胃导管给药。

（2）插入或抽动胃导管时要小心、缓慢，不宜粗暴。经鼻插入胃导管，常因操作粗暴、反复投送、强烈抽动或管壁干燥，刺激咽黏膜肿胀发炎，有时血管破裂引起鼻出血。在少量出血时，可将动物头部适当高抬或吊起，冷敷额鼻部，并不断淋浇冷水。如出血过多冷敷无效时，可用1%鞣酸棉球塞于鼻腔中，或皮下注射0.1%盐酸肾上腺素5mL。必要时可注射全身止血药。

（3）反刍动物插胃导管至入咽部或上部食道时，有时发生呕吐，此时应放低牛头，以防呕吐物误咽入气管。如呕吐物很多，则应抽出胃导管，待吐完后再投。遇有气体排出，应鉴别是否来自胃内。胃内气体有酸臭味，且与呼吸动作不一致。

（4）确认胃导管插入胃内方可进行投药。如投药中胃导管移动脱出，应停止投药，待重新插入判断无误后再继续投药。如误将药物灌入呼吸道，动物会立即表现不安，频繁咳嗽，呼吸急促，鼻翼开张或张口呼吸；继则肌肉震颤，出汗，黏膜发绀，心跳加快，心音增强，音界扩大；数小时后体温升高，肺部出现明显广泛的啰音，并进一步呈现异物性肺炎的症状。如误投入大量药液，可造成动物窒息或迅速死亡。少量药物进入呼吸道应先使动物低头，促进咳嗽，呛出药物，其次应用强心剂，同时连续使用抗生素制剂。严重者可按异物性肺炎的疗法进行抢救。

（5）用完的胃导管放在2%煤酚皂溶液中浸泡消毒、备用。

三、拌料给药

将药物均匀混入饲料中，动物在采食料时将药物摄入体内，适用不溶于水的药物。适用于尚有食欲的动物，常用于预防性用药或群体发病的畜禽治疗。

（一）鸡拌料给药法

将药物与饲料均匀混合，供鸡自由采食。鸡的味觉乳头不发达，对有特殊气味的药物不敏感，有一定异味的药物也可以拌料给药。该方法简便易行，省时省力，尤其适于鸡群体的预防性给药，是鸡群给药最常用的方法之一。

（二）猪拌料给药法

将药物或添加剂混合到饲料中，供猪自由采食。该方法也是猪生产中最为常用的投药方法之一。拌料所用药物应无特殊气味，容易混匀。

（三）犬拌食投药法

犬嗅觉灵敏，拌食所投药物应无异味、无刺激性。通常禁食12h，然后将药物与犬爱吃的食物拌匀，让其自行食下。或用牛肉等包裹药物投喂，因此也称食物包裹投药法。

（四）牛、羊拌料给药法

将药均匀地混入牛、羊的精料中，供其自行采食。所投药物应量少并且无特殊气味。有苦味或特殊气味，拌料给药常会使牛、羊采食量下降，从而影响治疗效果。

（五）注意事项

（1）不溶于水的药物更适合拌料给药，药物与饲料的混合必须均匀，并准确掌握饲料中的浓度。在混料前，应根据用药剂量、疗程及采食量准确计算出所需药物及饲料的量，然后采用递加稀释法将药物混入饲料中，即先将药物加入少量饲料中混匀，再与约10倍量饲料混合，依此类推，直至与全部饲料混匀。

（2）由于多数药物均有苦味或特殊气味，拌入饲料中会使患病动物拒绝采食或采食量下降，特别是对异味敏感的动物，如犬、猫、牛、羊等。

（3）群体混饲时由于动物个体差异较大，采食量不同，治疗效果不均一，特别是瘦弱或有疾病的动物由于采食量少，很难获得足够剂量的治疗药物。

四、饮水给药

将药物混入饮水中，动物在饮水时将药物摄入体内。常用于群体动物发病或预防性用药。此法尤其适用于因病不吃食，但还能饮水的动物。

（一）方法

将药物溶解于水中，让动物自由饮用。易溶于水的药物其水溶液能够迅速达到所需的浓度适宜饮水给药，难溶于水的药物不可以饮水给药。不同药物水溶液的稳定性不一样，稳定性好的药物适宜饮水给药，稳定性较差的药物，要保证在药物有效时间内完成饮水给药。

（二）注意事项

（1）了解不同药物在水中的溶解度，只有易溶于水的药物或难溶于水但经过加温或加助溶剂后可溶的药物才可以饮水给药。

（2）给药前可先禁饮一段时间使动物产生渴感，一般夏季 1~2h，其他季节控制在 2~4h，这样动物能很快地将药水饮完。

（3）计算动物饮水量，根据药物水溶液的稳定性配制适宜药量。若配制过多，不能在规定时间内饮完会影响药效，也会造成不必要的浪费；配制过少，又容易导致用药不均匀。

（4）配制适宜的药物浓度，浓度过高易引起中毒，浓度过低起不到防治效果。

（5）即可以拌料给药又可以饮水给药的药物，由于采食量一般为饮水量的 2 倍，故药物混水浓度为拌料浓度的 2 倍。

项目思考

1. 经口给药有哪些注意事项？
2. 如何判断胃导管是插入胃内？
3. 拌料给药有哪些注意事项？
4. 饮水给药有哪些注意事项？
5. 牛是否可以经鼻插入胃导管？
6. 饮水给药前禁饮一段时间的目的是什么？
7. 为什么药物混水浓度为拌料浓度的 2 倍？

项目二　注射法

必备知识

一、皮下注射法

（一）应用

皮下注射法是将药注射至皮下结缔组织内，经皮下结缔组织分布广泛的毛细血管吸收而进入血液循环的一种注射方法。皮下注射法适合于各种刺激性较小的注射用药、疫苗等。药物的吸收比经口给药快，一般经 5~10min 呈现药效。与血管内注射比较，操作简单、药效作用持续时间较长。

（二）用具与材料

实验动物、保定用具、注射器、注射用药剂、消毒棉球、无菌干棉球、剪毛剪等。

（三）操作步骤

1. 注射部位

选择皮肤较薄而皮下疏松的部位，猪常在耳根或股内侧，牛在颈侧或肩胛后方的胸侧，马、骡在颈侧，羊、犬、猫在颈侧、背侧或股内侧，禽类在翼下。

2. 保定与消毒

根据动物性情选择适宜的保定，局部剪毛，酒精或碘伏棉球消毒。

3. 方法

术者用左手的拇指与中指捏起皮肤形成一皱褶，局部按常规消毒处理。右手持注射器，由皱褶的基部迅速刺入陷窝处皮下 1~2cm，感觉针头无抵抗，可较好地拔动，抽动注射器活塞未见回血时，推动活塞注入药液。注射完毕，以无菌干棉球压迫针孔，拔出注射针头（图 5-6）。

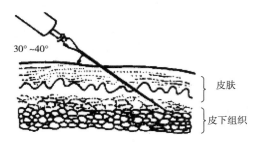

图 5-6　皮下注射法

（四）注意事项

（1）根据药物的种类，有时可引起注射局部的肿胀和疼痛。

（2）刺激性强的药物不能皮下注射，特别是对局部刺激较强的钙制剂、砷制剂、水合氯醛及高渗溶液等，易诱发炎症，甚至组织坏死。

（3）注射药量较多时应分点注射，注射后对注射部位轻度按摩或温敷，以促进吸收。

（4）多次注射应经常更换注射部位，必要时可建立轮换交替注射计划。

二、皮内注射法

（一）应用

皮内注射法是将药液注射于皮肤的表皮与真皮之间。皮内注射药量一般为 0.1~0.5mL，因此皮内注射一般不用作治疗，主要应用于诊断和有特别要求的疫苗接种。如注射羊痘疫苗，青霉素等药物过敏试验，牛结核、副结核、马鼻疽等疾病变态反应诊断法等。

（二）用具与材料

实验动物、保定用具、注射器、注射用药剂、消毒棉球、无菌干棉球、剪毛剪等。

（三）操作步骤

1. 注射部位

选择皮肤无毛或清洁的部位，犬、猫、猪常在股内侧，牛在颈侧，羊在尾根腹侧，禽类在翼下。

2. 保定与消毒

根据动物性情选择适宜的保定，局部剪毛，酒精或碘伏棉球消毒。

3. 方法

按常规局部剪毛、消毒，术者左手拇指、食指将皮肤捏成皱襞，右手持注射器，针头斜面向上，针头与皮肤接近水平刺入皮内，缓缓地注入药液。推进药液时，感觉到阻力很大且注入药液后局部呈现一个丘疹状隆起。注射完毕，拔出针头，术部轻轻消毒，但应避免压挤局部隆起（图5-7）。

图5-7 皮内注射法

（四）注意事项

注射部位要认真判断，准确无误，进针不可过深，以免刺入皮下，影响诊断与预防接种的效果。拔出针头后注射部位不可用棉球按压揉擦。

三、肌内注射法

（一）应用

肌肉内血管丰富，注射后药液吸收较快（仅次于静脉注射），肌肉内感觉神经少，注射引起的疼痛反应较轻，因此肌内注射是兽医临床常用注射方法。大多数注射用针剂均可采用肌内注射，血管内注射可能存在较大副作用风险的药物，如中药类注射液及刺激性较强、较难吸收的药剂（如乳剂、油剂等）常首选肌内注射。

（二）用具与材料

实验动物、保定器具、注射器、注射针头、注射用药剂、酒精棉球、碘伏棉球、无菌干棉球、镊子、剪毛剪等。

（三）操作步骤

1. 注射部位

凡肌肉丰富避开大血管及神经干的部位，均可进行肌内注射。猪、羊多在颈侧部，大动物多在颈侧、臀部或股内侧，犬多在脊柱两侧的腰部肌肉或股部肌肉，猫常在腰肌、股四头肌以及臀部肌群，兔常在臀部，禽多在胸肌或腿部肌肉。

2. 方法

注射部位剪毛并消毒，术者左手固定于注射局部，右手持连接针头的注射器，与皮肤呈垂直的角度，迅速刺入肌肉内，一般刺入深度可至 2～3cm（小动物以 1～2cm 为宜）。改用左手持注射器，以右手抽动活塞手柄无回血后，随即推入活塞注入药液。注射完毕，迅速拔出针头，无菌干棉球压迫针孔片刻，局部碘伏棉球消毒。猪的肌内注射部位及方法如图5-8所示。猪肌内注射常用金属注射器（兽用注射器），金属注射器的安装与调试如视频5-3所示。

（1）　　　　　　　　　　　　　　（2）

视频 5-3
金属注射器的
安装与调试

图5-8　猪肌内注射部位及方法

对大家畜而言，为了安全起见，先以右手拇指与食指捏住针头基部（或用无菌棉球包裹针头基部），利用腕力将针头垂直皮肤迅速刺入局部肌肉内2~3cm。左手固定针头，右手持注射器与针头连接并回抽活塞无回血，随即推动活塞注入药液。注射完毕，迅速拔出针头，无菌干棉球压迫针孔片刻，局部碘伏棉球消毒。

（四）注意事项

（1）针头刺入时应与皮肤呈垂直的角度并且用力的方向应与针头方向一致，也不要将针头全刺入肌肉内，以免发生针头折断。一旦发现注射针头折断，应尽快拔出，必要时可进行局部麻醉，切开皮肤取出折断的针头，以防止针头在肌肉内游走，引起更大的损伤。

（2）对强刺激性药物不宜采用肌内注射，如钙制剂、高渗盐水等注射液，以免引起肌肉坏死。

（3）注射针头如接触神经时，动物骚动不安，应变换方向，再注药液。

四、静脉注射法

（一）应用

静脉注射法是将药液直接注入静脉内，药物随血流迅速分布至全身，药效迅速。需速效治疗给药（如急救、强心等），大量的补液、输血，局部刺激性大的药液（如钙制剂、高渗盐水等）或皮下、肌内不能注射的药物可选用静脉注射的方法。静脉滴注是最为常用的一种补液方法。

（二）用具与材料

实验动物、保定器具、剪毛剪、注射器、注射针头、输液器、注射用药剂、酒精棉球、碘伏棉球、无菌干棉球、镊子、固定绷带、乳胶管等。

（三）操作步骤

静脉注射的部位依动物种类而不同（表5-2）。

表5-2 不同种类动物静脉注射部位

动物种类	静脉注射部位
猪	耳静脉、前腔静脉
牛、羊	颈静脉、耳静脉
犬、猫	前臂内侧头静脉、后肢外侧面的小隐静脉、颈静脉
小鼠	尾静脉
兔	耳静脉、颈静脉

1. 猪的静脉注射

（1）耳静脉注射 将猪站立或横卧保定，耳静脉局部清洁、剪毛，酒精棉球消毒处理。助手用手指捏压耳根部静脉或用胶带于耳根部结扎，使静脉充盈、怒张（用酒精棉反复于局部涂擦可易于使其充血怒张）。术者用左手把持猪耳，将其托平并使注射部位稍高，右手持连接针头的注射器，使针头与皮肤呈30°~45°角，沿耳静脉刺入皮肤及血管内，轻轻抽活塞手柄如见回血即为已刺入血管，再将注射器放平并沿血管稍向前伸入；解除结扎胶带或撤去压迫静脉的手指，术者用左手拇指压住注射针头，另一手徐徐推进药液，注完为止。

（2）前腔静脉注射 注射时，猪可取仰卧保定或站立保定。站立保定时，针头刺入部位在右侧由耳根至胸骨柄的连线上，距胸骨端1~3cm，稍斜向中央并刺向第1肋骨间胸腔入口处，边刺入边回血，见有回血即标志已刺入并可注入药液；仰卧保定时，固定其前肢及头部，局部消毒后，术者持接有针头的注射器，由右侧沿第1肋骨与胸骨接合部前侧方的凹陷处刺入，并稍偏斜刺向中央及胸腔方向，边刺边回血，见回血后即可徐徐注入药液；注完后拔出针头，局部按常规消毒处理。

2. 牛、羊的静脉注射

牛、羊多使用颈静脉注射。站立保定，局部剪毛、消毒，左手拇指压迫颈静脉的下方，使颈静脉怒张；明确刺入部位，右手持针头瞄准该部位后，以腕力使针头近似垂直迅速刺入皮肤及血管（或刺入皮肤后再调整刺入血管内），见有血液流出后，将针头顺着血管推进入血管内，连接注射器或输液胶管，即可注入药液。

3. 犬、猫的静脉注射

犬多在后肢外侧面的小隐静脉或前肢正中静脉注射，猫多用后肢内侧面大隐静脉注射。

（1）后肢外侧面的小隐静脉注射 此静脉在后肢胫部下1/3的外侧浅表皮下。由助手将犬侧卧保定，局部剪毛、消毒。用胶皮带绑在犬股部，或由助手用手紧握股部，即可明显见到此静脉。右手持连接有胶管的针头，将针头向血管旁的皮下先刺入，而后与血管平行刺入静脉，接上注射器回抽，如见回血，将针尖向血管腔再刺进少许，撤去静脉近心端的压迫，然后注射者一手固定针头，一手徐徐将药液注入静脉。

（2）前肢正中静脉注射　犬、猫前臂内侧头静脉比后肢小隐静脉还粗一些，而且比较容易固定，因此一般静脉注射或取血时常用此静脉。注射时助手将犬俯卧保定，局部剪毛、消毒。助手用手或用胶皮胶管扎压静脉根部使静脉血管怒张。术者手持连接有胶管的针头，将针头向血管旁的皮下先刺入，而后与血管平行刺入静脉，接上注射器回抽，如见回血，将针尖向血管腔再刺进少许，撤去静脉近心端的压迫，徐徐将药液注入静脉（图5-9）。

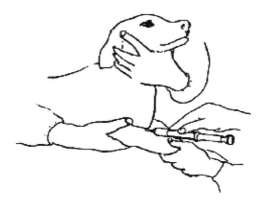

图 5-9　犬正中静脉注射法

（3）后肢内侧面大隐静脉注射　此静脉在后肢膝部内侧浅表的皮下。助手将猫背卧后固定，伸展后肢向外拉直，暴露腹股沟，在腹股沟三角区附近，先用左手中指、食指探摸股动脉跳动部位，在其下方剪毛消毒；然后右手取连接针头的注射器，针头刺入大隐静脉管内。注射方法同犬的后肢小隐静脉注射法。

五、腹腔注射法

（一）应用

腹腔注射法主要用于治疗顽固性腹膜炎等疾病，临床上常先腹腔穿刺排出腹腔积液、腹腔冲洗后腹腔注射给药。腹膜吸收能力很强，当动物心力衰竭，静脉注射出现困难时，可通过腹膜腔进行补液，多应用于犬、猫、仔猪等中小动物。

（二）用具与材料

患病动物、保定用具、注射器、套管针、注射用药剂、消毒棉球、无菌干棉球、剪毛剪等。

（三）操作步骤

1. 注射部位

马、骡在左肷窝中央；牛在右肷窝中央；仔猪、犬、猫在下腹部耻骨前缘前方3～5cm腹白线旁的1～3cm。

2. 方法

将仔猪、犬、猫等动物两后肢提起，做倒立保定，术部剪毛、消毒。术者一手把握动物的腹侧壁，另一手持连接针头的注射器（或仅取注射针头）于注射部位垂直刺入2～3cm，感觉针头无抵抗，回抽注射器活塞不见血、尿、粪，然后缓慢注射药物或滴注药物，药液注射完成后拔出针头，局部消毒处理。

（四）注意事项

（1）腹腔注射药物应无刺激性。

（2）腹腔注射补液时药液温度应与体温接近，药液以等渗为宜，注射药量也不宜过多，防止腹压过大伤及脏器。

（3）注射部位要准确，扎针或穿刺时不能伤及内脏器官。

（4）注射药物前要回抽注射器活塞，确保注射针头未刺入血管、膀胱和肠管内。

六、气管内注射法

（一）应用

气管内注射法主要用于治疗气管、支气管、肺部疾病，临床上常注入小容量抗菌消炎药治疗支气管炎、肺炎等，也用于肺部驱虫等。

（二）用具与材料

患病动物、保定用具、注射器、注射用药剂、消毒棉球、无菌干棉球、剪毛剪等。

（三）操作步骤

1. 注射部位

颈腹侧上 1/3 下界的正中线上，第 4、第 5 或第 5、第 6 气管环间。

2. 方法

大家畜采用站立保定，小家畜做侧卧保定，固定头部，充分伸展颈部。局部剪毛消毒后，右手持针垂直刺入气管，深 2~3cm。刺入气管后则阻力消失，抽动活塞有气体，然后慢慢注入药液。注完药液迅速拔出针头，局部消毒处理。

（四）注意事项

（1）注射可溶性好且容易吸收的药液，否则有引起肺炎的危害，如油剂、混悬液不能作气管内注射。

（2）给药容量不能过多，小动物不超过 2mL，中等大小动物不超过 5mL，大动物不超过 20mL，缓慢给药，以免刺激气管黏膜，咳出药液。

（3）药液温度应与体温相近。

（4）为了防止或减轻咳嗽，可先注入适量 2% 盐酸普鲁卡因溶液以降低气管黏膜的敏感性。

七、乳房内注射法

（一）应用

乳房内注射法主要用于治疗乳房炎等疾病，乳房内注射空气可用于治疗奶牛生产瘫痪。

（二）用具与材料

患病动物、保定用具、注射器、通乳针或乳导管、注射用药剂、消毒棉球、剪毛剪等。

（三）操作步骤

1. 注射部位

经乳头乳孔注射。

2. 方法

动物站立保定，挤净乳汁，消毒乳头。术者左手握乳头并轻轻牵拉，右手持乳导管自乳孔徐徐插入。连接注射器，慢慢注入药液。注毕，拔出乳导管，一手轻捏乳头口，防止药液流出；另一手进行乳房按摩，使药液散开（图5-10）。

（四）注意事项

（1）注射前应挤净乳房内乳汁。

（2）严格消毒器具和乳房局部，以防引起医源性乳腺炎。

（3）通乳针或乳导管前端应钝圆，消毒与润滑后小心操作，以免损伤乳腺黏膜。

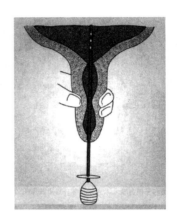

图5-10　乳房内注射法

（4）急性乳腺炎疼痛反应明显，可先行乳腺基底部封闭后再操作。

（5）冲洗乳腺应选用对乳腺黏膜刺激性小的药物，如0.1%雷佛奴尔溶液等。

八、瓣胃内注射法

（一）应用

瓣胃内注射法主要用于诊断或治疗瓣胃阻塞、皱胃阻塞等疾病，瓣胃内注射吡喹酮可用于治疗血吸虫病。

（二）用具与材料

患病动物、保定用具、注射器、注射针头（15cm长的16~18号穿刺针头）、注射用药剂（可选用硫酸镁溶液、液体石蜡或生理盐水等）、消毒棉球、剪毛剪等。

（三）操作步骤

1. 注射部位

右侧肩关节水平线与第7~9肋间相交点上下2cm范围内。常选第9肋间交点稍下方。

2. 方法

动物站立保定，局部剃毛、消毒。术者左手稍向上移动注射部位皮肤，右手持注射针头垂直刺入皮肤，使针头朝向左肘突方向刺入8~10cm，当刺入瓣胃内能感觉到阻力减少，有一种刺入实体的感觉并能感知其内容物呈沙沙感。注入20mL生理盐水并迅速回抽，若见草屑等瓣胃内容物即可，慢慢注入药液。注毕，迅速拔出注射针头，局部消毒处理。

（四）注意事项

（1）保定充分，确保人畜安全。

（2）严格消毒器具和注射局部。

（3）注射前应检查确认注射针刺入瓣胃内，回抽见血液或胆汁，说明刺入位置过高，刺入了肝脏或胆囊。

项目思考

1. 猪肌内注射在哪个部位？

2. 猫皮下注射在哪个部位？

3. 羊皮内注射在哪个部位？

4. 犬静脉注射在哪个部位？

5. 牛瓣胃内注射在哪个部位？

6. 乳房内注射有哪些注意事项？

7. 腹腔注射法的应用有哪些？

8. 气管内注射有哪些注意事项？

9. 气管内注射法的应用有哪些？

10. 瓣胃内注射有哪些注意事项？

项目三　穿刺疗法

1. 培养爱护动物、善待生命的意识，在操作中尽量减轻动物的痛苦。
2. 学习动物福利和动物保护的法律法规，培养遵纪守法的法律观念。
3. 避免滥用药物和化学品，树立正确的职业伦理，增强对环境保护的社会责任感。
4. 科学规范诊疗，爱护动物，善待生命，维护社会和谐。
5. 培养整体观念和大局观念。

知识目标

1. 掌握各种穿刺疗法的应用范围。
2. 掌握各种穿刺疗法的方法和操作技巧。
3. 掌握各种穿刺疗法的注意事项。

技能目标

1. 会正确选择各种穿刺用具。
2. 会正确配制各类药物。
3. 会给牛、羊等动物实施瘤胃穿刺等疗法。
4. 会给猪、犬、猫等动物实施胸、腹腔穿刺等疗法。
5. 会规范消毒，合理处理穿刺不良反应等。
6. 能规范化处置医疗废弃物。

必备知识

一、瘤胃穿刺法

（一）应用

（1）反刍动物急性瘤胃臌气的一种急救治疗措施，以免造成动物瘤胃破裂或窒息。

（2）采集瘤胃内容物，检测瘤胃液 pH 和瘤胃内纤毛虫等。

（3）瘤胃内注射药物治疗前胃疾病等。

（二）用具与材料

实验动物牛、穿刺套管针、长注射针头、剪毛剪、酒精消毒棉、碘酊、注射药物（防腐止酵剂等）、尖刃手术刀、缝合材料、火棉胶等。

（三）操作步骤

1．部位

左侧肷窝部，由髋结节、腰椎横突和最后肋骨弓三者之间所构成的三角区内。牛在腰椎横突下 10~12cm 处，羊在腰椎横突下 3~5cm 处。当瘤胃膨胀时，瘤胃放气取其膨胀部顶点。采集瘤胃液时取稍偏下的位置穿刺。

2．方法

柱栏内站立保定（急性臌气病例除外），术部剪毛消毒后，术者可用手术刀在穿刺点切 1cm 左右的皮肤切口（羊或犊牛可直接穿刺），将套管针对准右侧肘头方向，迅速刺入深约 10cm。用酒精棉球围绕并固定套管，抽出内针，以纱布块堵住管口进行间歇放气。套管堵塞时，可插入内针疏通或稍摆动套管。排气后可向瘤胃内注入防腐止酵剂。完毕后插入内针，用力压迫腹壁、慢慢拔针套管针。切口涂碘酊，并用火棉胶覆盖。

在发生急性瘤胃臌气紧急情况下，无套管针时，可就地取材，切开皮肤后用竹管、放血针头等迅速穿刺排气，先急救后再采取抗感染措施。

（四）注意事项

（1）放气速度不能过快，应间歇性放气，以免血液迅速流至腹部引起急性脑缺血性休克。

（2）穿刺中要防止瘤胃内容物落入腹腔内，特别是在拔出套管针时容易发生。

（3）确保穿刺针留置在瘤胃内时才能向瘤胃内注入药物。

二、胸腔穿刺法

（一）应用

（1）用于检查胸腔内有无积液。

（2）采集胸腔内积液，鉴别积液性质，从而诊断疾病。

（3）排出胸腔内积液、积血、积脓，洗涤胸腔。

（4）胸腔内给药治疗胸膜炎等疾病。

（二）用具与材料

患病动物、保定用具、注射器、穿刺套管针、注射用药剂、碘酊消毒棉球、无菌干棉球、剪毛剪等。

（三）操作步骤

1. 部位

马在左侧胸壁第 7 或第 8 肋间，右侧胸壁第 5 或第 6 肋间；牛、羊在左侧第 6 或第 7 肋间，右侧第 5 或第 6 肋间；猪、犬在右侧第 6 肋间。均选在胸外静脉上方 2 ～ 5cm 处。

2. 方法

大动物二柱栏内站立保定，中、小动物横卧保定，犬可采取犬坐姿势。穿刺部位剪毛并消毒后，术者左手将穿刺部位的皮肤稍向侧方移动，右手将穿刺针或带胶管的注射针紧靠肋骨前缘，垂直皮肤慢慢刺入，刺入胸腔后有明显的落空感，大动物刺入 2 ～ 4cm 深，小动物刺入 1 ～ 2cm 深。如有积液、血、脓时可自行流出；无积液、血、脓时要夹住胶管，防止发生气胸。操作完毕，一手压紧术部皮肤，一手拔出穿刺针，局部涂碘酊消毒。

（四）注意事项

（1）穿刺前必须做全身检查，尤其是要注意心脏情况，如心力衰弱应强心补液后再穿刺。

（2）穿刺部位可先作浸润麻醉，以减少动物的骚动。操作中应防止损伤血管与神经，刺入深度要适宜，切不可损伤心脏、肺等。

（3）严格无菌操作，操作过程中避免空气进入胸腔内。

（4）穿刺放液时应间歇放液，速度不宜过快。

（5）胸腔注射药物应在放液冲洗后再注射，注入药物温度要与体温接近。

三、腹腔穿刺法

（一）应用

（1）采集腹腔积液，鉴别诊断肠变位、胃肠破裂、内脏出血等。

（2）排放腹腔内积液、冲洗腹腔及腹腔内给药。

（3）中、小动物腹腔麻醉和补液。

（二）用具与材料

患病动物、保定用具、注射器、套管针、注射用药剂、碘酊消毒棉球、无菌干棉球、剪毛剪等。

（三）操作步骤

1. 部位

牛在下腹剑状软骨突后方 10 ～ 15cm 正中线偏右 2cm 处。羊在下腹剑状软骨突后方 10 ～ 15cm 正中线偏左 2cm 处。犬、猫、猪等中、小动物，在脐与耻骨前缘连线中点处，或腹白线上或稍旁开腹白线。

2. 方法

大动物柱栏内站立保定，中小动物横卧或倒提保定。术部剪毛消毒，术者左手将穿刺部位皮肤稍向一侧移动，右手持套管针垂直皮肤刺入，刺入腹腔时阻力明显减小，有落空感。采集腹腔内积液或排放腹腔内积液时，腹腔内压较大时液体可自行流出，不能自行流出时可用注射器抽吸，或用吸引器吸引。放液完成后拔出穿刺针，涂碘酊消毒，用无菌干棉球压迫片刻。

（四）注意事项

（1）保定要确实，避免动物骚动穿刺针头损伤内脏器官。
（2）大量放液时速度不能过快，放液过程中可用手指堵住孔针控制速度。
（3）穿刺及放液过程中应密切观察动物的呼吸、脉搏和可视黏膜颜色等变化，必要时应停止操作并做适当处理。

四、膀胱穿刺法

（一）应用

当患畜尿道阻塞及膀胱麻痹导致排尿困难或尿闭引起膀胱过度充满时，防止膀胱破裂，行膀胱穿刺术排出膀胱内积尿，常作为急救措施。

（二）用具与材料

患病动物、穿刺针或注射器、剪毛剪、消毒棉、注射用药剂等。

（三）操作步骤

1. 部位
大动物可从直肠内进行膀胱穿刺；中小动物则从下腹壁进行膀胱穿刺。
2. 方法
大动物柱栏内站立保定，手入直肠，掏尽宿粪，再用温水灌肠排除积粪，选用一端连接穿刺针或长针头的硬质胶管，针头置于右手掌心内，针尖贴着中指腹面伸入直肠，在耻骨前触及膨满的膀胱，将中指竖起，使针头垂直于直肠壁，再用手掌按压，使针头穿过直肠壁，刺入膀胱。术者在直肠中固定针头，随着尿液外流。膀胱缩小，应适当下压针头，直至尿液排尽。最后把针头从膀胱中拔出，仍裹于手掌中带出至直肠外（图5-11）。

中、小动物侧卧或仰卧或提起两后肢倒立保定，于耻骨前缘的下腹壁

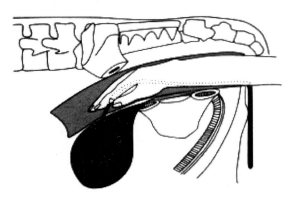

图5-11 牛经直肠膀胱穿刺

上穿刺，术部剪毛、消毒。触诊膀胱确定其位置，固定膀胱，紧贴腹壁，但不要过分挤压膀胱。猫经腹壁膀胱穿刺如图5-12所示。

（1）

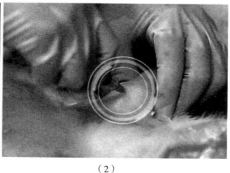
（2）

图5-12　猫膀胱穿刺方法

（四）注意事项

（1）从直肠内穿刺时，在排尿过程中，术者的手要始终固定穿刺针。
（2）排尿完毕，则马上拔出穿刺针。
（3）膀胱过度充盈时，膀胱穿刺动作要轻柔。
（4）严格无菌操作，避免尿液污染腹腔。

五、关节腔穿刺法

（一）应用

（1）采集关节腔内积液，鉴别诊断关节疾病。
（2）排出关节腔内积液、冲洗关节腔。
（3）关节腔内注入药物治疗关节疾病。

（二）用具与材料

患病动物或实验动物、注射器、注射针头、剪毛剪、酒精消毒棉、碘酊消毒棉、注射用药剂等。

（三）操作步骤

1. 部位
在其关节臌隆最明显部穿刺。
2. 方法
各关节腔穿刺方法略有不同。
（1）蹄关节滑膜囊穿刺　在蹄冠背侧，蹄匣边缘上方1~2cm，中线两侧1.5~2cm处。从侧面自上而下刺入伸腱突下1.5~2cm深。

（2）冠关节滑膜囊穿刺　在系骨远端后面与屈腱之间的凹陷处，从上向下刺入 1.5～ 2cm 深。

（3）髋关节滑膜囊穿刺　横卧保定，用长 10～15cm 的针头，在股骨大转子和中转子之间的切迹中央刺入，然后将针头向前内方呈水平方向刺 8～12cm 深。

（四）注意事项

（1）保定要确实，避免动物骚动穿刺针头损伤血管、神经、韧带等组织。

（2）严格消毒与无菌操作，以免发生感染。

（3）针入关节腔后即可有关节液流出，若无液体流出可压迫关节囊或用注射器抽吸，但不可过深刺入关节腔内，以免损伤关节软骨。

六、盲肠穿刺法

（一）应用

盲肠穿刺是指用穿刺针入盲肠腔的治疗方法。用于马属动物急性盲肠臌气放气急救，也可用于向肠腔内注入药液。

（二）用具与材料

患病动物或实验动物、套管针、注射器、注射针头、剪毛剪、酒精消毒棉、碘酊消毒棉、火棉胶、手术刀、缝合材料、保定用具等。

（三）操作步骤

1. 部位

马盲肠穿刺部位在右侧䏝窝的中心，即距腰椎横突下方约一掌处，或选在䏝窝最明显的突起点。

2. 方法

动物站立保定，穿刺部位剪毛，常规消毒。用外科刀在穿刺点旁皮肤切约 1cm 切口，术者再以左手将皮肤切口移向穿刺点，右手持套管针将针尖置于皮肤切口内，向对侧肘头方向刺入 6～10cm；左手立刻固定套管，右手将针芯拔出，让气体缓慢或断续排出。必要时，可以从套管针向盲肠内注入药液。当排气结束时左手压刺入点的皮肤，右手迅速拔出套管针。术部消毒。

（四）注意事项

（1）穿刺和放气时，应注意防止肠内容物污染腹腔。

（2）放气速度不能过快，防止发生急性脑贫血、休克。

（3）根据病情，为了防止臌气继续发展，避免重复穿刺可将套管针固定，留置一定时间后再拔出。

（4）经套管针注入药液时，注药前一定要明确判定套管针仍在盲肠内后，方可实施药液注入。

项目思考

1. 牛瘤胃穿刺在哪个部位？
2. 瘤胃穿刺主要应用于治疗什么疾病？
3. 瘤胃穿刺有哪些注意事项？
4. 犬胸腔穿刺主要应用于治疗什么疾病？
5. 胸腔穿刺有哪些注意事项？
6. 小动物膀胱穿刺的方法与步骤是什么？
7. 盲肠穿刺的方法与步骤是什么？
8. 关节腔穿刺主要应用于治疗什么疾病？

项目四　冲洗疗法

一、灌肠法

（一）应用

灌肠是指往直肠内注入药液、营养物或温水，直接作用于肠黏膜，使药液、营养得到吸收或促进宿粪排出或清理肠内有毒有害物质，达到治疗疾病的目的。应用深部灌肠方法可治疗马属动物的肠结石、毛球及其他异物性大肠阻塞、大肠便秘等。

（二）用具与材料

患病动物或实验动物、漏斗、灌肠器、压力唧筒、吊桶、木质塞肠器、软管（或根据动物大小选用胃导管、输精管、通乳针等替代）、灌肠药液等。通便可选用微温水、微温肥皂水、1%温盐水或甘油，消毒、收敛可选用0.1%高锰酸钾溶液、2%硼酸溶液、3%～5%单宁酸溶液等，营养溶液可选用葡萄糖溶液、淀粉浆等。治疗用溶液根据病情选择。

（三）操作步骤

大动物柱栏内站立保定，提起尾巴。中小动物倒立保定或侧卧保定，使患畜呈前低后高姿势。

1. 一般灌肠

术者先将灌肠器的胶管一端插入肛门，并缓缓向直肠内推进10～20cm（图5-13）。另一端连接漏斗或吊筒（盛有灌肠液或注入液），也可使用100mL注射器注入溶液。先灌入少量药液软化直肠内积粪，待排净积粪后再大量灌入药液，直至从肛门流出灌入药液为止。灌入量根据患畜的个体大小而定，一般幼犬100～200mL，成年犬250～1000mL，药液温度以35℃为宜。小动物灌肠如视频5-4所示。

视频5-4
灌肠技术

图5-13 将灌肠管插入患畜直肠内

2. 压力深部灌肠

压力深部灌肠主要用于治疗马属动物肠便秘。为使肛门括约肌及直肠松弛，可施行后海穴封闭。用10～12cm长的封闭针头与脊柱平行向后海穴刺入10cm左右，注射1%～2%普鲁卡因20～40mL。

装置塞肠器常用木质塞肠器，长约15cm，前端直径为8cm，后端直径为10cm，中间有直径2cm的孔道，塞肠器后端装有两个铁环，塞入直肠后，将两个铁环拴上绳子，系在颈部的套包或夹板上。缓缓注入温水或1%盐水10000～30000mL，灌水量的多少依据便秘的部位而定。灌肠开始时，水顺利进入，当水到达结粪阻塞的部位时，则流速减缓，甚至病畜努责而向外返流，当水通过结粪阻塞部，继续向前流时，水速又加快。如病畜腹围稍增大，并且腹痛加重，呼吸增数，胸前微微出汗，则表示灌水量已经适度，不要再灌。灌水结束后15～20min再将塞肠器取出。

（四）注意事项

（1）直肠内存有宿粪时，按直肠检查方法取出宿粪，再进行灌肠。

（2）防止粗暴操作，以免损伤肠黏膜甚至造成肠穿孔。

（3）灌注量要适当，小动物每次 100~200mL 为宜。

（4）溶液注入后由于排泄反射，溶液易被排出，为防止排出，用手压迫尾根，或于注入溶液的同时以手指刺激肛门周围，也可按摩腹部。或用塞肠器压定肛门。

二、洗胃法

（一）应用

洗胃法用于胃扩张、瘤胃积食或瘤胃酸中毒时排除胃内容物，以及排除胃内毒物；或用于胃炎的治疗和吸取胃液供实验室检查等。

（二）用具与材料

患病动物或实验动物、胃导管、开口器、保定用具、漏斗、洗耳球、常水或药剂、消毒棉、2%~3%碳酸氢钠溶液、1%食盐水、0.1%高锰酸钾溶液等。

（三）操作步骤

大动物于柱栏内站立保定，小动物行侧卧保定。

（1）先用胃管测量到胃内的长度，并做好标记。马是从鼻端到第 14 肋骨；牛是从唇至倒数第 5 肋骨；羊是从唇至倒数第 2 肋骨。

（2）利用装着横木的开口器，固定好头部。

（3）从口腔或鼻徐徐插入胃导管，到胸腔入口及贲门处时阻力较大，应缓慢插入，以免损伤食管黏膜。必要时可灌入少量温水，待贲门弛缓后，再向前推送入胃，胃导管前端经贲门到达胃内后，阻力突然消失。此时可有酸臭味气体或食糜排出，如不能顺利排出胃内容物时，可装上漏斗灌入温水，将头低下，利用虹吸原理或用吸引器抽出胃内容物。如此反复多次，逐渐排出胃内大部分内容物，直至病情好转为止。

（4）治疗胃炎时，导出胃内容物后，灌入治疗用药。

（5）冲洗完之后，堵住胃导管外口缓慢抽出胃导管，解除保定。

（四）注意事项

（1）操作中要注意安全。使用的胃导管要根据动物的种类确定，胃导管长度和粗细要适宜。

（2）马胃扩张时，开始灌入温水不宜过多，以防胃破裂。瘤胃积食宜反复灌入大量温水，方能洗出胃内容物。

三、导尿及膀胱冲洗法

（一）应用

治疗尿道炎、膀胱炎、尿道梗阻、急性尿潴留、尿道损伤等疾病，泌尿系统特殊检查，采集尿液供化验诊断等。

（二）用具与材料

患病动物或实验动物、导尿管、注射器、利多卡因凝胶、生理盐水、阴道开张器、灭菌手套、消毒棉、润滑剂、保定用具、冲洗用消毒药等。

（三）操作步骤

站立保定，尾巴拉向一侧（图5-14）。犬、猫等中小动物也可侧卧或胸卧保定。必要时实施镇静或全身浅麻醉，使尿道保持松弛。

图5-14 犬导尿站立保定法

1. 母畜导尿及膀胱冲洗

消毒导尿管（或用灭菌导尿管）、阴道开张器等用具，用消毒液按外科无菌术要求清洗消毒外阴周围，然后再用注射器抽吸灭菌生理盐水，冲洗阴道前庭。

术者戴上无菌外科手套，一手将导尿管握于掌心，手呈圆锥形伸入大家畜阴道20cm左右，触摸到尿道口打开导尿管。犬、猫等中小动物用阴道扩张器打开阴道（图5-15），助手根据需要手持并调节光源，使阴道结节和尿道口可视。术者用利多卡因凝胶润滑导尿管的头部，将导尿管穿过扩阴器导入尿道口并向前插进膀胱。也可以通过触觉将导尿管从尿道口插进膀胱（图5-16）。导尿管到达膀胱后尿液会自动排出，或用注射器从导尿管抽取尿液。导尿结束后根据治疗需要注入冲洗液冲洗膀胱与尿道，取出导尿管。

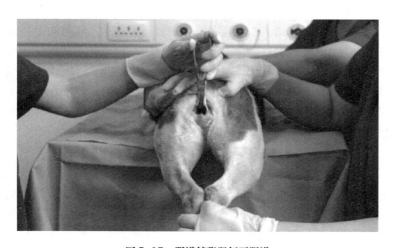

图5-15 阴道扩张器打开阴道

2. 公畜导尿

测量导尿管插入长度，根据犬体型大小，使用4～10号的聚丙烯导管，沿尿道走向将导尿管靠近犬，测量尿道口到达膀胱的导管长度，预估导尿管需要插入的长度，并做好标记（图5-17）。

图5-16 导尿管通过触觉插进膀胱

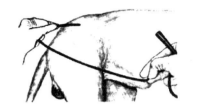

图5-17 测量导管插入膀胱所需长度

助手用中性肥皂清洗龟头，术者用润滑导尿管在龟头处将导尿管末梢插入尿道，导尿管缓缓向前插进膀胱，至确定导尿管充分进入膀胱，导尿管到达膀胱后尿液会自动排出，或用注射器从导尿管抽取尿液。导尿结束后根据治疗需要注入冲洗液冲洗膀胱与尿道，取出导尿管（图5-18）。

图5-18 经尿道口插入导尿管

3. 公犬尿道梗阻冲洗术

选择顶端开口的导尿管，将装有生理盐水的注射器与导尿管连接，并使导尿管内充满生理盐水。插入导尿管，当进入到有阻力的地方（即尿道梗阻的位置），术者手指伸进直肠，将尿道压向骨盆底，闭合尿道。

推动注射器活塞，通过导尿管将 5~10mL 生理盐水冲入尿道，在尿道因盐水膨胀时，尿道会绷紧并向深部膨胀至直肠压迫处。计时 3s，松开在直肠中压迫尿道的手指，同时向生理盐水施加冲力。按此尝试一两次，大多数梗阻物就可以被冲进膀胱内。

（四）注意事项

（1）严格遵守无菌操作规程。

（2）插管的动作要轻柔，避免暴力损伤尿道。

（3）急性尿潴留导尿时，避免快速放完尿液，应分2~3次放完尿液以防止膀胱黏膜下血管发生充血。

（4）禁止用于急性膀胱炎、尿道狭窄、尿道损伤等疾病。

四、阴道与子宫冲洗法

（一）应用

多用于阴道炎、子宫颈炎和子宫内膜炎的治疗。冲洗清理牛、羊、猪等动物生殖道炎性分泌物、脓液，或阴道与子宫冲洗后投入药物。目的是促进生殖道黏膜修复，促进母畜生殖功能的恢复。

（二）用具与材料

患病动物、保定用具、软管、漏斗、注射器、消毒液、消毒棉、长臂手套、子宫洗涤用的输液瓶（或连接长胶管的盐水瓶）或小动物灌肠器、生理盐水、5%~10%葡萄糖溶液、0.1%雷佛奴尔溶液、0.1%高锰酸钾溶液以及抗生素或磺胺类药剂等常用冲洗用药物。

（三）操作步骤

1. 保定

大动物站立保定，中小动物站立或侧卧、俯卧保定。

2. 清洗与消毒

充分洗净外阴部，术者手及手臂常规消毒。

3. 插入导管与冲洗

（1）阴道内冲洗　术者手握导管，把导管的一端插入阴道内，提高漏斗，将药液冲入阴道内，冲洗液借病畜努责可自行排出，如此反复冲洗至流出的液体与注入的液体颜色基本一致为止。术者将消毒药剂涂在阴道内，或者直接放入浸有磺胺乳剂的棉塞。

（2）子宫内冲洗　术者手握导管，徐徐插入子宫颈口，缓慢导入子宫内，提高输液瓶或漏斗，药液可通过导管流入子宫内，待输液瓶或漏斗中的冲洗液快流完时，迅速把输液瓶或漏斗放低，借虹吸作用使子宫内液体自行排出。如此反复冲洗数次，直至流出的液体与注入的液体颜色基本一致为止。

阴道或子宫冲洗后，可根据情况放入抗生素或其他抗菌消炎药物。为了防止投入子宫内的药液外流，所用的溶剂（生理盐水或注射用水）数量不能过多，如牛以20~40mL为宜。

（四）注意事项

（1）严格遵守消毒规则和无菌操作规程，切忌因操作人员消毒不严而引起医源性感染。

（2）动作应轻柔，不可粗暴，以免对患畜阴道、子宫造成损伤。在子宫积脓或子宫积液时，要先将子宫内积脓、积液排出之后，再进行冲洗。

（3）注入子宫内的冲洗药液，尽量充分排出，必要时可通过直肠按摩子宫促使排出。

（4）冲洗或灌注的药液温度应与体温接近。不可以使用强刺激性或腐蚀性的药液冲洗。

（5）母畜产后或发情期间子宫颈口开张，此时才可进行子宫内冲洗或投药。子宫颈封闭应该先用雌激素制剂，促使子宫颈口松弛，开张后再进行处理。

∀ 项目思考

1. 灌肠主要用于治疗哪些疾病？
2. 犬导尿的方法与步骤是什么？
3. 导尿及膀胱冲洗主要用于治疗哪些疾病？
4. 洗胃有哪些注意事项？
5. 奶牛阴道及子宫冲洗有哪些注意事项？

项目五 其他疗法

思政目标

1. 对现有兽医诊疗技术和方法进行批判性思考，在兽医诊疗技术领域进行探索和创新。
2. 养成自主学习、终身学习的习惯，提高综合素质。
3. 培养爱护动物、善待生命的职业道德，为动物健康和人类福祉贡献力量。

知识目标

1. 掌握给氧、输血、封闭、针灸、雾化、冷却等疗法的应用范围。
2. 掌握各种疗法的方法和操作技巧。
3. 掌握各种疗法的注意事项。

技能目标

1. 会选择与使用雾化仪、针灸仪等治疗用具。
2. 会正确配制各类药物。
3. 会给犬、猫等动物进行输氧、配血与输血、封闭等治疗。
4. 会规范消毒，合理处理不良反应等。

必备知识

一、氧气疗法

（一）应用

氧气疗法主要应用于各种类型的呼吸衰竭、低氧血症等缺氧病症；心血管疾病，如心搏骤停及复苏后心力衰竭等；血氧运输功能障碍，如严重贫血、血红蛋白异常等；各种原因引起的休克；严重酸碱中毒、水电解质紊乱；药物中毒，如巴比妥类中毒等；急性手术出血等。

（二）用具与材料

实验动物、鼻导管、注射器、消毒棉、药物、氧气及输氧装置、保定用具等。

（三）操作步骤

1. 氧气吸入法

患畜吸氧一般采用氧气面具或直接经鼻引入一鼻导管（图5-19）。常用的输氧装置
由氧气筒、压力表、流量表、潮化瓶组成。
潮化瓶一般装入其容量1/3的清水，使导出
的氧气通过清水滤过，湿润氧气，避免干燥
的氧气刺激呼吸道黏膜。应用时，先打开氧
气筒上的阀门，从流量表上读出筒内氧气的
量，然后缓慢地打开流量表上的开关，以每
分钟输入3～4L氧为宜（中小动物应减少流
量），每次吸入5～10min或症状缓解时即可
停止。输氧结束后，应先关流量表开关，后
关总开关，然后再旋开流量表开关，以排出
存留于总开关与流量表开关之间管道内的氧
气，避免流量表指针受压失灵。

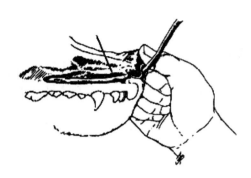

图5-19 经鼻孔送入导管

2. 过氧化氢溶液静脉注射输氧法

中小动物常以3%过氧化氢溶液5～20mL，加入10%或25%葡萄糖注射液250mL内
缓慢地一次静脉注射。要求使用的过氧化氢溶液必须新鲜且未被污染，葡萄糖注射液以
高渗为宜，加入葡萄糖注射液后过氧化氢的浓度应在0.24%以下。静脉注射时，先接上
10%或25%葡萄糖注射液，其后再抽取过氧化氢溶液缓慢地注入葡萄糖溶液内混合
注入。

3. 氧气皮下注射法

取已消毒的带有活塞的玻璃三通管1个，其一端连接氧气管，一端连接注射器，
一端连接附有已插入皮下针头的胶管上，抽、推注射器，即可注入氧气；也可由氧气
瓶的输氧管直接连于注射针头的胶管上进行输氧。注射剂量，中小动物为0.5～1.0L，
输入速度为1～1.5L/min。操作应按无菌规程进行，并避免针头插入血管而引起气性
栓塞。

4. 高压氧治疗技术

高压氧是指在超过一个大气压环境下，混合气体中氧气的分压高于常压空气中的氧
分压。高压氧治疗时使用特殊的高压氧舱，动物可直接进入舱内，也可使用特制中浓度
氧气面罩（1035型或1040型）。本法对各种原因引起的组织缺血缺氧性疾病如心肌炎、
心肌病、心律失常、慢性支气管炎、肺水肿、氰化物中毒、亚硝酸盐中毒、日射病、热
射病等均有良好的效果。该项技术在兽医临床已广泛应用。

（四）注意事项

合理给氧，湿化气道，用氧安全，防止爆炸和火灾，在停止氧疗前，应该间歇吸氧数日。应用呼吸机的患畜应有脱机训练过程，方可完全停止氧疗。

二、输血疗法

（一）应用

输血是给予患病动物正常动物的血液或血液成分，从而达到补充血容量、改善血液循环、提高血液携氧能力、维持渗透压、纠正凝血障碍、增加机体抗病能力等目的，是兽医临床一种重要的治疗方法，常用于治疗贫血、血小板减少症、血浆成分不足等。

（1）贫血　各种原因的贫血，如溶血性贫血、营养性贫血、失血性贫血及寄生虫性贫血（如焦虫病、边虫病、球虫病等）等。急性失血达全血量的 1/5 时，则血压下降，甚至发生休克。失血达全血量的 1/3 时，则会危及生命。

（2）血小板减少症　血小板减少症或凝血因子缺乏的患病动物。

（3）血浆成分不足　烧伤、消化系统疾病、呼吸系统疾病、中毒、败血症和脓毒血症、营养性衰竭、持久和剧烈腹泻等引起的大量液体丧失的患病动物。

（二）用具与材料

患病动物或实验动物、采血系统、输血装置、注射器、消毒棉、输液器、抗凝剂、玻片、试管、保定用具等。

（三）操作步骤

1. 采血

（1）开放式采血系统　是指血液在采集、处理和储存过程中一定程度上暴露于空气或外界物质当中。采集的血液储存在 22~25℃ 环境下，在 4h 内使用，或者储存在 1~6℃，在 24h 内使用。柠檬酸钠是开放系统中常用的抗凝剂，按抗凝剂与血液体积比 1:9 加入抗凝剂（柠檬酸钠 40g/L）。猫的常规供血量为 50mL，常用 60mL 的注射器。

（2）封闭式采血系统　是指血液采集、处理或储存过程中不接触空气和外界物质。储血袋内含有抗凝保护剂（图 5-20）。人用的采血袋储血量为 450mL，当计划采集血量少于 300mL 时，可在采血前移除相应量的抗凝保护剂，或血样不用于成分分离，只以全血形式保存与使用。

2. 配血

家畜血液中天然存在的同种抗体不像人类那样常见，而且红细胞表面的抗原性也比较弱，故在给家畜初次输血时，发生抗原-抗体反应的并不多见。尽管如此，无论何种家畜，当它接受某一同种家畜的血液后，都能在 3~10d 期间产生抗体，如果此时又将同一供血家畜的血液再次输入时，就容易产生输血反应。家畜的血型鉴别比较复杂，如果仅以输血为目的一般采用以下配血试验，以保证输血安全。

（1）血液相合试验　配血试验主要检验受血动物血清中有无破坏供血动物红细胞的

图 5-20 封闭式采血装置

抗体。供血动物的红细胞与受血动物血浆配血，称为主侧试验，简称"主侧"。供血动物的血浆与受血动物红细胞配血，称为次侧试验，简称"次侧"。主侧与次侧同时进行配血，称为交叉配血。交叉配血方法见视频 5-5。

取试管 2 支并标记，从受血动物和供血动物各采血 2～10mL，于室温下静置分离血清备用。急需时可用血浆代替血清，即先在试管内加入 4% 柠檬酸钠溶液 0.5mL 或 1.0mL，再采血 4.5mL 或 9.0mL，离心取上层血浆备用。另取加抗凝剂的试管 2 支并标记，采取供血动物和受血动物血液各 1～2mL，振摇，离心沉淀（或自然沉降），弃掉上层血浆；取其压积红细胞 2 滴，各加生理盐水适量，用吸管混合，离心后弃去上清液后，再加生理盐水 2mL 混悬，即成红细胞悬液。取清洁、干燥载玻片 2 张，于一载玻片上加受血动物血清（或血浆）2 滴，再加供血动物红细胞悬液 2 滴（主侧）；于另一载玻片上加供血动物血清（或血浆）2 滴，再加受血动物红细胞悬液 2 滴（次侧）。分别用火柴杆轻轻混匀，置室温下经 15～30min 观察结果。室温以 15～18℃ 最为适宜；温度过低（8℃ 以下）可出现假凝集；温度过高（24℃ 以上）也会使凝集受到影响以致不出现凝集现象。观察时间不要超过 30min，否则由于血清蒸发而发生假凝集现象。

视频 5-5
犬、猫交叉配血技术

结果判定：肉眼观察载玻片上主、次侧的液体均匀红染，无细胞凝集现象，显微镜下观察红细胞呈单个存在，表示配血相合，可以输血。肉眼观察载玻片上主、次侧或主侧红细胞凝集呈沙粒状团块，液体透明；显微镜下观察红细胞堆积一起，分不清界限，表示配血不相合，不能输血。如果主侧不凝集而次侧凝集，认为配血可疑，除非在紧急情况下，最好还是不要输血。

（2）三滴试验法 用吸管吸取 4% 柠檬酸钠溶液一滴，滴于清洁、干燥的载玻片上；再滴供血动物和受血动物的血液各一滴于抗凝剂中。用细玻璃棒搅拌均匀，观察有无凝集反应。若无凝集现象，表示血液相合，可以输血；否则表示血液不合，不能用于输血。

（3）生物学相合试验 每次输血前，除做交叉凝集试验外，还必须进行该试验。先检查受血动物的体温、呼吸、脉搏、可视黏膜的色泽及精神状态，然后取供血动物一定量血液注入受血动物的静脉内。小动物一般为 10～20mL。注射 10min 后若受血动物无输血反应，便可输入需要量的血液。若有不安、脉搏和呼吸加快、呼吸困难、黏膜发绀、肌肉震颤等，即为生物学试验阳性，表明血液不合，应立即停止输血，更换供血动物。

3. 输血

（1）全血输血　将血液采入含有抗凝剂或保存液的容器中，不做任何加工，即为全血。一般认为，血液采集后 24h 以内的全血称为新鲜全血，各种成分的有效存活率在 70% 以上。将血液采入含有保存液容器后尽快放入（4±2）℃冰箱内，即为保存全血。输血时需要使用专门的输血器，其中的过滤装置可以有效滤除血袋中的血凝块和其他微凝集颗粒（图 5-21），输血位置可选择头静脉或隐静脉。患病动物大量失血时，输血速度越快越好，情况较稳定的患病动物，起始建议为 0.25mL/（kg·h）给予 30min，如患犬无异常反应，输血速度可增加到 10mL/（kg·h）。

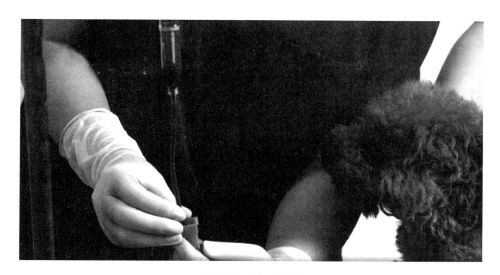

图 5-21　患病动物输血

（2）血液成分输血　血液成分输血是将全血制备成各种不同成分，供不同用途使用的一种输血方法。这样既能提高血液使用的合理性，减少不良反应，又能一血多用，节约血液资源。血液成分通常是指血浆蛋白以外的各种血液成分制剂，包括红细胞制剂、白细胞制剂、血小板制剂、周围造血干细胞制剂、血浆制剂和各种凝血因子等。

（3）输血反应与处理

①过敏反应：患病动物表现为呼吸急促、痉挛、皮肤出现荨麻疹块等症状，甚至发生过敏性休克。原因可能是输入血液中所含致敏物质，或因多次输血后体内产生过敏性抗体所致。处理方法是立即停止输血，肌内注射苯海拉明等抗组胺制剂，同时进行对症治疗。

②溶血反应：患病动物在输血过程中突然出现不安，呼吸和脉搏频数，肌肉震颤，不时排尿、排粪，出现血红蛋白尿，可视黏膜发绀或出现休克。多因输入配血不相合血液所致，或因血液在输血前处理不当，大量红细胞破坏所引起，如保存时间过长、温度过高或过低、错误加入高渗或低渗药物等。处理方法是立即停止输血，改注生理盐水或 5%~10% 葡萄糖注射液，随后再注射 5% 碳酸氢钠注射液。皮下注射 0.1% 盐酸肾上腺素，并用强心利尿剂等急救。

③发热反应：指在输血期间或输血后 1~2h 内体温升高 1℃以上并有发热症状，患病动物表现为寒战、发热、不安、呕吐、心动亢进、出汗、血尿及结膜黄染等。发热通常于数小时后自行恢复。其主要是由于抗凝剂或输血器械含有致热原所致。有时也因多次输血后产生血小板凝集素，或白细胞凝集素所引起。在每 100mL 血液中加入 2%普鲁卡因 5mL，或氢化可的松 50mg；反应严重时应停止输血，并肌内注射盐酸哌替啶或盐酸氯丙嗪；同时给予对症治疗。

输血疗法的基本原则与其他任何医学手段相同，就是"首先不要造成伤害"，尽管输血死亡率较低，但确实会出现，尤其是猫。溶血反应是最严重的不良反应，通过对临床症状的密切监测和对输血的不良反应进行适当的评估，能为输血提供一定的安全保障。

当怀疑发生输血反应时，要立刻停止血液输注，保留静脉通路以备急救。为了能够及时发现不良反应并能快速采取措施，在输血的起始阶段（输血的 15~20min 内），要严格做好监护。输血后 30min 内，每 10min 记录一次直肠体温、心跳速率和呼吸速率，然后每 30min 记录一次，并记录是否出现呕吐、腹泻、荨麻疹和血红蛋白尿。为了减少过敏反应的发生，可以在输血前 30min 注射苯海拉明 2mg/kg。

（四）注意事项

（1）输血前一定要做生物学试验。

（2）输血量应根据病畜的病情需要及体重等决定，一般为其体重的 1%~2%。在重复输血时，为避免输血反应，可更换供血动物，或缩短重复输血时间，在病畜尚未形成一定的特异性抗体时输入（一般在 3d 以内）。

（3）输血速度与疾病种类，病畜心、肺功能状态密切相关。一般情况下，输血速度不宜太快。特别在输血开始，一定要慢而且先输少量，以便观察病畜有无反应。如果无反应或反应轻微，则可适当加快速度。患心脏衰弱、肺水肿、肺充血及消耗性疾病如寄生虫病以及长期化脓性感染等时，输血速度以慢为宜。

（4）采血时需注意抗凝剂的用量。采血过程中，应注意充分混匀，以免形成血凝块，在注射后造成血管栓塞。严重溶血的血液应弃之不用。在输血过程中，严防空气进入血管。

（5）输血过程中应密切注意病畜的动态。当出现异常反应时，应立即停止输血，经查明非输血原因后方能继续输血。

（6）输血时血液不需加温，否则会造成血浆中的蛋白质凝固、变性，红细胞溶解等，这种血液输入机体后会立即造成不良后果。

（7）用柠檬酸钠作抗凝剂进行大量输血后，应立即补充钙制剂，否则可因血钙骤降导致心肌功能障碍，严重时可发生心搏骤停而死亡。

（8）对患有严重器质性疾病如心脏病、肾脏疾病、肺水肿、肺气肿、脑水肿等的病畜应禁止输血。

三、封闭疗法

（一）应用

当机体遭受超过了正常生理限度的外界刺激时，一方面由于刺激的质与量的特点不同，另一方面由于个体神经系统功能活动性的差异，引起了组织多种不良反应，就可能出现肿胀、化脓、坏死、溃烂、萎缩、变性、退化、硬化、功能失调等变化。这一类病理变化的本身，结果又成了内在刺激，再反过来影响神经系统，使神经系统尤其是大脑皮层功能更为失常。如此反复不止，形成了病理的恶性循环。

普鲁卡因封闭疗法可以阻断强烈的刺激，消灭病理的恶性循环。同时可以给予整个机体一个微弱刺激，通过这个微弱刺激，大脑皮层内可产生一个新的兴奋灶。此兴奋灶由于扩散作用，可以打扰或代替原疾病所存留兴奋灶的反射规律，使组织由强烈性反应转变为微弱性反应。普鲁卡因封闭疗法不仅有局部神经的阻滞作用，而且有对中枢或末梢神经系统的联合作用。

（二）用具与材料

实验动物（牛）、盐酸普鲁卡因注射液、注射器、保定用具、消毒棉等。

（三）操作步骤

1. 病灶周围封闭法

将 0.25%~0.5% 盐酸普鲁卡因溶液，分数点注入病灶周围的皮下与肌肉深部，药量以能达到浸润麻醉的程度即可，每日或隔日 1 次。为提高疗效，药液内可加入 50 万~100 万单位青霉素。本法常用于治疗创伤、溃疡、急性炎症等，乳房炎时可将药液注入乳房基部的周围。

2. 四肢环状封闭法

将 0.25%~0.5% 盐酸普鲁卡因溶液，注射于四肢病灶上方 3~5cm 处的健康组织内，分别在前、后、内、外从皮下到骨膜进行环状分层注射药液。用量应根据部位的粗细而定，每日或隔日 1 次。但应注意针头勿损伤神经和血管。本法常用于四肢的炎性疾病等。

3. 静脉内封闭法

将 0.1%~0.25% 普鲁卡因生理盐水溶液注入静脉内，使药物作用于血管内壁感受器以达到封闭目的。方法同静脉注射，但注入速度要慢。有的动物注射后，出现暂时兴奋，但多数表现沉郁、垂头、眼半闭，不久即恢复正常。本法适用于蜂窝织炎、顽固性浮肿、久不愈合的创伤、风湿症、化脓性炎症、乳房炎、急性胃扩张以及过敏性疾病等。

4. 颈部迷走神经干封闭疗法

封闭时，将动物站立保定，于颈中上部，颈静脉的上方，刺入 4~8cm 深。千万注意勿伤及颈动脉与颈静脉。过深时，可影响对侧神经，使肺部病变恶化，甚至引起死亡（不能两侧同时注射）。先注入 0.25% 普鲁卡因溶液 50mL，将针抽出，沿颈部往下稍斜刺入 5~7cm，再注射 1 次，溶液的浓度和剂量与第 1 次相同。必要时，1~2d 后再于对侧颈部注射 1 次。本法辅助治疗肺水肿、胸膜炎、支气管肺炎、大叶性肺炎、急性肺炎等。

5. 颈后部交感神经节封闭疗法

封闭时，将动物站立保定。第 7 颈椎横突的垂直线和由第 1 肋骨上 1/3 处引 1 条与背中线相平行的线，两线的交叉点即为刺入点，向第 1 肋骨倾斜刺入。常用 0.5% 普鲁卡因溶液，每次适量，每 5~6d 注射 1 次，可以两侧同时注射。本法对于肺部的炎症，如小叶性肺炎和大叶性肺炎等有辅助治疗效果。

6. 胸膜上封闭疗法

最后肋骨的前缘与背髂肋肌和背最长肌凹沟的交叉点为刺入点。可用长 10~12cm、直径 1.5mm 的消毒针头，以水平线为标准呈 30°~35°角刺入，垂直地向肋骨前缘推动，抵至椎体，此时针头位于腰小肌起始点与椎体之间。可通过触摸来测定这种位置是否正确，针前端位于椎体时，针内应无回血，抽不出胸膜腔内的空气。确定针头已扎入正确位置后，可将针端稍离开椎体并与椎体腹侧面呈平行方向徐徐注入药液，让其自由地流入肋膜上结缔组织内。本法对膀胱炎、痉挛疝、去势后的并发症、肠臌气、肠闭结以及胃扩张等都有很好的疗效，对防治手术后发生的腹膜炎也有良好效果。

7. 腰部肾区封闭法

将盐酸普鲁卡因溶液注入肾脏周围脂肪囊中，封闭肾区神经丛。本法常用于化脓性炎症、创伤、蜂窝织炎、去势后浮肿、胎衣不下、化脓性子宫内膜炎等疾病的治疗。

8. 盆神经封闭疗法

在荐椎最高点（第 3 荐椎棘突）两侧 6~8cm 处用长封闭针（10~12cm）垂直刺破皮肤后，以 55°角由外上方向内下方进针，当针尖达荐椎横突边缘后，将封闭针角度稍加大，针尖向外移，沿荐椎横突侧面穿过荐坐韧带（常有类似刺破硬纸感觉）1~2cm，即达盆腔神经丛附近。每千克体重注入 0.25%~0.5%普鲁卡因溶液 1mL，分两侧注射，每隔 2~3d 1 次。本法可用于子宫脱、阴道脱和直肠脱，或上述各器官的急、慢性炎症及其脱垂的整复手术。

9. 尾荐封闭疗法

病畜站立保定，将尾部提取，刺入点在尾根与肛门形成的三角区中央，相当于中兽医的后海穴处，其间有腰荐神经丛、阴部神经和直肠后神经。用长 15~20cm 针头，垂直刺入皮下，将针头稍上翘并与荐椎呈平行方向刺入，先由正中边注边拔针，然后再分别向左、右各方向注入 1 次，使药液分布呈一扇形区。

10. 穴位封闭法

临床上常用 0.25%~0.5%盐酸普鲁卡因溶液注入针灸穴位上，如抢风穴等，每日 1 次，连用 3~5 次。要注意定准穴位，深度适当，防止针头折断等。

（四）注意事项

（1）封闭疗法是一种辅助性疗法，在治疗过程中应与其他疗法配合才能受到较好效果。

（2）操作时应做好保定，防止感染。

（3）注射溶液最好加热到体温温度。

（4）封闭局部炎性疾病时，加入适量青霉素能提高疗效，但不可用 0.5%以上浓度的普鲁卡因溶液稀释，因青霉素在较高浓度的普鲁卡因溶液中会出现结晶。

四、针灸疗法

（一）应用

中兽医针灸治疗技术，包括针术和灸术两部分。它是通过针术和灸术刺激动物体的一定穴位或患部，疏通经络，调整阴阳，宣导气血，扶正祛邪，以达到治疗目的。常用的针灸疗法有毫（白）针疗法、血针疗法、水针疗法、电针疗法、艾灸疗法、温熨疗法和按摩疗法等。

（二）用具与材料

实验动物、针灸用具、消毒棉、保定用具等。

（三）操作步骤

1. 毫（白）针疗法

因所用针具为毫针而称毫针疗法。针体直径 1mm，长 5～10cm。针头圆锐尖细。现市场已有一次性针具。所刺激穴位一般在肌肉较丰满处、骨骼之间或关节间隙等处，没有粗密血管通过，刺入并进行捻转后，无血流出，与针刺血管而出血的血针相对而言，又称白针疗法。

（1）针前练习 针前必须练指力、捻转、提插、刮针、弹针等不同针刺技巧。练针时，可以在捆紧的棉团或纸垫上或软木上进行。这些基本手法熟练后，方可临床使用。

（2）术前准备 包括检查用具、严格消毒以及妥善保定动物和选择适当体位等。

（3）进针 一般双手配合，右手持针，称刺手，左手辅助，称押手，持针的姿势，一般以拇、食、中三指挟针柄。进针时运用指力使针尖快速刺入皮肤，再捻转刺向深层。临床常用的进针方式有指切进针法、夹持进针法、提捏进针法、舒张进针法、管针进针法等。

（4）针刺方向 根据不同穴位确立，分直刺（呈 90°角）、斜刺（呈 35°～45°角）和平刺（呈 15°～25°角）。

（5）针刺深度 根据动物大小和具体穴位而定。一般控制限度是针刺脊背上的穴位，必须避免刺伤脊髓；针刺胸腹部穴位，谨防刺伤内脏。

（6）行针与得气 使动物产生针刺感应的行使手法，简称行针，被刺动物产生的经气感应，简称得气，也称针感。即患畜出现提肢、拱腰、摆尾、局部肌肉收缩或跳动，术者则有针下沉紧的感觉，否则动物因刺痛而骚动不安，术者针下虚滑。

（7）留针与出针 针刺治病，需要达到一定的刺激量，除了针本身刺激外，还可将针留在穴位内一定时间，以增强刺激和延长其刺激时间，简称留针。留针时间的长短，主要依病情而定。一般疾病，只要针下得气后即可起针或酌予留针 10～20min。在留针间隙中行针，保持一定的刺激量，以增强疗效。针刺达到目的后随即将针拔出，简称出针。出针时先以左手拇、食两指按住针孔周围皮肤，右手持针轻微捻转并慢慢提至皮下，然后将针迅速拔出，并以消毒棉球按压针孔，防止出血。

2. 血针疗法

血针疗法又称红针、刺血、刺络或放痧疗法。

（1）常用针具 有三棱针（针头三条棱聚向尖部，针柄长约 3cm）、小宽针（针头状如矛尖，针头最宽处 1～2mm）、注射用针头或缝衣针等。

（2）通常针法 有泻血、点刺、散刺等。泻血法是在显露体表静脉的穴位上刺入放血，如颈脉、胸堂、肾堂、尾尖等穴。入针时其针刃应顺血管的走向而刺破血管，不能横向切断血管，入针约0.1cm破皮见血即可，出血量的多少视病体或病况不同而异，一般让流出的血由暗红变鲜艳，由黏稠变不黏手为宜。通常针刺出血后，让其自流而后止，如出血已达量仍不止时，则需采用压迫止血或结扎止血。点刺是先在针刺部位周围推按，使局部充血，然后手持三棱针或注射针，对准所刺穴位迅速刺入0.5~1cm，令其自然出血，或轻轻挤压针孔周围以助瘀血排出，最后以消毒棉球按压针孔。如点刺三江、眼脉、山根等穴。散刺是用三棱针、小宽针或注射针头在肿胀的黏膜或皮肤作较大面积的重刺，使炎性液外流。如肛门外翻和胸下、腹下局部皮肤肿胀处，常用此针术。

3. 水针疗法

水针疗法又称穴位注射疗法，是将某些有关药液直接注入穴位或痛点的疗法。

一般先按毫针手法刺入穴位，必须待得气后，再将欲治疗的药液缓缓注入。其用量通常比肌内注射的量要少一些，由于穴位注射既可以提高疗效又可延长作用时间，故治疗次数也比通常的皮下或肌内注射要少一些。因此，凡适合毫针疗法的病症，都可以用水针疗法，凡是适宜皮下或肌内注射的药液均可用作穴位注射。

4. 电针疗法及电针麻醉

电针疗法是用数根毫针分别刺入毫针穴位，达到一定深度并产生针感后，分别在针体上接上电针治疗机的两极，通以适当的脉冲电流刺激穴位的一种治疗方法。

（1）电针疗法的用具　电针机（又称电针仪）及附属工具，其中包括毫针数根。具体操作方法详见各机所附的说明书。

（2）电针的适应证　比较广泛，一般除血针穴位的适应证外，其他所有针灸穴位均可用于电针疗法。

（3）针刺麻醉　在针刺镇痛的基础上发展而来的，可用于多种外科手术。常用的穴位和穴组：百会、悬枢（天平）穴组；百会、天门穴组；百会、后海穴组；抢风、百会穴组等。

根据不同的手术部位来选穴组，如胸腹部手术，可选百会、悬枢穴组；前躯部手术，可选抢风、百会穴组；后躯部手术可选百会、后海穴组；全身多部可选百会、天门穴组。

5. 艾灸疗法

艾灸疗法又称药物灸法，即用点燃的艾绒或其他药物在动物一定穴位上进行熏灼治疗疾病的方法。

6. 按摩疗法

按摩疗法又称推拿疗法。通过对宠物皮肤、肌肉、穴位反复地按压和摩擦可以改善局部组织血液循环和代谢的功能，起到舒筋活络、调和阴阳和扶正祛邪的作用，从而达到治疗目的。主要适用于治疗运动功能障碍、慢性消化不良以及萎软之症等。

（四）注意事项

（1）过饥、过饱或身体极度虚弱的动物，应少针或缓针。

（2）重胎动物腹部、脊背部穴位应慎用。

（3）接近重要脏腑或大血管的穴位操作时必须慎重，以免发生意外。

五、食饵疗法

（一）应用

食饵疗法即饮食疗法，就是治疗性饲养（其中包括饥饿疗法），即在疾病过程中，适当地选择某些饲料，或者适当地避免某些饲料，或者适当地禁食，加强病期饲养管理，以满足病畜的特殊营养需要，从而制造一个良好的条件，以使病畜早日痊愈。

（二）用具与材料

实验动物、食饵等。

（三）操作步骤

1. 食饵疗法饲料的调制

饲料调制的目的在于提高可消化性、适口性及营养价值，从而增加畜禽食欲。对饲料进行加工调制以后，能达到柔软、容易消化和吸收的目的。对马、牛等草食动物进行食饵疗法时，可参考下列方法进行饲料调制。

（1）粉碎或压扁麦类　试验证明，经过粉碎或压扁的麦类，可以提高消化率，对疲劳、年老、衰弱或病马是非常适宜的。当马已经吃惯调制过的麦类以后，如果立即全部改喂完整的麦粒，很容易引起消化不良。因而，在调配饲料时应注意此点。同时也必须注意到粉碎后的麦类吸湿性很强，容易发酵、腐烂，应该注意保存。

（2）炒焙谷类　谷物微炒以后，可以增加香甜味和提高淀粉的消化率。可用铁锅以文火慢慢炒，并时时搅拌，待谷粒呈黄褐色即成，千万不可炒焦，以免损失营养。

（3）浸泡谷类　浸泡谷物的目的在于使其变软和膨胀，易于咀嚼和消化。浸泡的时间由于季节和用水温度的不同而有差异，一般为 2~8h，为了刺激食欲，可在 500g 浸泡的谷物中加入食盐 50~75g。给予动物这种盐浸谷物时，每天不得超过 250g。

（4）谷类的发芽处理　谷物在发芽过程中能够形成大量维生素，使淀粉逐渐变成可溶性物质，可使谷物的外壳变得柔软而容易消化。这种饲料非常适合于长期吃不到青饲料的家畜。牲畜在发生疾病时，体内消耗维生素过多或不能形成维生素时，补给此种饲料就更为必要。发芽饲料对治疗难孕症和增强种畜精子活动能力等有很好的作用。发芽用的谷物，一般多选用大麦、燕麦、青稞等。用水浸泡 10~18h，摊在浅木槽或木板上或放在浅筐内，厚度以 3~5cm 为宜，置于温度不低于 15℃的温室中，每天浇 2~3 次水，搅拌数次。发芽的长短根据需要来决定，1~3cm 较短的麦芽（尤其是小麦芽）维生素 E 的含量较多；7~10cm 长的麦芽，含胡萝卜素和核黄素量较多；绿色的芽苗，含维生素 C 较多。发芽时间一般在 3~10d。每次发芽前对所用器具要彻底清洗，最好经过日晒消毒后，再行使用。马每昼夜可给发芽饲料 100~400g。

（5）糖化饲料　糖化饲料的目的在于使谷物中的淀粉转化成糖，使饲料含有香甜味，以增加家畜的食欲。可取适量的粉碎谷物加入 2~3 倍的热水。充分搅拌后，放于不低于 60℃的温室中，经 3~4h 即成。这种饲料的含糖量可增加 2~3 倍。喂给糖化饲料的量不要超过正常精料量的 1/2。

（6）含水饲料　含水饲料是指含水分较多的饲料。饲喂含水饲料的目的在于多给家畜水分。东北地区在春、夏季常将谷草用豆饼水拌合后饲喂，在拌合时还要加入糠、麸等，以使饲料香甜，家畜爱吃。当家畜患某些疾病，长期持续高温，而又不爱喝水时，可喂给多汁饲料，如各种块根、柔软的青草、未十分熟的西瓜等，以便促进排泄，达到降温目的。

（7）干草粉　干草粉是用良好的干草或干苜蓿等制成的。调制可用干草粉碎机，或先将干草切短，然后再用碾、磨制成粉状。干草粉适于饲喂衰弱及各种病畜。

（8）碱化饲料　饲料碱化的目的在于使饲料变得柔软、易于消化、具有适口的香甜味。调制方法比较简单，即将切碎的饲料盛于桶内，上方压以干净石块，加入1%苛性钠（氢氧化钠）溶液或石灰水，以能浸没为度，浸泡5~6h取出即成。多数家畜在开始吃这种饲料时不习惯，不爱吃，有时还发生下痢，初喂时最好混合其他饲料，待习惯后再全部喂碱化饲料。

（9）煮沸饲料　给牛饲喂稻草时，用水煮沸后再喂，可以杀死寄生在稻草上的各种有害寄生虫虫卵，又能使稻草变得柔软容易消化，家畜喜欢吃。在煮沸时，加少量食盐，更能增加适口性。

（10）粉碎饲料　采用粗硬饲草（如玉米秸、花生秧、大豆秸、秋后割取的老野干草等）饲喂马、牛，容易引起消化不良及结症等病，又浪费饲草。如果先将这些粗饲草切短，再用粉碎机制成粉状，临喂时，稍加水拌合，不但马、牛吃得多，上膘快，而且又节省饲草与精料。对老马、幼驹、牙齿不良或有消化系统疾病的马、牛更为适宜。经验证明，这种粉碎饲料，家畜爱吃，增膘快，不用扔草节，节省饲草及精料，又少得胃肠疾病及结症。

2. 绝食疗法

在家畜患某些胃肠疾病时，可按病性和病理过程的不同，采用绝食疗法。

（1）绝食疗法　绝食疗法可以防止胃、肠内容物继续增加，减少胃肠过度负担，有利于胃肠功能恢复正常。多应用于急性胃肠道的炎症、胃扩张、肠闭结、腹膜炎、咽喉和食道的各种急性炎症。根据情况一般可绝食1~2d，必要时，可绝食3~7d或更长。在绝食期间，饮水不应限制，根据具体情况，每天须注射适量复方氯化钠溶液或葡萄糖溶液等，或进行营养灌肠。对绝食日期较长的病畜，更须注意按时注射前述营养物质，必要时，还可以加入维生素等物质。

（2）半绝食疗法　多应用于慢性胃肠道疾病、肾脏病、心脏血管系统疾病等。半绝食疗法所采用的饲料应该是质量良好、容易消化、没有刺激性的。饲料的数量必须是有限制的，并须根据具体情况而加以改变。

3. 特殊食饵疗法

（1）软饲料及人工饲喂　对患口膜炎、咽炎、腺疫或食管炎的病畜，应喂给质量良好而又特别柔软容易消化的饲料，如用温水浸泡过的青贮饲料、麸子、高粱粉、碎燕麦、碎大麦、碎玉米、粟米或煮熟的胡萝卜、甜菜等，或做成粥饲喂。对患特别严重的口膜炎、咽炎或张不开嘴的破伤风等病的家畜，须将饲料压为极细面做成稀粥用胃管投给。条件允许时，可以投给一些蜂蜜、代乳粉、淀粉、红糖、鸡卵或牛奶等。在投给任何稀汤或富含蛋白质的饲料，特别是牛奶、鸡卵等质量特别良好的物质时，千万不可过量，以免造成消化不良。饮水要清洁、温暖，饮水中可加入少许高锰酸钾。

（2）消化道疾病的食饵疗法　在治疗消化道疾病时，必须特别注意病畜的饲料及饲养管理等情况，否则不会得到很高的疗效。

①胃酸增高性胃炎：用碱性饲料有良好作用。这类饲料能中和胃酸，可反射地制止胃分泌功能。属于碱性饲料的有麸子、燕麦、油饼、甜菜及其渣、糖化饲料、良质干草、小麦秸、大豆、青草、三叶草、苜蓿及胡萝卜等。在药物治疗上，以应用碱性药物为原则，忌用酸性药物。

②胃酸降低性胃炎：食饵疗法应选择提高胃腺分泌功能的饲料，如青草、良质干草、青贮料、各种发芽麦类、胡萝卜及少量食盐等。同时也应该注意饲料中蛋白质和维生素的含量。药物治疗禁用碱性药物，用酸类（乳酸、稀盐酸等）效果良好。属于酸性饲料的有玉米、小麦、大麦、黑麦、豌豆、干酒糟、啤酒糟、大麦芽、鱼粉等。

（3）肾脏疾病的食饵疗法　为减轻肾脏的病理过程及水肿，可根据具体情况少给或不给蛋白性饲料及食盐，水肿特别严重时，必须适当限制病畜吃食多汁饲料和控制饮水量，以减轻水肿程度。在整个病程中，可喂给干草、青草、麸皮及水分较少的块根饲料。

（4）代谢疾病的食饵疗法　一般代谢疾病，如白肌病、骨质软化症、幼畜佝偻病等，都是由于饲料调配不合理及饲养管理不良等造成。在病轻时可不用药物治疗，单纯通过改善饲养管理，补给所缺乏的物质即可治愈。食饵疗法对代谢疾病更具有重要意义。

六、自血疗法

（一）应用

自血疗法是蛋白疗法的一种。当自身血液注射到皮下或肌肉后，首先在注射部位引起神经感受器的反射性刺激，然后随着分解产物被吸收，刺激淋巴、循环系统及器官，特别是网状内皮系统的感受器，使这些组织发挥更大的工作能力，促进组织代谢，增强机体反应性，能够增强全身及局部的抵抗力，使某些疾病病程缩短，加速治愈。各种亚急性及慢性疾病、贫血、眼科病、营养不良、慢性皮肤病、支气管炎、腹膜炎、胸膜炎等均可应用自血疗法。对急性扩散性疾病，体温显著升高，心脏、肝脏和肾脏疾病及特别衰弱的病畜，禁止使用自血疗法，因为它常可导致预后不良。

（二）用具与材料

实验动物、采血用具、注射器、消毒棉、保定用具等。

（三）操作步骤

1. 采血
大家畜及羊可在颈静脉采血；猪可在耳静脉采血。
2. 注射
常用注射部位为颈部、胸部或臀部肌肉或皮下。注射部位剪毛和消毒。迅速采集并立即注入血液。

肌内注射大量血液时，为减少组织损伤和尽量避免形成脓肿，应分散在几个部位注

射。马和牛的剂量为 50~120mL，羊和猪 10~30mL。每次间隔为 2~3d，每一疗程注射 2~3
次。每下一次注射的血液量，要在原有剂量的基础上增加 10%~20%。

七、雾化疗法

（一）应用

雾化吸入疗法是用雾化装置将药物分散成微小的雾滴或微粒，使其悬浮于气体中，
并进入呼吸道及肺内，从而达到消除炎症和水肿、稀释和祛除痰液等治疗作用。雾化治
疗是过敏性或感染性鼻炎和副鼻窦炎、咽炎、喉梗阻、感染性喉炎、上呼吸道感染、气
管炎、支气管炎、毛细支气管炎、支气管哮喘、支气管扩张、细菌性或病毒性肺炎、吸
入性肺炎、急性呼吸衰竭等呼吸道疾病的辅助治疗方法。

（二）用具与材料

实验动物、雾化机、生理盐水、伊丽莎白项圈、保鲜膜、面罩等。

（三）操作步骤

雾化治疗的目的是将雾化机产生的气溶胶颗粒，运送至对应解剖位置，运送深度主
要受到雾化药物颗粒大小的影响，有报道显示，77%直径小于等于 1.3μm 颗粒能到达呼
吸道所有的位置，颗粒大小与所能到达的解剖位置如表 5-3 所示。

表 5-3　　　　　　　　　　　　　颗粒大小与所能到达的解剖位置

颗粒沉积的位置	鼻咽部、喉部	气管	支气管	小支气管以下
颗粒大小/μm	>20	10~30	5~25	0.5~5

打开超声雾化仪，根据机器水位线要求，向水槽中加入适量蒸馏水或纯净水，安装
药杯，往药杯中加入处方要求的药剂，再盖上水罩，并连接好曲纹管备用（图 5-22）。

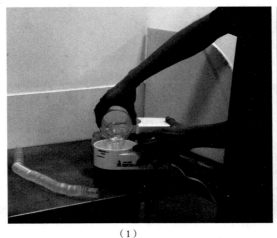

（1）　　　　　　　　　　　　　　　　　　　（2）

图 5-22　药物调配

曲纹管的另一端（也就是动物端）的连接方式有三种，第一种方式是使用伊丽莎白项圈式的头罩，套在动物整个头部，操作者用手指试探固定是否松紧合适，然后将波纹曲管的另一端固定在面罩上（图5-23）。

图5-23 伊丽莎白项圈式头罩用于动物雾化

第二种方式是使用面罩套在动物的口鼻部，助手将动物保定，并进行安抚，然后将波纹曲管的另一端连接在面罩上（图5-24）。

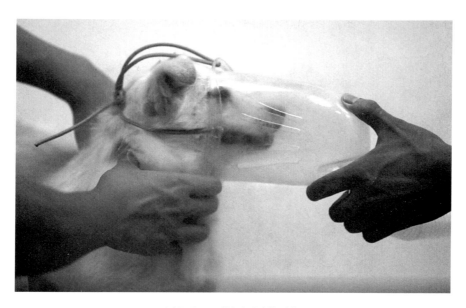

图5-24 面罩用于动物雾化

第三种方式是将动物放在密闭的空间内进行雾化操作，这样操作对动物的应激最小，当然密闭的空间需要同时给予氧气，并且操作者需要定时查看密闭空间中动物的状况（图5-25）。

图 5-25　密闭空间用于动物雾化

　　曲纹管与动物端连接好后，打开雾化机电源，并设定雾化时间，开始雾化，雾化过程中，操作者需要旋转雾量调节旋钮，逐渐调节雾量的大小，并且随时密切关注动物的状况。

　　雾化操作完成后，动物进行站立保定，操作者鼓起手掌对称地轻敲动物胸腔，能够促进痰液的排出（图 5-26）。雾化治疗如视频 5-6 所示。

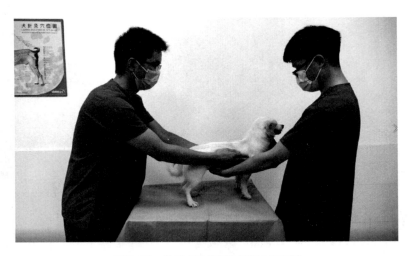

图 5-26　鼓起手掌对称地轻敲动物胸腔

（四）注意事项

　　（1）雾化吸入的药物需选择无强烈刺激性，pH6~8，中性或近中性，不易发生过敏反应的药物。根据不同病症，不同治疗目的选择不同的药物。

（2）使用皮质类固醇雾化吸入给药后，要注意清洗动物面部和口腔，防止接触药物的局部发生真菌感染。

（3）雾化吸入给药是治疗呼吸道疾病重要的辅助疗法，动物全身给药仍然是主要的治疗方法，不可本末倒置。

视频 5-6
犬、猫雾化给药技术

（4）雾化吸入过程中若出现咳嗽或痰液堵塞气管的现象，应先停止雾化，待其咳出痰液后再开始雾化，以防止呛咳、窒息。

（5）雾化量不宜过大，雾化时间不宜过长，设定的雾化时间为5~20min，每次雾化吸入不应超过 20min，以免引起水中毒。

（6）雾化过程中若出现剧烈挣扎、反复咳嗽，应考虑药物刺激性过大或有过敏现象，根据实际情况更换药物。

（7）注意消毒，避免雾化器的污染和交叉感染，药液每次都要现用现配，每次雾化治疗后，面罩、连接管、雾化罐均用消毒液浸泡后再用水冲净，晾干备用。

八、冷却疗法

（一）应用

患部在冷的作用下，可使血管收缩，血管容量减少。借此降低充血制止出血，减少或阻止炎性渗出物的渗出，缓和炎症的发展。此外还能降低神经的兴奋性与传导性，有一定的镇痛作用。本法主要应用于急性和亚急性炎症的早期，如组织内溢血、急性蹄叶炎、挫伤、关节扭伤、腱及腱鞘炎等非开放性损伤的初期，均有良好效果。慢性炎症及一切化脓性炎症过程的疾病应禁用。

（二）用具与材料

实验动物，冰袋、雪袋或冷水管，消毒棉，保定用具等。

（三）操作步骤

1. 冷敷法

冷敷法分干性与湿性两种。干性冷敷是应用冰袋、雪袋或冷水管（胶管或铅管，管中通以凉水）置于患部；湿性冷敷是用冷水浸湿布片、毛巾或麻袋片等置于患部。此法临床较常用。两种方法进行治疗时，需经常换水以维持冷的作用。一日数次，每次30min。为了防止感染和提高疗效，临床上经常使用消炎剂。如 2%硼酸溶液、0.1%雷佛奴尔溶液、2%~5%氯化钠溶液、20%~50%硫酸镁溶液等。根据实践证明，以栀子粉或栀子与大黄等量粉剂，用酒或醋调成糊状敷在患部，而后经常加注酒或醋，保持湿度，也可取得冷的疗效。

2. 冷蹄浴

冷蹄浴用于四肢下部疾病的治疗。此法是使患肢站在盛有冷水或 0.1%高锰酸钾等防腐剂溶液的木桶或帆布桶内。此外也可将患肢站在冷水池或河水中。施行冷蹄浴前，宜将蹄及蹄底洗净，蹄壁上涂油。冷水或冷的药液每 5~10min 更换一次。

（四）注意事项

（1）患部在冷的作用下，血液来源减少，营养缺乏，易发生局部组织坏死，因此不能长时间持续使用。

（2）应用时，要经常保持冷的作用，否则效果不佳。

（3）冷却疗法的时间，最好在急性炎症的前 1~2d 进行。

九、温热疗法

（一）应用

温热可使局部组织充血，改善循环，促进炎性产物吸收，增强白细胞的吞噬能力，提高组织的新陈代谢功能，并能缓解疼痛和肌肉痉挛等作用，是治疗炎症的最基本方法。本法适用于急性炎症的后期和亚急性炎症，消散缓慢的炎性浸润，未出现组织化脓性溶解的化脓性炎症。有恶性新生物和出血性病例、有伤口的炎症等，禁用温热疗法。

（二）用具与材料

实验动物、纱布、保定用具等。

（三）操作步骤

1. 温敷法

用四层敷料，第一层用易吸水的布片、毛巾、纱布等，浸上 38~42℃ 的温水或药液（如 2% 醋酸铅溶液、4% 碳酸氢钠溶液、10% 鱼石脂溶液、20%~50% 硫酸镁溶液及食醋等）包在患部；第二层用不透水的敷料如胶布、油纸、油布等，作为隔离层；第三层用脱脂棉作为保温层；最后用绷带固定。为了保温确实，以上四层须逐层加宽包裹。每次温敷 30min，每日可做 3 次。临床上用舒筋活血止痛散瘀的方剂煎汤趁热洗烫患部，或把中药碾末用适量的开水或热醋调成糊状，摊在纱布上包在患部；或把麸皮加醋炒热或热酒糟装在布袋里，放在患部热敷，均可取得良好疗效。

2. 温蹄浴

做法与冷蹄浴相同，只是把冷水或冷的药液加温到 40~50℃，蹄浴时间为 30~90min。

3. 酒精热敷法

酒精热敷法是用 40%~95% 的酒精进行温敷的方法。它比水温敷维持的温热时间较长，治疗作用可长达 12h。为了增加疗效，可添加适量的碘酊、水杨酸或鱼石脂。其操作方法同温敷法。

（四）注意事项

（1）进行温热疗法时，必须经常保持 38~42℃ 的温度，才能发挥良好作用。

（2）局部出现明显的水肿和进行性炎症浸润时，不宜使用酒精热敷。

项目思考

1. 封闭疗法主要用于治疗哪些疾病？
2. 雾化疗法主要用于治疗哪些疾病？
3. 给动物输血前如何配血？
4. 给氧疗法的方法有哪些？
5. 给氧疗法有哪些注意事项？
6. 选择雾化仪有哪些注意事项？
7. 如何处理输血时出现的不良反应？
8. 温热疗法有哪些注意事项？
9. 什么是自血疗法？
10. 食饵疗法有哪些优点？

附　　录

附录一　动物诊疗病历管理规范

2023 年 12 月 12 日，为规范动物诊疗病历管理，依据《中华人民共和国动物防疫法》《动物诊疗机构管理办法》《执业兽医和乡村兽医管理办法》等有关规定，农业农村部制定了本规范。

（一）门（急）诊病历

（1）门（急）诊病历内容包括基本信息、病历记录、处方、检查报告单、影像学检查资料、病理资料、知情同意书等。动物诊疗机构可以根据诊疗活动需要增加相关内容。

（2）对个体动物进行诊疗的，基本信息包括动物主人姓名或者饲养单位名称、联系方式、病历号和动物种类、性别、体重、毛色、年（日）龄等内容。对群体动物进行诊疗的，基本信息包括动物主人姓名或者饲养单位名称、联系方式、病历号和动物种类、患病动物数量、同群动物数量、年（日）龄等内容。

（3）病历记录包括就诊时间、主诉、现病史、既往史、检查结果、诊断及治疗意见、医嘱等。门（急）诊病历记录应当由接诊执业兽医师在动物就诊时完成并签名（盖章）确认。

（4）检查报告单包括基本信息、检查项目、检查结果、报告时间等内容。检查报告单应当由报告人签名（盖章）确认。

（5）影像学检查资料包括通过 X 射线、超声、CT、磁共振等检查形成的医学影像。

（6）病理资料包括病理学检查图片或者病理切片等资料。

（7）门（急）诊病历应当在患病动物就诊结束后 24h 内归档保存。

（二）住院病历

（1）住院病历内容包括基本信息、入院记录、病程记录、检查报告单、影像学检查资料、病理资料、知情同意书等。动物诊疗机构可以根据诊疗活动需要增加相关内容。

（2）入院记录包括入院时间、主诉、现病史、既往史、检查结果、入院诊断等内容。动物入院后，执业兽医师通过问诊、检查等方式获得有关资料，经归纳分析形成入院记录并签名（盖章）确认。

（3）入院记录完成后，由执业兽医师对动物病情和诊疗过程进行连续性病程记录并签名（盖章）确认。病程记录包括患病动物住院期间每日的病情变化情况、重要的检查结果、诊断意见、所采取的诊疗措施及效果、医嘱以及出院情况等内容。

（4）住院病历应当在患病动物出院后三日内归档保存。

（5）住院病历中基本信息、检查报告单、影像学检查资料、病理资料等内容要求与门（急）诊病历一致。

（三）电子病历

（1）电子病历包括门（急）诊病历和住院病历。电子病历内容应当符合纸质门（急）诊病历和住院病历的要求。

（2）动物诊疗机构使用电子病历系统应当具备以下条件：

①有数据存储、身份认证等信息安全保障机制；

②有相关管理制度和操作规程；

③符合其他有关法律、法规、规章规定。

（3）电子病历系统应当能够完整准确保存病历内容以及操作时间、操作人员等信息，具备电子病历创建、修改、归档等操作的追溯功能，保证历次操作痕迹、操作时间和操作人员信息可查询、可追溯。

（4）电子病历系统应当对操作人员进行身份识别，为操作人员提供专有的身份标识和识别手段，并设置相应权限。操作人员对本人身份标识的使用负责。

（5）动物诊疗机构可以使用电子签名进行电子病历系统身份认证，可靠的电子签名与手写签名或者盖章具有同等法律效力。

（6）动物诊疗机构因存档等需要可以将电子病历打印后与纸质病历资料合并保存，也可以对纸质病历资料进行数字化采集后纳入电子病历系统管理，原件另行妥善保存。

（7）需要打印电子病历时，动物诊疗机构应当统一打印的纸张、字体、字号、排版格式等。

（四）病历填写

（1）病历填写应当客观真实、及时准确、完整规范。

（2）病历填写应当使用中文，规范使用医学术语，通用的外文缩写和无正式中文译名的症状、体征、疾病名称等可以使用外文。

（3）病历中的日期和时间应当使用阿拉伯数字书写，采用24h制记录。

（4）医嘱应当由接诊执业兽医师书写，内容应当准确、清楚，并注明下达时间。

（5）纸质病历填写出现错误时，应当在修改处签名或者盖章，并注明修改日期。

（6）病历归档后原则上不得修改，特殊情况下确需修改的，应当经动物诊疗机构负责人批准，并保留修改痕迹。

（7）病历样式可参考附件形式，动物诊疗机构也可根据本机构实际情况设计病历样式。

（五）病历管理

（1）动物诊疗机构应当设置病历管理部门或者指定专人负责病历管理工作，建立健全病历管理制度。设置病历目录表，确定本机构病历资料排列顺序，做好病历分类归档。定期检查病历填写、保存等情况。

（2）动物诊疗机构应当使用载明机构名称的规范病历，为就诊动物建立病历号。已建立电子病历的动物诊疗机构，可以将病历号与动物主人或者饲养单位信息相关联，使用病历号、动物主人信息或者饲养单位信息均能对病历进行检索。

（3）动物诊疗机构可以为动物主人或者饲养单位提供病历资料打印或者复制服务。打印或者复制的病历资料经动物主人或者饲养单位和动物诊疗机构双方确认无误后，加盖动物诊疗机构印章。

（4）除为患病动物提供诊疗服务的人员，以及经农业农村部门或者动物诊疗机构授权的单位或者人员外，其他任何单位或者个人不得擅自查阅病历。其他单位或者个人因科研、教学等活动，确需查阅病历的，应当经动物诊疗机构负责人批准并办理相应手续后方可查阅。

（5）病历保存时间不得少于三年。保存期满后，经动物诊疗机构负责人批准并做好登记记录，方可销毁。

（六）附则

本规范下列用语的含义。

（1）知情同意书　是指开展手术、麻醉等诊疗活动前，执业兽医师向动物主人或者饲养单位告知拟实施诊疗活动的相关情况，并由动物主人或者饲养单位签署是否同意该诊疗活动的文书。

（2）主诉　是指动物主人或者饲养单位对促使动物就诊的主要症状（或体征）及持续时间的描述。

（3）现病史　是指动物本次疾病的发生、演变、诊疗等方面的详细情况，应当按时间顺序书写。内容包括发病情况、主要症状特点及其发展变化情况、伴随症状、发病后诊疗经过及结果等。

（4）既往史　是指动物以往的健康和疾病情况。内容包括既往一般健康状况、疾病史、预防接种史、手术外伤史、驱虫史、食物或者药物过敏史等。

（5）检查结果　是指所做的与本次疾病相关的临床检查、实验室检测、影像学检查等各项检查检验结果，应当分类别按检查时间顺序记录。

（6）入院诊断　是指经执业兽医师根据患病动物入院时情况，综合分析所作出的诊断。

（7）医嘱　是指执业兽医师在动物诊疗活动中下达的医学指令，通常包括病情评估、用药指导、护理要点、注意事项、预后判断等。

（8）电子签名　是指《中华人民共和国电子签名法》第二条规定的数据电文中以电子形式所含、所附用于识别签名人身份并表明签名人认可其中内容的数据。

（9）可靠的电子签名　是指符合《中华人民共和国电子签名法》第十三条有关条件的电子签名。

附表 1.1　　　　　　　　　　门（急）诊病历样式

门（急）诊病历样式 1（个体动物）

×××门（急）诊病历（个体动物）		
普通 □　　　急诊 □		
基本信息	动物主人/饲养单位＿＿＿＿＿＿＿病历号＿＿＿＿＿＿　　　　　　　　　　　联系方式＿＿＿＿＿＿＿动物种类＿＿＿＿＿＿动物性别＿＿＿＿＿＿　　　　　　　　　体重＿＿＿＿＿＿毛色＿＿＿＿＿＿年（日）龄＿＿＿＿＿＿	
门诊记录	就诊时间：　　　　　　　　　　　　　　　　　　　　　　　　　　　　　　（在此填写主诉、现病史、既往史、检查结果、诊断及治疗意见、医嘱等内容）	
执业兽医师＿＿＿＿＿＿＿		

　　注："×××门（急）诊病历"中，"×××"为从事动物诊疗活动的单位名称；处方、检查报告、影像学检查资料、病理资料、知情同意书等需要附页。

门（急）诊病历样式2（群体动物）

×××门（急）诊病历（群体动物）
普通 □　　　急诊 □

基本信息	动物主人/饲养单位_____病历号_____ 联系方式_____动物种类_____ 患病动物数量_____同群动物数量_____年（日）龄_____
门诊记录	就诊时间： （在此填写主诉、现病史、既往史、检查结果、诊断及治疗意见、医嘱等内容）
执业兽医师_____	

注："×××门（急）诊病历"中，"×××"为从事动物诊疗活动的单位名称；处方、检查报告、影像学检查资料、病理资料、知情同意书等需要附页。

附表 1.2　　　　　　　　　　　　　住院病历样式

	×××住院病历 入院记录（个体动物）
基本信息	动物主人/饲养单位＿＿＿＿＿＿＿病历号＿＿＿＿＿＿＿ 联系方式＿＿＿＿＿＿＿动物种类＿＿＿＿＿＿＿动物性别＿＿＿＿＿＿＿ 体重＿＿＿＿＿＿＿毛色＿＿＿＿＿＿＿年（日）龄＿＿＿＿＿＿＿
入院记录	入院时间： （在此填写主诉、现病史、既往史、检查结果、入院诊断等内容） 执业兽医师＿＿＿＿＿＿＿

注："×××住院病历"中，"×××"为从事动物诊疗活动的单位名称；病程记录、检查报告、影像学检查资料、病理资料、知情同意书等需要附页。

	×××住院病历 病程记录（个体动物）
基本信息	动物主人/饲养单位＿＿＿＿＿＿病历号＿＿＿＿＿＿ 联系方式＿＿＿＿＿动物种类＿＿＿＿＿动物性别＿＿＿＿＿ 体重＿＿＿＿＿毛色＿＿＿＿＿年（日）龄＿＿＿＿＿
记录时间	
记录内容	（在此记录患病动物住院期间每日的病情变化情况、重要的检查结果、诊断意见、所采取的诊疗措施及效果、医嘱以及出院情况等内容，出院情况可单独记录。）
执业兽医师＿＿＿＿＿＿	

注："×××住院病历"中，"×××"为从事动物诊疗活动的单位名称。

附录二　兽医处方格式及应用规范

2023 年 12 月 12 日，为规范兽医处方管理，依据《中华人民共和国动物防疫法》《执业兽医和乡村兽医管理办法》《动物诊疗机构管理办法》《兽用处方药和非处方药管理办法》等有关规定，农业农村部制定了本规范。

（一）基本要求

（1）本规范所称兽医处方，是指执业兽医师在动物诊疗活动中开具的，作为动物用药凭证的文书。

（2）执业兽医师根据动物诊疗活动的需要，按照兽药批准的使用范围，遵循安全、有效、经济的原则开具兽医处方。

（3）执业兽医师在备案单位签名留样或者专用签章、电子签名备案后，方可开具处方。兽医处方经执业兽医师签名、盖章或者电子签名后有效。

（4）执业兽医师利用计算机开具、传递兽医处方时，应当同时打印出纸质处方，其格式与手写处方一致。

（5）有条件的动物诊疗机构可以使用电子签名进行电子处方的身份认证。可靠的电子签名与手写签名或者盖章具有同等的法律效力。电子兽医处方上没有可靠的电子签名的，打印后需要经执业兽医师签名或者盖章方可有效。本规范所称的可靠的电子签名是指符合《中华人民共和国电子签名法》规定的电子签名。

（6）兽医处方限于当次诊疗结果用药，开具当日有效。特殊情况下需延长处方有效期的，由开具兽医处方的执业兽医师注明有效期限，但有效期最长不得超过三天。

（7）除兽用麻醉药品、精神药品、毒性药品和放射性药品等特殊药品外，动物诊疗机构和执业兽医师不得限制动物主人或者饲养单位持处方到兽药经营企业购药。

（二）处方笺格式

兽医处方笺规格和样式由农业农村部规定，从事动物诊疗活动的单位应当按照规定的规格和样式印制兽医处方笺或者设计电子处方笺。兽医处方笺规格如下。

（1）兽医处方笺一式三联，可以使用同一种颜色纸张，也可以使用三种不同颜色纸张。

（2）兽医处方笺分为两种规格，小规格为长 210mm、宽 148mm；大规格为长 296mm、宽 210mm。小规格为横版，大规格为竖版。

（三）处方笺内容

兽医处方笺内容包括前记、正文、后记三部分，要符合以下标准。

（1）前记　对个体动物进行诊疗的，至少包括动物主人姓名或者饲养单位名称、病历号、开具日期和动物的种类、毛色、性别、体重、年（日）龄。对群体动物进行诊疗的，至少包括动物主人姓名或者饲养单位名称、病历号、开具日期和动物的种类、患病动物数量、同群动物数量、年（日）龄。

（2）正文　包括初步诊断情况和 Rp（拉丁文 Recipe "请取"的缩写）。Rp 应当分列兽药名称、规格、数量、用法、用量等内容；对于食品动物还应当注明休药期。

（3）后记　至少包括执业兽医师签名或者盖章、发药人签名或者盖章。

（四）处方书写要求

兽医处方书写应当符合下列要求。

（1）动物基本信息、临床诊断情况应当填写清晰、完整，并与病历记载一致。

（2）字迹清楚，原则上不得涂改；如需修改，应当在修改处签名或者盖章，并注明修改日期。

（3）兽药名称应当以兽药的商品名或者国家标准载明的名称为准。兽药名称简写或者缩写应当符合国内通用写法，不得自行编制兽药缩写名或者使用代号。

（4）书写兽药规格、数量、用法、用量及休药期要准确规范。

（5）兽医处方中包含兽用化学药品、生物制品、中成药的，每种兽药应当另起一行。中药自拟方应当单独开具。

（6）兽用麻醉药品应当单独开具处方，每张处方用量不能超过一日量。兽用精神药品、毒性药品应当单独开具处方。

（7）兽药剂量与数量用阿拉伯数字书写。剂量应当使用法定计量单位：质量以千克（kg）、克（g）、毫克（mg）、微克（μg）为单位；容量以升（L）、毫升（mL）为单位；有效量单位以国际单位（IU）、单位（U）为单位。

（8）片剂、丸剂、胶囊剂以及单剂量包装的散剂、颗粒剂分别以片、丸、粒、袋为单位；多剂量包装的散剂、颗粒剂以 g 或 kg 为单位；单剂量包装的溶液剂以支、瓶为单位，多剂量包装的溶液剂以 mL 或 L 为单位；软膏及乳膏剂以支、盒为单位；单剂量包装的注射剂以支、瓶为单位，多剂量包装的注射剂以 mL 或 L、g 或 kg 为单位，应当注明含量；兽用中药自拟方应当以剂为单位。

（9）开具纸质处方后的空白处应当画一斜线，以示处方完毕。电子处方最后一行应当标注"以下为空白"。

（五）处方保存

（1）兽医处方开具后，第一联由从事动物诊疗活动的单位留存，第二联由药房或者兽药经营企业留存，第三联由动物主人或者饲养单位留存。

（2）兽医处方由处方开具、兽药核发单位妥善保存三年以上，兽用麻醉药品、精神药品、毒性药品处方保存五年以上。保存期满后，经所在单位主要负责人批准、登记备案，方可销毁。

附表 2.1　　　　　　　　**兽医处方笺样式**

兽医处方笺样式 1（个体动物）

×××处方笺 动物主人/饲养单位＿＿＿＿＿＿＿＿＿＿＿病历号＿＿＿＿＿＿＿＿ 动物种类＿＿＿＿＿＿动物性别＿＿＿＿＿＿动物毛色＿＿＿＿＿＿ 体重＿＿＿＿＿＿年（日）龄＿＿＿＿＿＿开具日期＿＿＿＿＿＿＿ 诊断：　　　　　　　　　　　　　　　　Rp： 执业兽医师＿＿＿＿＿＿＿　发药人＿＿＿＿＿＿＿	第一联　从事动物诊疗活动的单位留存

注："×××处方笺"中，"×××"为从事动物诊疗活动的单位名称。

兽医处方笺样式 2（群体动物）

×××处方笺 动物主人/饲养单位＿＿＿＿＿＿＿＿＿＿＿＿＿病历号＿＿＿＿＿＿＿＿＿ 动物种类＿＿＿＿＿＿＿患病动物数量＿＿＿＿＿＿同群动物数量＿＿＿＿＿＿＿ 年（日）龄＿＿＿＿＿＿＿＿＿开具日期＿＿＿＿＿＿＿＿＿＿＿＿＿＿ 诊断：　　　　　　　　　　　　　　　　Rp： 执业兽医师＿＿＿＿＿＿＿　发药人＿＿＿＿＿＿＿	第一联　从事动物诊疗活动的单位留存

注："×××处方笺"中，"×××"为从事动物诊疗活动的单位名称。

参考文献

[1] 夏兆飞.兽医临床实验室检验手册 [M].北京：中国农业大学出版社，2022.

[2] 中国兽医协会.2014 年执业兽医资格考试应试指南（兽医全科类）[M].北京：中国农业出版社，2014.

[3] 王九峰.小动物内科学 [M].北京：中国农业出版社，2013.

[4] 高得仪，韩博.小动物疾病临床检查和诊断 [M].北京：中国农业大学出版社，2013.

[5] NELSON R W, COUTO C G.小动物内科学（第 3 版）[M].夏兆飞，张海彬，袁占奎，译.北京：中国农业大学出版社，2012.

[6] THOMPSON M S.犬猫疾病鉴别诊断 [M].曹杰，译.北京：中国农业科学技术出版社，2012.

[7] 钱存忠，刘永旺.犬猫病误诊误治与纠误 [M].北京：化学工业出版社，2012.

[8] 张乃生，李毓义.动物普通病学 [M].2 版.北京：中国农业出版社，2011.

[9] 韩博.犬猫疾病学 [M].3 版.北京：中国农业大学出版社，2011.

[10] GOUGH A.小动物医学鉴别诊断 [M].夏兆飞，袁占奎，主译.北京：中国农业大学出版社，2010.

[11] 谢富强.兽医影像学 [M].2 版.北京：中国农业大学出版社，2011.

[12] LAVIN L M.兽医 X 线摄影技术——如何拍出合格的 X 线片 [M].谢富强，主译.北京：中国农业大学出版社，2010.

[13] 王哲，姜玉富.兽医诊断学 [M].北京：高等教育出版社，2010.

[14] 安铁洙，谭建华，张乃生.猫病学 [M].北京：中国农业出版社，2010.

[15] NAUTRUP C P, TOBIAS R.犬猫超声诊断技术图谱与教程 [M].谢富强，主译.北京：中国农业大学出版社，2009.

[16] SCHEBITZ H.犬猫放射解剖学图谱 [M].熊惠军，主译.沈阳：辽宁科学技术出版社，2009.

[17] 夏咸柱，张乃生，林德贵.犬病 [M].北京：中国农业出版社，2009.

[18] 宋大鲁，宋旭东.宠物诊疗金鉴 [M].北京：中国农业出版社，2009.

[19] 邓干臻.兽医临床诊断学 [M].北京：科学出版社，2009.

[20] 刘宗平.兽医临床症状鉴别诊断学 [M].北京：中国农业出版社，2008.

[21] 王俊东，刘宗平.兽医临床诊断学 [M].北京：中国农业出版社，2004.

[22] 郭定宗.兽医临床检验技术 [M].北京：化学工业出版社，2006.

[23] 胡元亮.中兽医学 [M].北京：中国农业出版社，2006.

[24] 韩博.动物疾病诊断学 [M].北京：中国农业大学出版社，2005.

[25] 张德群.高等农业院校兽医专业实习指南 [M].北京：中国农业大学出版社，2004.

[26] 东北农业大学.兽医临床诊断学 [M].3 版.北京：中国农业出版社，2003.

[27] 侯加法.小动物疾病学 [M].北京：中国农业出版社，2002.

[28] 泰勒.小动物临床技术标准图解 [M].袁占奎，何丹，夏兆飞，等，译.北京：中国农业出版社，2012.

[29] 张海彬，夏兆飞.小动物临床诊断学 [M].北京：中国农业大学出版社，2016.

[30] LAVIN L M.兽医×线摄影技术 [M].谢富强，译.北京：中国农业大学出版社，2010.

[31] THRALL D E.兽医放射诊断学（第七版）[M].陈威全，黄佳薇，郑凡竺，等，译.台北：爱思唯尔出版社，2021.

[32] 佩尼克，安茹儿.小动物 B 超诊断彩色图谱 [M].熊惠军，译.北京：中国农业出版社，2016.

[33] 拉斯金，梅耶.犬猫细胞学彩色图谱 [M].董军，张迪，译.北京：中国农业大学出版社，2018.

[34] 邓恩.犬猫细胞学诊断手册 [M].张磊，张兆霞，译.北京：中国农业大学出版社，2023.

[35] 石田卓夫.犬猫血液学图谱 [M].何希君，译.北京：中国农业科学技术出版社，2013.

[36] 森克，温斯坦.兽医临床尿液分析 [M].陈艳云，夏兆飞，译.北京：中国农业出版社，2015.